生态系统服务供需流时空演变特征及调节机制研究

耿甜伟　著

中国财经出版传媒集团
中国财政经济出版社
·北京·

图书在版编目（CIP）数据

生态系统服务供需流时空演变特征及调节机制研究 /
耿甜伟著．-- 北京：中国财政经济出版社，2025. 3.
ISBN 978 -7 -5223 -3792 -0

Ⅰ. Q147

中国国家版本馆 CIP 数据核字第 20253WE034 号

责任编辑：张晓丽　　　　责任校对：张　凡
封面设计：孙俪铭　　　　责任印制：史大鹏

生态系统服务供需流时空演变特征及调节机制研究
SHENGTAI XITONG FUWU GONGXULIU SHIKONG
YANBIAN TEZHENG JI TIAOJIE JIZHI YANJIU

中国财政经济出版社 出版

URL：http：//www. cfeph. cn
E - mail：cfeph@ cfeph. cn

社址：北京市海淀区阜成路甲 28 号　邮政编码：100142
营销中心电话：010 - 88191522
天猫网店：中国财政经济出版社旗舰店
网址：https：//zgczjjcbs. tmall. com
涿州汇美亿浓印刷有限公司印刷　各地新华书店经销
成品尺寸：170mm × 240mm　16 开　19. 5 印张　313 000 字
2025 年 3 月第 1 版　2025 年 3 月河北第 1 次印刷
定价：78. 00 元
ISBN 978 - 7 - 5223 - 3792 - 0
（图书出现印装问题，本社负责调换，电话：010 - 88190548）
本社图书质量投诉电话：010 - 88190744
打击盗版举报热线：010 - 88191661　QQ：2242791300

本书为以下项目研究成果，并受该项目资助：

山西省基础研究计划（202203021222243）：基于生态系统服务供需关系的城市景观格局模拟——以太忻一体化经济区为例

山西省基础研究计划（202303021222222）：极端气候下黄河流域山西段县域尺度暴雨灾害风险区划及防灾策略研究

国家自然科学基金项目（42301346）：基于过程的生态系统文化服务流的变化及影响机制研究：以汾河流域为例

国家自然科学基金项目（41971271）：乡村振兴战略下陕北黄土高原生态系统服务流的变化及其调节机制研究

国家自然科学基金项目（42171256）：陕北黄土高原生态系统服务对人类福祉的影响机制及模拟研究

前言

作为未来地球（Future Earth）、地球生物多样性观测网络（GEO - Bon）、生物多样性和生态系统服务政府间平台（IPBES）等计划的核心研究内容之一，如何从生态和社会的综合视角来理解生态系统服务（Ecosystem Services，ES）从生态系统到人类社会的流动过程已逐渐受到学术界的关注。其中，ES供需的时空分异和匹配研究已成为 ES 研究的重要方向之一，且生态系统服务流（Ecosystem Services Flow，ESF）时空变化和调节机制的研究已成为该方向的研究热点。它对于揭示在人类需求下 ES 供需时空变化机理，促进可持续的 ES 管理，具有重要的理论意义和现实意义。

本书基于"供需时空特征—流时空特征及空间分区—典型区域典型服务调节机制"的逻辑思路，以陕北黄土高原为案例地，首先分别分析了三类供给服务（粮食供给、果蔬供给和肉类供给）、三类调节支持服务（水源涵养、土壤保持和碳固持）和一类文化服务（休闲游憩）共计 7 类服务供需的时空变化过程；其次，基于供需数量关系计算得到各类服务流量，分别在县（市）和乡镇单元上辨识供给区与受益区，并基于服务属性模拟绘制各服务流向特征，分析各类服务流量及流向时空特征；随后通过高斯混合模型识别陕北生态系统服务流量簇，并参考流向特征，实现对陕北 ESF 空间类型的划分；最后选取神木市、米脂县、洛川县为典型县（市），引用利益相关者理论，揭示利益主体影响下各县市供给服务的调节机制及其影响。本书主要结论如下：

（1）陕北各类服务供给时空特征差异显著：粮食供给服务供给量整体稳定增长，空间上高值区分布近似于英文字母"T"，在中部偏北与西部聚集，次高值紧邻高值南部分布，低值集中在南部区域。果蔬供给量整体持续快速增长，空间上呈中间高、南北低和高值区域不断扩大并连绵成片的特征。肉类供给量缓步增长，空间分布特征与粮食供给服务较为相似。水源涵养供给量呈先下降后上升的“U”型特征，空间上由南向北依次呈高值—次高值—低值渐次变化的特征。土壤保持服务供给量持续增长，空间特征表现为南高北低，东高西低，由北向南依次从低值向高值过渡。碳固持供给量整体缓慢稳定增长，且与其余服务相比变化率较低，空间上南高北低，低值区连绵成片始终分布于北部风沙区沿线，高值区由南向北不断扩散。休闲游憩供给量变化幅度最小，整体先下降后上升，高值区在南部聚集分布，低值区在北部聚集。

（2）陕北各类服务需求时空特征各不相同：粮食需求持续下降，肉类需求缓步增长，果蔬需求持续快速增长。空间上三类需求均呈北高南低，东高西低，高值区不断扩大的特征。水源涵养服务需求呈倒“U”形，研究期末需求高于研究期初，空间特征为北高南低，东高西低，高值区经历了先扩大后缩小的过程。土壤保持服务需求与水源涵养服务需求变化过程基本相似，但在空间分布上呈中间高南北低、南比北高和东比西高的特征。碳固持服务需求呈持续高速增长的特征，空间差异也较为明显，高值区在北部聚集，且不断向北、向西扩散，低值区在南部聚集，分布范围较为稳定。休闲游憩服务需求整体缓慢增加，空间上北高南低，高值区由中部向南北两侧扩散，最终形成了一条横跨南北的高值带。

（3）陕北各类服务流量及流向特征为：粮食供给服务流量快速增长，受益区数量较少，供给区数量占绝对优势。空间上流量高值区在中部偏北及西北部聚集，受流量影响，高（低）强度流向分别在北（南）部聚集。果蔬供给服务流量持续快速增长，供给区数量显著上升。流量高值区在中部聚集并不断扩大，且流向以高强度为主，广泛分布于中部及南部。肉类供给服务流量也持续上涨，但增速较低，供给区数量介于果蔬服务与粮食服务之间，流量空间特征及流向特征与粮食供给服务基本相似。水源涵养服务流量先下降后上升，变化剧烈，供给区数量较多，但 10 年间增长较为缓慢，县（市）变化过程集中在高受益区与高供给区的减少以及低供给区的持续增加。流量空间分布呈西南高东北低、由南向北渐次分布的特征。受地形影响，流向总体为西北—东南向，各级强度区空间分布变化较小。土壤保持服务流量变化与空间分布特征整体与水源涵养服务相似，但土壤保持服务供给区数量增加更加明显，同时不同等级流向的区域聚集特征也更加明显。碳固持服务流量、供给区数量均呈持续下降的特征，且下降速度有进一步加快的趋势，同时高（低）供给区显著较少，高（低）受益区显著增加。空间上高值区在南部聚集，低值区在北部聚集。碳固持服务流向整体以高强度为主，主导方向从以西—东向为主变为东南—西北向，东北—西南向交叉分布。休闲游憩服务流量先下降后上升，但总体变化幅度较小，且在县（市）与乡镇单元上休闲游憩服务均为供给区。流量的空间特征为南北高中间低，西高东低，高低值空间分布无明显变化。

（4）陕北 ESF 空间类型划分：基于高斯混合模型对陕北各服务流量进行聚类，识别出该区域包括农牧供给簇、果蔬生态簇和生态均衡簇，在此基础上结合各区域主导服务的流向特征，将各类服务流量簇进行空间细分，最终综合七类服务流量与流向特征，将陕北划分为三大区域，即分别为以果蔬供给服务与调节支持服务为主导服务的果蔬生态区，并根据该区域主导服务流向特征细分为果蔬生态区Ⅰ型与果蔬生态区Ⅱ型；以粮食供给服务和肉类供给服务为主导服务的农牧供给区；以及提供较为均衡的调节支持服务的生态均衡区，并根据其流向特征与空间位置细分为生态均衡区Ⅰ型与生态均衡区Ⅱ型。

（5）陕北供给服务调节机制特征：米脂县为农牧供给区典型区域，影响米脂县流量变化的主导因素均为生产规模（种植面积与出栏量），受利益相关者诉求及行为响应影响，该县粮食、果蔬、肉类供给服务调节机制分别总结为：供给侧＋多主体＋结构增强机制、供给侧＋双主体＋结构规模双增强机制和供给侧＋单主体＋规模增强机制。受调节机制影响，该县三类供给服务权衡协同关系均为强协同与强权衡。神木市为生态均衡区典型区域，其三类服务调节机制分别为：供给侧＋多主体＋规模增强机制、需求侧＋单主体＋规模衰减机制和需求侧＋单主体＋规模衰减机制。受调节机制影响，其粮食供给服务权衡协同关系为强协同与弱协同，果蔬供给服务为弱权衡，肉类供给服务为中低协同。洛川县为果蔬生态区典型区域，调节机制可总结为：供给侧＋单主体＋结构增强机制、供给侧＋单主体＋规模增强机制和供给侧＋

单主体 + 规模衰减机制。受调节机制影响，该县粮食供给服务权衡协同关系为强协同与强权衡，果蔬供给服务为强协同与强权衡，肉类供给服务为弱协同。上述三县调节机制的形成与差异受种植历史、产业类型、经济发展水平等因素深刻影响，三县调节机制不仅可说明各县（市）特征，也可反映农牧供给区、生态均衡区和果蔬生态区特征，综合三县结果可说明陕北供给服务调节机制特征。

目录

第一章

绪论

第一节 研究背景与意义

一、研究背景

（一）生态系统与生态系统服务是人类可持续发展的重要议题

生态系统（Ecosystem）是指在自然界内由生物（动植物和微生物）以及环境（气候因素、物理环境和化学物质等）共同构成的统一整体（刘玉斌，2021），在这个整体中生物与环境相互影响，相互制约共同实现生态系统的动态平衡（郝云龙等，2008；Caputo et al.，2016）。而由生态系统提供的、以满足人类生存与社会发展所需的各种服务与产品就是生态系统服务（Ecosystem Services，ES），生态系统服务在形成与维持人类生存和发展所需的环境条件及物质基础方面具有不可替代的作用（MEA，2005；Costanza et al.，1997；Rendon et al.，2021）。可以说生态系统与生态系统服务是地球生命最重要的支持要素，生态系统功能的滞后、生态系统服务的缺失将影响人类的生存与繁衍（Lopes et al.，2015；赵雪雁等，2021）。

工业革命以来人类认识自然和改造自然能力不断增强，同时随着世界人口的持续增加及对物质资料需求的不断增长（Han et al.，2020），导致了对生态环境的不合理改造及生态资源的过度开发，一些全球性和区域性生态问题层出不穷并日益凸显，如全球变暖、生态破坏、环境退化、资源枯竭、反常气候等（傅伯杰等，2021）。人类赖以生存的生态系统正面临着严峻考验，支持人类生存与发展的生态系统服务正逐步退化（Le Maitre et al.，2007；Fu et al.，2009）。联合国《千年生态系统服务评估报告》指出全球超过 60% 的生态系统服务出现退化，且这种趋势在未来 50 年内不能有效扭转（MEA，2005）。生态系统服务的退化势必将影响人类的生存与发展，也促使人类重新审视发展与保护的关系，实现生态系统的动态平衡与确保生态系统服务的持续供给不仅成为全球环境治理的主要内容，也是实现人类可持续发展的最重要保障（陈莎等，2021）。

（二）基于供需关系的生态系统服务流研究已经成为当前地理学与生态学关注的前沿与热点

生态系统服务的突出问题表现在 ES 供需的不平衡及时空错配（Koellner et al.，2019），而生态系统服务流（Ecosystem Services Flow，ESF）能够有效耦合生态系统服务供需的空间异质性（王嘉丽等，2019）。ES 的实现依赖于自然系统的供给能力和社会系统的需求程度，以及二者彼此之间的作用与反馈（Wu et al.，2019），因此可以说 ESF 是链接自然生态系统与人类社会经济系统不可或缺的纽带（刘慧敏等，2017）。对 ESF 研究的实质是要在分析 ES 产生、流动和使用全过程的基础上，建立服务供给区与需求区之间的时空关联，以厘清生态系统服务动态变化过程，揭示生态系统服务供需及其变化机制（Bagstad et al.，2014；Serna et al.，2014）。

开展 ESF 的研究有助于明晰生态系统对人类生存与发展所需的各种产品与服务的供给能力（Schirpke et al.，2019；Cheng et al.，2021），以及在此基础上的 ES 供给时空特征与变化过程，同时可明确人类社会所需 ES 的类型与数量（马琳等，2017；Zhai et al.，2021），以及在此基础上需求的时空特征与变化过程；综合供需数量与空间特征，不仅可以分析 ES 供需匹配情况与演变过程，更可以识别 ES 在自然生态系统与人类社会经济系统之间传递的路径。当前 ESF 已经成为 ES 研究的重要突破口，更是地理学与生态学学者关注的前沿与热点方向（肖玉等，2016）。

（三）生态脆弱区供需关系紧张，亟待揭示 ESF 调节机制以提高供给能力，平衡供需关系

根据《全国生态功能区划》及《全国生态脆弱区保护规划纲要》，陕北属于北方农牧交错生态脆弱区，该区域生态脆弱性现象突出表现为气候干旱、水资源稀缺、植被覆盖度低、土壤密度低且结构疏松、极易受流水与风力侵蚀等，该区域生态系统抗干扰能力差，对气候变化敏感，生态一旦遭到破坏较难恢复（卓静等，2020），因此该区域 ES 供给能力特别是可持续供给能力较低。但同时陕北也是近年来陕西省社会经济发展最快的区域之一，尤其北部县（市）产业以矿产资源开发和能源化工为主，经济的迅速发展使该区域人口聚集，城市化进程加速，由此导致对 ES 需求的持续增长。而作为典型生态脆弱区，陕北 ES 供给能力较低，资源的开发势必将对生态环境产生消极影响，更加影响了 ES 的供给数量与类型，与此同时需求的显著增长使该区域本就紧张的供需关系更加严峻（夏四友等，2018；周佳薇等，2021）。

人类在享受 ESF 传递来的惠益的同时，也通过各种活动影响了 ES 的数量与结构，干扰或加快了服务流的传递过程，对 ESF 产生积极或消极影响（刘慧敏等，2017）。我们关注 ESF 的目的不仅在于揭示供需匹配特征及空间流动路径，更重要的是分析 ESF 的影响因素，尤其需要厘清人类活动影响下 ESF 及其变化机制，从而为制订合理的生态系统管理政策与生态补偿方案等提供依据，以确保服务的有效持续供给（Mononen et al.，2016）。尤其在以陕北为代表的生态脆弱区，开展 ESF 及调节机制的研究对该区域实现可持续发展与保障区域生态安全现实意义重大。

二、研究意义

（一）理论意义

本书阐明了 ES 从生态系统到人类社会的变化机理。在分析陕北 7 类 ES 供需流时空变化过程的基础上，定量分析了各类服务的流向特征并实现了流向的空间制图；同时，引用社会学理论与方法，从利益相关者视角切入，分析利益主体行为对流量变化的影响过程，最后探讨了利益主体影响下各类服务的调节机制类型与结果，这为理解复杂的 ESF 调节机制提供了崭新的视角，同时拓宽了 ES 研究领域与深度，也为地理学的核心命题——人地关系研究提供了新的实践领域。

（二）现实意义

生态脆弱区生态系统服务供需关系紧张，时空错配问题突出，严重制约了该区域社会经济发展。本书对陕北 ES 供需流及调节机制的研究，不仅科学准确地实现对 ES 供需时空匹配关系的定量分析，还模拟了 ES 从供给区向受益区的时空转移轨迹，阐述了 ES 的流向、流量等内容，揭示了 ES 跨区域转移的时空特征，并探讨了利益主体影响下的生态系统服务流调节机制。研究结果不仅可揭示区域生态现状，了解区域生态承载与赤字状况，更指出了人类活动影响下 ES 的变化过程与原因，研究结论还可为持续提高区域 ES 供给和优化生态供需格局提供科学依据，也可为生态管理政策及生态补偿标准的制定提供参考。

第二节 国内外研究进展

一、相关概念辨析

（一）生态系统服务及分类

学术界对生态系统向人类社会提供各种服务与产品的认知经历了漫长的

过程（李素晓，2019），其中生态系统服务概念首次出现可追溯到 20 世纪 60 年代（King，1966；Helliwell et al.，1969），而生态系统服务作为研究课题出现始于 1970 年联合国大学发布的《人类对全球环境的影响报告》（SCEP，1970），该报告中列出了自然生态系统的“环境服务功能”（Shi，2021）。但直到 1981 年才由 Ehrlich P R 正式定义为“生态系统服务”（Ehrlich P R et al.，1981），此后不同学者基于不同的学科与各自的研究视角，对概念分别阐述，其中 Daily、Groot、Costanza、欧阳志云、MEA、谢高地、Boyd 和 Fisher 等（李双成等，2014）学者提出的概念影响较大，如表 1－1 所示为各学者对 ES 认知概念的对比。

表 1－1　　生态系统服务概念的代表性学者及定义

学者	年份	概念
Ehrlich P R	1981	生态系统对人类社会的影响及其效能
Daily	1997	生态系统与生态过程所形成的维持人类赖以生存的自然环境条件与效用
Costanza	1997	人类直接或间接从生态系统中获得的收益
De Groot	2002	生态系统直接或间接提供的物质和服务，以满足人类需求的自然过程与成分
欧阳志云	1999	生态系统及其过程形成与维持的人类生存和发展所需要的环境条件和效用
谢高地	2001	通过生态系统结构、过程和功能间接或直接地得到的生命支持的产品与服务
MEA	2005	人类从生态系统中获得的各种惠益
Boyd	2007	人类为创造福祉而直接使用或消费的各种自然组分
Fisher	2009	人类为创造福祉而直接或间接使用的生态系统的各个方面

由表 1－1 可知，不同学者的定义各有侧重点，其中 Daily 和 Groot 的定义更侧重对生态系统服务功能的描述，认为生态系统服务来源于生态系统的过程与功能，Costanza、MEA、欧阳志云、谢高地等的观点具有相似性，他们更侧重于受益性表述，认为从生态系统中获取的各种受益即为生态系统服务，Boyd 和 Fisher 的观点则属于组分性描述，认为生态系统服务除受益属性外，还包括了中间组分与过程。

对比各学者的观点可以发现，不同定义虽然侧重点不同，但概念的内涵具有较高的相似性，都说明了生态结构（自然组分）—生态服务（生态功能）—人类获益三者之间的关系（张静静，2019）。其中 MEA 提出的概念由于其容易理解、便于分类、方便计算等优点而被国内外学者接受并广泛采纳（Wei et al.，2017；傅伯杰等，2013），本书也使用 MEA 提出的生态系统服务概念。与生态系统服务概念同时展开讨论的还包括了生态系统服务的类型，其中 Daily 将其划分为大气和水体净化、洪水和干旱调节、废弃物分解等 13 类（Daily et al.，1997）；Costanza 将其划分为气候调节、水资源供给、养分循环、土壤形成、原材料、食物供给、娱乐文化等十七类（Costanza et al.，1997）；Groot 将其划分为生产服务、承载服务、调节服务、信息服务四类（Groot et al.，2002）；欧阳志云将其划分为调节气候、维持土壤功能、生物多样性产生和维持、环境净化等八类（欧阳志云等，1997）；谢高地将其划分为供给服务、调节服务、支持服务和社会服务四类（谢高地等，2001）；MEA 将其划分为四大类和 25 项子类，分别为供给服务，调节服务，支持服务与文化服务（MEA，2005），目前基于 MEA 的分类方法使用最多。

但是近年来学者提出 MEA 的划分类型存在分类模糊与重复计算的风险，也有学者认为支持服务并不属于最终的服务（张红娟，2020），且某些支持服务与调节服务功能相似，实际测算中存在较大困难（Wallace et al.，2007；位贺杰，2018）。因此很多研究中将调节服务与支持服务合并为调节支持服务（Haines－Young et al.，2013；Wei et al.，2018），这一分类方法已经纳入国际通用生态系统服务分类标准（Common International Classification of Ecosystem Services，CICES），本书也沿用这一分类方法，如表 1－2 所示为基于三种分类方法的生态系统服务类型及所包含的部分 ES 内容。

表 1－2　　生态系统服务分类及内容

一级服务	二级服务
供给服务	粮食供给、薪柴供给、肉类供给、淡水供给、原材料供给和能源供给等
调节支持服务	土壤保持、水源涵养、大气调节、防洪灌溉、碳固持、授粉、废物处理、物种多样性、生境质量、养分循环、初级生产力、防风固沙和生物栖息等
文化服务	休闲游憩、美学、教育、地方感、遗产价值和消遣娱乐等

（二）生态系统服务供需概念

与 ES 供给相关的最早的概念是生态承载力（Wackernagel et al.，1996）。生态承载力表示特定区域的资源供给，即该区域所能提供的最大资源量，但这是一种潜在供给，并不能全部作为有效供给传递给人类（王川，2019；马琳等，2017）。Burkhard 提出的生态系统服务供给的概念得到了广泛认同与应用（Pan et al.，2021；Deng et al.，2021；张欣蓉，2020），他认为 ES 供给是在给定的时间和区域范围内生态系统提供的能够被实际利用的自然资源和服务，强调 ES 供给的有效性和可获性（Burkhard et al.，2012）。与潜在供给不同，Burkhard 强调了实际供给，即可以被人类完全获取的资源量（江波等，2018）。

目前对 ES 需求的定义还没有形成一个被广泛接受的统一表述（严岩等，2017）。经济学中对需求的定义是指一定时期内消费者在各种价格水平下愿意且能够购买的商品的数量，消费者的购买欲望和购买能力是构成有效需求的基本因素，这也成为学者理解生态系统服务需求的切入点（马琳等，2017；郭朝琼等，2020）。如 Burkhard 认为 ES 需求是特定的时间和空间范围内被消费或使用的生态系统服务，他强调的是实际使用量或者现实购买力（Burkhard et al.，2012）；而 Villamagna 和 Schroter 则从社会或个体的偏好角度将 ES 需求定义为被社会要求或渴望得到的生态系统服务的数量和质量（Villamagna et al.，2013；Schroter et al.，2014）；Geijzendorffer 等强调了 ES 需求是为获取或者保护某种生态系统服务所付出的支付意愿（Geijzendorffer et al.，2015）。无论 Villamagna 和 Schroter 指出的社会或个体偏好还是 Geijzendorffer 强调的支付意愿，都可以将其理解为购买欲望。

ES 不同于一般商品，很多服务是无形的和无偿的，如气候调节和养分循环等，而在感知与消费这类服务时，消费者是无意识的，既表现不出购买欲望也不用支付任何成本（Dang et al.，2021）。因此第一种强调购买力与实际使用量的理解适用于商品型或有偿型生态系统服务，而针对非商品型需求，则更应该强调消费者的主观欲望（马琳等，2017）。而之于生态系统，其提供的服务绝大多数是无偿的，并不以商品的形式存在，因此从主观欲望视角理解 ES 需求更具说服力（马琳等，2017）。

（三）生态系统服务流概念与属性

目前，学术界尚未对 ESF 的定义达成共识，概括起来主要有两个认识（王嘉丽等，2019）：一是强调过程，认为 ESF 是 ES 从供给区到需求区的连接（Bagstad et al.，2011；刘慧敏等，2016），是供给区所提供的生态系统服务依靠某种载体或不经任何载体，沿某一方向和路径传递到受益区的过程

（Luck et al.，2016；姚婧等，2018），这种理解更加强调 ES 在形成地和使用地之间空间位移（李双成等，2014）。二是强调最终效用，认为 ESF 是指人类实际所获得的生态系统服务，是生态系统服务的最终实现（Schrter et al.，2014）。代表性学者如 Serna 认为由于研究区域的供需不匹配，在人为或自然作用下，生态系统服务传递到使用区，并最终被人类获益（Serna et al.，2014）。上述两种理解虽然存在差异，但其研究对象都是生态系统所产生的服务中被人类所消耗与利用的部分，研究目的都是探究 ES 供需之间的数量匹配特征及时空关联路径。本书参考已有研究成果，学者指出从最终效用视角理解 ESF 更便于对其量化与分析（肖玉等，2018；Su et al.，2020；Zhang et al.，2021；Cheng et al.，2021），因此本书使用效用方法理解与计算 ESF。

ESF 具有时空特征、载体特征与量化属性三大特征（刘慧敏等，2017；梁丽丽，2018）。ESF 本质是生态系统服务从供给区向受益区流动的过程，因此其时空特征是供需异质性的具体表现（Syrbe et al.，2012；张潇等，2020），不同 ES 的时间单元与空间单元不同，传递方式与过程也不同，一般来讲远距离空间传递的服务往往需要更长流动时间，而小范围的空间流动所需时间较短（傅伯杰等，2010；章维鑫，2019）。但 ESF 时空特征不是一成不变的，随着自然环境的变化与社会经济的发展，ES 供给区与需求区的空间位置及其传递过程也会发生变化（刘慧敏等，2017）。

ES 的传递过程需要依靠某种载体工具才能实现，包括了生物因子与非生物因子（姚婧等，2018；王嘉丽等，2019），这些承载工具就是生态系统服务流的载体，但也有部分生态系统服务不需要载体就可以流动，因其本身就兼具服务与载体特征，如水资源（Lin et al.，2021）。载体是作为承载工具还是具体的服务，取决于其本身的性质以及在特定条件下受益者的不同选择（王嘉丽等，2019）。还有一种特殊的生态系统服务是通过人类主动移动到服务供给区实现的，如景观休憩和休闲服务（肖玉等，2016；刘慧敏等，2016）。

ESF 量化属性包括了流向、流速与流量，通常意义上的生态系统服务流多指基于流量属性的 ESF（王嘉丽等，2019）。其中流向是指 ES 从供给区向受益区传递的空间方向，流向主要受载体影响，不同服务载体不同流向差异较大，但不同服务载体相同或相似，流向路径也基本一致。流速是指 ES 传递距离与传递时间的比值，流速大小受多种因素的影响，包括自身属性、载体特征和传递距离等（刘慧敏等，2017）。流量是三类量化属性中最基础也是最重要的特征，它是指受益区实际所接收到的生态系统服务量，研究单位供需的数量匹配关系直接决定了流量的多少，同时流量还受传递距离影响，受益区距离供给区越近，接收的流量就越高，反之则越低（刘慧敏等，2017；王嘉丽等，2019；Koellner et al.，2019）。生态系统服务流流量的确定是定量化生态系统服务流研究的根本所在（王嘉丽等，2019）。如表 1－3 所示为常见的生态系统服务流类型及其属性特征。

基于生态系统服务流属性特征，结合供给区与受益区空间位置，还可将生态系统服务流划分为原位服务流、全向服务流和定向服务流三类（Fisher et al.，2009）。原位服务流指 ES 的供给区和需求区位置基本重叠，服务无须空间位移，该类服务供给区即为需求区。全向服务流是指 ES 从供给区沿各个方向向受益区传递，传递过程没有方向偏好。定向服务流是指 ES 沿某一特定方向由供给区向受益区传递，其传递方向与路径是固定的（Fisher et al.，2009；刘慧敏等，2017；王嘉丽等，2019）。

表 1－3　生态系统服务流类型及属性特征

服务类型		载体	空间流向	服务类型		载体	空间流向
供给服务流	粮食供给	生物	全向服务	调节支持服务流	防洪灌溉	水	定向服务
	木材供给	生物	全向服务		侵蚀调节	土壤	原位服务
	燃料供给	生物	全向服务		生净质量	土壤	原位服务
调节支持服务流	果蔬供给	生物	全向服务	文化服务流	生物多样性	生物	原位服务
	气候调节	空气	全向服务		碳固持	空气	全向服务
	水源涵养	水	定向服务		休闲游憩	生物	全向服务
	土壤保持	水	定向服务		景观美学	生物	全向服务
	授粉服务	生物	全向服务		生态旅游	生物	全向服务

二、生态系统服务供需评估

从供需视角评估 ES 能够揭示区域生态现状及社会经济发展水平之间的相互关系（刘立程等，2019），有助于实现生态系统的有效管理和自然资源的合理配置（耿甜伟等，2021），揭示 ES 供需特征已经成为生态系统服务研究的关键领域（Castro et al.，2014）。ES 供给与需求分别受自然环境与社会经济两个系统影响，两个系统存在显著特征差异（Tao et al.，2018），加之研究目的、研究对象和数据来源的差异，造成了供给评估方法与需求评估方法存在差异，在梳理文献的基础上，本书分别从供给评估与需求评估两个方面总结已有方法，并对比了各类方法的优缺点。

（一）供给评估

通过对已有 ES 供给文献的梳理，本书将供给评估方法总结为价值量法、指标替代法、专家知识法、能值法、主观感知法和模型模拟 6 种，具体方法与评估内容如表 1 – 4 所示。

表 1 – 4　　生态系统服务供给评估方法分类及应用

评估方法	使用方法	评估内容	代表学者
价值量法	价值当量标准	食物生产、原料生产、气体调节、气候调节、土壤保持、维持养分循环、美学景观	Costanza；谢高地；刘桂林；刘永强等
	功能价值法	水源涵养、保育土壤、固碳制氧、营养物质积累、净化环境、食物供给	Myers；王兵；杨志新；Heal；Lant 等
指标替代法	社会经济指标	粮食供给、肉类供给	张红娟；Sun 等
专家知识法	供需量化矩阵	作物供给、牲畜供给、气候调节、洪水防护、知识体系、娱乐美学	Burkhard，欧维新等
能值法	能值转化率	森林系统能值、水域系统能值、供给服务能值、文化服务能值等	Huang；马程；赵晟等
主观感知法	问卷调查法	净化环境、生物多样性、旅游休闲、美学价值	Peña；Lee 等
	小组座谈法	水源涵养、生物多样性、薪柴供给、娱乐美学、教育价值	García – Nieto；Palomo 等
模型模拟法	InVEST 模型	生净质量、土壤保持、碳固持、水源涵养、生物多样性	潘韬；周彬；包玉斌；Chen；Jie；Boithias 等
	KINEROS 模型	防洪调节	Stürck；Nedkov 等
	SolVES 模型	景观美学、游憩价值、文化服务价值	Sherrouse；Brown；霍思高等
	RUSLE 模型	土壤侵蚀	蔡崇法；黄金良等

采用价值量估计方法认为，ES 的供给取决于生态系统自身状况，生态系统服务价值就是对生态系统本身可提供资源的货币化表达（Costanza et al.，2004），因此，生态系统服务价值也可视作生态系统服务供给的货币形式（谢高地等，2008）。目前该方法得到了国内外学者的广泛应用，而研究都是

基于 Costanza 和谢高地的研究成果开展的（Costanza et al.，1997；谢高地等，2008，2015）。其中 Costanza 于 1997 年在《*Nature*》杂志发表了“全球生态系统服务价值和自然资本”，建立了全球的生态系统服务价值估算量表，谢高地等基于 Costanza 的研究成果得到了中国单位面积生态系统服务价值当量。但同时也有诸多国内外学者使用功能价值法计算生态系统服务价值，以模拟生态系统服务供给，但这类研究应用较少（马琳等，2017）。

指标替代法是指通过选取指标代替的方法，常用于供给服务中，如用区域粮食产量表征粮食供给服务供给量，肉类产量表征肉类供给服务供给量（张红娟，2020）。

专家知识法基于土地利用数据与生态系统服务类型构建量化矩阵，根据专家知识与经验，由专家对不同区域不同服务的供需量赋值（Burkhard et al.，2009，2012）。该方法在生态系统服务供给研究的起步阶段使用较多，随着供需量化方法的不断丰富，该方法的使用逐渐减少（白杨等，2017）。

能值法在生态系统服务供给评估中也较为常见，其计算原理是基于全球能值基线，计算各类物质和能量的能值转化率，然后将其统一转化为太能焦耳，以此实现生态系统服务的评估（马程等，2017；Nadalini et al.，2021），该方法常用于定量分析环境资源价值及生态系统与经济、社会系统的复杂关系应用中（夏晶晶，2019）。

主观感知法指通过设置问题、情景模拟和罗列提纲等方法，与访谈对象的深入交流，获取他们对生态系统服务供给量与空间分布的感知信息，具体方法包括问卷访谈法、小组座谈法等（García et al.，2013；Sun et al.，2018；Lee et al.，2021）。主观感知法本质上采用质性分析方法来获取数据，通常适用于小单元或数据缺失的区域。

随着对 ES 供需研究的深入，学者对研究方法的科学性、评估结果的准确性的要求不断提高（袁周炎妍等，2019），因此具有将小区域定量评估与大范围应用相结合优点的模型方法被引入 ES 相关研究中（Nelson et al.，2009）。具体过程是通过对生态过程和机理的充分理解建立模型，输入所需的生物物理数据和其他数据计算 ES 供给（申嘉澍等，2021）。目前，通过模型计算生态系统产生的物质量评估的相关研究逐渐增多，其中 InVEST、SolVES、RUSLE 等模型使用较多（Ruckelshaus et al.，2015；Sharps et al.，2017）。其中 InVEST 模型由于其使用范围广、评估服务多和计算方便快捷而得到广泛应用（白杨等，2017）。而SolVES模型常用于文化服务评估（张红娟等，2019），KINEROS模型常用于洪水及水文评估（Stürck et al.，2014），RUSLE模型常用于土壤侵蚀评估（Fu et al.，2011；严岩等，2017），此外适用于分析大单元（全球）、长时序（截至2100年）的IMAGE模型（Sherrouse et al.，2011），用于动态模拟生态系统服务功能MIMES模型的研究也开始出现（王玉等，2016）。

表1－5分别对比了各类供给评估方法的优缺点，可以发现不同方法均有各自的优缺点，研究人员多基于评估内容、评估单元和数据获取等因素，选取适用的研究方法进行分析。但同时由于模拟法在评估内容、评估时序、评估范围、结果精度和供需量纲等方面具有突出优势，因此现阶段模型模拟在生态系统服务供给研究中使用较多。

表1－5　　生态系统服务供给评估方法及特点

方法	优点	缺点
价值量法	数据容易获取，计算方便快捷，结果直观且易于比较	精确度较低，供需量纲无法统一，难以突出区域差异
指标代替法	方便快捷，数据精确	适用服务类型较少
专家知识法	数据获取方便快捷，供需量纲一致，便于比较，适用于多单元分析	主观性较强，结果容易偏差
能值法	空间可视化效果好，计算类型多样，有助于调节生态环境与经济发展的关系	并非所有物质均可以太阳能焦耳度量，且计算过程复杂，难以进行需求测算
主观感知法	数据获取较为方便，分析服务类型多样	具有一定的主观性，且难以开展大单元长时序分析
模型模拟法	结果精确度较高，空间可视化效果好，适用于长时序大单元ES研究，部分服务供需量纲一致	所需数据类型多样，精度要求较高，模型参数修正难度大

注：本表参考马琳（2017）、刘慧敏（2017）、王嘉丽（2019）和申嘉澍（2021）等成果。

（二）需求评估

通过对已有研究的梳理，目前生态系统服务需求的评估方法可分为指标代替法、专家知识法、主观感知法和模型模拟法四种（李奇，2020），ES需求评估方法与内容如表1－6所示。

表 1-6　　生态系统服务需求评估方法分类及应用

评估方法	使用方法	评估内容	代表学者
指标替代法	社会经济指标	需求综合值	彭建、Gu 等
	人口密度	粮食需求、产水需求、碳需求	刘春芳、赵雪雁
模型模拟法	水文模型	防洪调节	Stürck、Nedkov 等
	USLE 模型	土壤侵蚀	刘立程、张欣蓉等
专家知识法	供需量化矩阵	作物供给、牲畜供给、气候调节、洪水防护、知识体系、娱乐美学	欧维新、Tao 等
主观感知法	问卷调查法	净化环境、生物多样性、美学、教育、地方感	Raum、Shi、Plieninger 等
	小组座谈法	水源涵养、生物多样性、娱乐美学、教育价值	Casado、Palomo 等

需求评估中的指标代替法与供给不同，供给评估中该方法多使用社会统计指标直接表征供给量的方法（张红娟，2020；夏晶晶，2019），而需求评估中的指标代替法可分为两类：①基于人口分布及密度数据结合国家或行业标准，计算不同单元上各类服务的需求量（刘春芳等，2018；刘立程等，2019；赵雪雁等，2021）；②根据研究对象与研究区域建立适用的指标体系模拟代替生态系统服务需求（彭建等，2017；GU et al.，2018；管青春等，2019；耿甜伟等，2021）。但这两种评估方法各有优劣，其中第一种方法受制于国家或行业标准，其评估服务内容受限，而第二种评估方法目前还未形成统一的或学界达成一致认知的指标体系，指标体系通过研究人员根据研究区与研究对象分别建立。

需求评估中的模型模拟法与供给评估相似，都是基于模型运行计算得到的。如使用水文模型和产水模型，模拟评估人类社会对淡水服务和洪水调节的需求（Stürck et al.，2014；Nedkov et al.，2021），也有学者使用 RUSLE 模型评估区域土壤侵蚀需求（刘立程等，2019；张欣蓉等；2020）。但整体来说，模型方法多用来评估供给，目前开发的可用于需求评估的模型还较少。

ES 需求专家知识法评估与供给评估相似，也是基于专家知识与经验对研究区各类需求进行赋值（Tao et al.，2018；Ou et al.，2018）。主观感知法评估包括问卷调查法、小组访谈法和参与式制图法等，其中参与式制图法是近年来在需求评估中兴起的一种新方法（Beichler et al.，2015），研究人员将研究区卫星图打印成册然后请受访者在地图上标注各类服务需求分布的空间位置，最后将地图地理配准和矢量化实现需求的空间制图（Shi et al.，2020；Plieninger et al.，2013）。参与式制图多用于分析文化服务需求的空间特征。由于需求评估方法基本与供给相似，本节不再对比各服务的优缺点。

三、生态系统服务流评估

生态系统服务流实质上就是建立供给区与需求区之间的时空关联，梳理国内外已有文献，根据研究内容本书将 ESF 研究划分为三个阶段（见表 1－7）。

表 1－7 生态系统服务流研究阶段及代表性学者

阶段	时间	主要研究内容	代表学者
阶段Ⅰ	2015 年以前	生态系统服务流研究框架	Bagstad、Villamagna、Serna 等
阶段Ⅱ	2014—2017 年	基于空间分布式模型的生态系统服务流	Bagstad、Zank、李晶、Verbos 等
阶段Ⅲ	2017 年至今	供需视角下生态系统服务流动路径；基于生态系统服务流的生态补偿，区域管理等	李晶、谢高地、肖玉、Schirpke、Xu 等

阶段Ⅰ侧重 ESF 研究理论框架的提出，并初步探讨了 ES 供给区与受益区的空间位置，尝试绘制 ES 的流动路径。

ESF 概念提出后，学者在各自研究领域采取适用的研究手段，借鉴各学科的研究方法，从不同的视角切入，在定性地探讨 ES 供给区受益区的空间位置基础上，提出了 ESF 研究理论框架，并尝试开展 ESF 的量化与制图。其中有些研究侧重于理论框架的提出，如 Villamagna 等提出生态系统服务流的研究框架有四个组分，分别为生态系统供给、生态压力、需求及流，这四个组分是相互分离但相互作用的实体（Villamagna et al.，2013）。Liu 等从 ESF 流动过程到涉及主体入手，建立 ES 的因果反馈联系，提出了人与自然耦合系统中远程生态系统服务流传递过程框架（Liu et al.，2015）。Serna、Bagstad 和 Felipelucia 等分别从供需关联及 ESF 传递过程构建了生态系统服务的流动框架（Bagstad et al.，2014；Serna et al.，2014；Felipe et al.，2015）。也有学者侧重于供给区需求区的空间位置分析，并尝试绘制 ES 的流动路径，如 Palomo 等分析了西班牙国家公园的供给、调节和文化服务的供给区域和受益区域，并根据服务供给和受益区域的空间位置绘制服务空间流动的概念模型（Palomo et al.，2013）；Serna 等构建了生态系统服务的流动框架，并探讨了供给区与受益区之间的空间关联（Serna et al.，2014）；Yoo 等结合空间精确的沉积物传递模型，在亚利桑那州的普雷斯科特进行了生态系统服务的价值流动分析（Yoo et al.，2014）。同时 Locatelli 和 Turner 等也基于不同区域的生态系统服务供需关系，绘制了生态系统服务从供给区到受益区的输送示意图（Locatelli et al.，2011；Turner et al.，2012）。

上述研究虽然多集中于理论探讨与定性表述，并没有给出 ESF 流动的准确路径或实现对流动过程的模拟（肖玉等，2016），但学者们均已认识到 ES 从服务供给单元到服务使用单元需要经历一个空间流动的过程（肖玉等，2016；刘慧敏等，2017），并提出了生态系统服务流制图应包括供需制图和流制图，还应建立综合模型将供给、传递和需求结合起来，系统地表达 ESF 全过程，这为后续 ESF 的研究提供了评估与制图参考并指出了研究方向（刘慧敏等，2016）。

阶段Ⅱ是基于空间分布式模型的生态系统服务流研究，该阶段基于模型基本实现 ESF 的绘制，但由于模型限制使用范围较小，同时很多学者已开始探索基于供需关系的 ESF 研究。

空间分布式模型研究以 SPANs 模型为代表，该模型是由美国佛蒙特大学开展的生态系统服务人工智能（ARIES）项目提出的（Bagstad et al.，2014）。该模型集成各类生态学和地理学常用的模拟模型，利用概率贝叶斯网络来分析 ES 从供给点到受益点的流动。Bagstad 等应用 ARIES 的方法分析了华盛顿州普吉特海湾碳汇、河流洪水调节等五种服务的供需路径和过程（Bagstad et al.，2016）。Zank 等基于 ARIES 平台，研究了城市扩张对于普吉特海湾自然资源存储与生态系统服务流的影响（Zank et al.，2016）。ARIES 平台及 SPANs 模型为研究生态系统服务流、认识生态系统服务供给及空间传递过程提供了便利工具。但由于该模型一方面尚处于开发阶段，另一方面需要大量的数据和学科知识来支撑，目前仅能在美国及欧洲的部分区域应用，且几乎没有使用该模型直观显示生态系统服务空间流动路径和流量的研究（肖玉等，2016）。同时该阶段也有学者尝试从供需关系分析 ESF 特征，如李婷等基于贝叶斯网络方法对关中—天水地区的固碳服务空间流动路径进行了模拟（李婷等，2017），Li 等利用水文模型从格网与行政两个单元分别对京津冀地区水源供给服务流进行研究，揭示了水源供给服务的传递路径（Li et al.，2017）。此外基于供需量化矩阵评估 ES 供需，进而分析 ESF 的研究也成为该阶段 ESF 研究的一大热点，如 Owuor、Vrebos、Li 等基于土地利用供需矩阵，借助专家赋值法分别评估了非洲的肯尼亚、乌干达以及中国太湖地区的 ESF 特征（Verbos et al.，2015；Awuor et al.，2017；Li et al.，2016）。

该阶段学者分别尝试从过程（空间分布式模型）与效用（供需量）两个视角分析 ESF 特征，在定量计算并绘制流量、流向特征上取得长足进展（刘慧敏等，2017）。这一阶段的研究表明基于过程视角的研究普适性较差，而基于效用视角揭示 ESF 特征在研究单元与时序、结果可视化等方面具有明显优势，这为下一阶段的研究提供了理论基础与方法参考。

阶段Ⅲ是基于供需量的生态系统服务流研究，该阶段基本已实现供给区与受益区的空间识别，流量流向研究取得突破性进展，同时将 ESF 应用于实践管理成为该阶段的又一个特征。

该阶段学者主要利用研究区各类服务供需量的计算的方法，通过供需比或供需差的方式模拟流量（董丽青，2018；王嘉丽等，2019；杨丽雯等，2019），基于服务属性模拟流向的方式，实现对 ESF 流向与流量的计算与绘图。其中李晶团队研究水源涵养服务流和碳固持服务流特征；谢高地、肖玉和徐洁团队研究防风固沙服务流特征成果突出。总体来说，根据服务内容可将该阶段已有研究大致划分为以防风固沙、水源涵养和碳固持服务为主的单项服务流研究，以及综合多类型服务的多项服务流研究。

防风固沙服务研究多使用价值量表征供需，使用混合单粒子拉格朗日积分轨道（HYSPLIT 模型）模拟服务流路径的方式开展研究，如 Xie、Xu、肖玉、Su 和张彪等均使用该模型分别模拟绘制了内蒙古地区、盐池县、阴山北麓草原带和安固里淖干涸盐碱湖及京津地区防风固沙服务的供给区和受益区及主要流向（Xu et al.，2018；肖玉等，2018；Su et al.，2020；张彪等，2020）。水源涵养服务的研究中多使用水源涵养服务量表征供给，经济社会需水量作为需求，供需差为流量，基于河网与高差计算流向的方法开展研究。代表性成果包括了 Chen、张诚和李晶等分析了延河及渭河流域（李晶等，2021；Zhang et al.，2021；Cheng et al.，2021）；Yang 和任檬等分析了涟水河流域水源涵养服务的供需流特征（Yang et al.，2021；任檬等，2021）。固碳服务流研究中流向多基于盛行风向确定，代表性研究包括了李婷等分析的关中—天水经济区碳汇服务流；杨丽雯等分析了引黄入晋南干线区域固碳服务流（李婷等，2017）；Zhai 等分析了黄河流域固碳服务流特征（Zhai et al.，2021）。此外也有部分学者综合多类型服务开展多项生态系统服务流研究，如 Schirpke 分析了阿尔卑斯山周边区域食物供给、碳固持和户外景观休闲等 8 种服务的供需流特征（Schirpke et al.，2019）；Xie 等分析了内蒙古地区防风固沙服务、水源涵养服务、固碳服务、畜产品供给服务的流量及流向特征（Xie et al.，2019）；张欣蓉等分析了我国西南喀斯特区土壤保持服务、产水和碳固定服务三类服务的空间流动特征（张欣蓉等，2021）。但整体来讲，综合各类服务的研究还较少，学者多以某个单向服务作为切入点分析。

总体来说，该阶段供需流定量研究取得突破性进展，学者已经基本实现供给区、受益区、空间流动方向、流动数量的定量分析，在此基础上，学者们将视角也转移到 ESF 的应用研究中，其中基于 ESF 分析生态补偿、制定区域管理政策、模拟区域生态安全成为 ESF 应用的主要领域，如 Gao 提出了利用生态系统服务流分析生态补偿的理论框架（Gao et al.，2020）；Su 等基于防风固沙生态系统服务效益区域和效益水平建立跨区域差别化生态补偿方案（Su et al.，2020）；Qin、Pei、张城等基于水源涵养服务分析生态补偿标准及政策（Qin et al.，2019；Pei et al.，2019；张城等，2021）；Wang 等基于通过量化长三角地区区域间初级生态系统服务流量，探讨生态管理政策的制定（Wang et al.，2021）；刘春芳等以石羊河流域为例，基于水源涵养服务流和防风固沙服务流实现了对该区域生态补偿区的划分及补偿标准的核算（刘春芳等，2021）。

四、生态系统服务调节机制

生态系统服务调节机制的研究可将其分为影响因素分析与调节机制探讨两类，影响因素仅能揭示影响 ES 数量的因子，但通过调节机制的研究在此基础上进一步阐明复杂的社会经济因素与人类活动对 ES 的影响过程与结果（Geng et al.，2021）。只有揭示 ES 的调节机制才能真正理解 ES 在社会及人类影响下的变化过程，才能实现 ES 的持续供给与科学管理（Fisher et al.，2013；Bennett et al.，2015；Wieland et al.，2016）。

（一）影响因素

归纳已有研究，本书从研究内容、研究方法、研究结论三个方面梳理国内外 ES 影响因素的研究成果。从研究内容上讲，现有研究多集中在 ES 供给影响因素的分析，对需求影响因素研究还较少，已有成果主要集中在个人因素（如性别、年龄、教育水平等）和环境因素（如环境污染、居住位置等）的分析（张红娟，2020；Asah et al.，2014；Thompson 2019；Richards et al.，2019；Zhang et al.，2016）。而从供需指标入手，揭示 ESF 影响因素的研究还鲜有学者关注，这也成为目前生态系统服务领域中亟待加强的方向。

从研究方法上讲，已有研究多采用各种相关性分析模型结合空间制图的方法分析 ES 的影响因素（李素晓，2019）。随着研究的不断深入，学者们基于不同的研究选择多种方法开展分析，如地理探测器（Sannigrahi et al.，2020）、地理加权回归（Schwaiger et al.，2019）、冗余分析（Shi et al.，2020）等。近年来随机森林、SD 模型、多情景模拟等方法也逐渐运用到 ES 影响因素的研究中（刘静萍等，2019；易阿岚等，2020），对生态系统服务空间异质性的归因解释更加明确。

从研究结论上讲，生态系统服务及变化受多种因素影响，可大致分为气候变化与人类活动两个方面（连喜红等，2019）。气候变化改变了气温、降水等自然条件，直接影响了食物供给、薪柴供给、海产品供给、病虫害防治和碳固持服务等多种服务（Qiao et al.，2019；Han et al.，2017），同时也会间接影响土壤形成、养分循环等服务（Grimm et al.，2016；Mina et al.，2016），最终影响了生态系统结构与组成，改变了区域整体的供给能力（Cheung et al.，2009）。同时已有研究表明，气候变化对生态系统服务多为负向影响（张琨等，2016），气候变化不仅降低了 ES 的供给能力（Dawson et al.，2015），还增加了 ES 的经济价值损益（Deng et al.，2016）。尤其是全球范围内极端气候事件和反常天气现象频率和强度不断加强，深刻影响了各地 ES 的功能与结构（Geng et al.，2014；Li et al.，2018）。

人类活动对生态系统服务的影响是当前 ES 研究的热点与重点领域，归纳已有研究大致可分为两类：（1）基于人类活动造成的土地利用变化对生态系统服务的影响：在该类研究中，学者将视角聚焦在土地利用变化过程与 ES 变化特征的耦合及相互关系上（王颖慧等，2021）。其中部分学者直接分析了土地利用对 ES 的影响，特别是以典型区域为例成为揭示 LUCC 对 ES 影响的主要手段，如生态脆弱区、城市群地区、干旱沙漠区等（冉玉菊等，2021；伍博炜等，2019；卢周扬帆等，2019）。而有些学者从人类活动的各个行为出发分析其对生态系统服务的影响，其中积极行为如退耕还林还草、生态修复等工程（徐省超等，2021；裴宏伟等，2021），也有消极行为如城市扩展、景观格局过程（朱晓南等，2020 童晨等，2019），还有学者探讨了中性行为对生态系统服务影响，如土地整治、旅游开发等（苏梦园等，2021；张娟等，2020）。

（2）基于利益相关者视角的生态系统服务研究：在 ES 的影响因素中，自然因素是基础，人为因素在自然因素基础上实施扰动最终影响 ES 的结构与数量（苏常红，2011）。因此可以说利益相关者是 ES 变化的原始驱动力（苏常红，2011；符家铭，2020），人类获取的 ES 数量不仅受生态系统影响，也取决于各利益相关者的诉求偏好及其行为响应。（Reyers et al.，2013；Steffen et al.，2015；Daw et al.，2011；Fedele et al.，2017）。

目前识别利益相关者的研究方法大致有如下几类：文献整理法、小组讨论会、面对面访谈和专家打分法，但也有学者同时使用前述两种或多种方法识别区域内的利益相关者（Castro et al.，2016；符家铭，2020）。不同的利益相关者对 ES 的影响首先源自各利益主体对 ES 的认知和态度的差异，这也成为从利益相关者视角分析 ES 的重要途径（Darvill et al.，2016；Hauck et al.，2017）。在认知的差异基础上，部分研究人员对比分析了利益相关者诉求偏好与行为响应以及在此基础上进一步分析共同诉求对利益相关者集体决策、集体行为和互惠行为等的影响（Hahn et al.，2015；Raum et al.，2018；Throuvala et al.，2019）。另一部分研究人员则重点关注利益相关者对 ES 评估、管理及变化的影响（Reilly et al.，2018；Garau et al.，2020）。上述研究均表明，利益相关者对 ES 有相同或不同的诉求偏好，进而形成一致或相悖的行为响应，最终对 ES 认知、评估、管理及变化产生显著影响（Lacher et al.，2019）。

（二）调节机制

调节机制是理解社会经济系统与 ES 之间复杂关系的重要内容，也是揭示人类活动影响下 ES 变化原因与过程的关键途径（Lamarque et al.，2011；Daw et al.，2015）。

目前关于 ES 调节机制研究还较少，现有研究多集中于调节机制概念框架、类型划分等方面。如 Horcea - Milcu 等（2016）总结了影响 ES 分配的政策、制度与市场因素、社会权利关系、社会公平因素、家庭决策与个体因素、个体价值观因素等，提出了 ES 供需的“调节因素模型”。为进一步揭示不同因素在 ES 不同阶段所起的作用，Berbés - Blázquez 等（2017）构建了 ES 调节机制分析框架，将 ES 调节分为供给调节、收益调节和受益者调节 3 个阶段，并以哥斯达黎加 Talamanca 县为例定性分析了准入制度对土地、工具与技术、知识与信息、市场和劳动力等因素的影响。也有学者从受益者视角入手，构建了基于受益者调节能力的概念模型以揭示受益者特征对 ES 供需的定量影响（Berbés - Blázquez et al.，2017；Horcea - Milcu et al.，2016）。Geng 参考已有研究，建立了基于利益相关者视角的生态系统服务调节机制概念框架，并将其应用到中国米脂县的研究中，研究指出不同利益主体诉求偏好及行为响应不同，由此形成了不同类型的调节类型，并最终影响了区域生态系统服务的供给数量与结构（Geng et al.，2021），该概念框架使用定性结合定量的方法，归纳了米脂县粮食供给的调节机制类型，这为后续研究提供重要参考。

需要说明的是虽然目前关于 ES 调节机制的研究引起了学界的关注，但是目前的相关研究多采用定性方法，仅有少数学者采用定量定性结合的方法。如 Hicks 等采用半结构式访谈和相关文献法获取了不同类型调节机制对捕鱼社区 ES 供需收益的影响，通过相关系数法定量分析了不同 ES 与不同调节机制之间关联（Hicks et al.，2014），Geng 等结合定性定量的方法分析了不同调节机制类型的影响结果（Geng et al.，2021），但总体上依然欠缺定量表达不同类型调节机制对 ES 影响的相关研究。

五、研究述评

综上所述，经过学者不断拓展与钻研，目前生态系统服务的研究已经实现突破性进展并获得丰硕的成果，但仍有部分不足之处，亟待补充。

（1）生态系统服务供需概念基本取得共识，定量研究方法也不断完善，但现有研究多集中分析供给量的变化特征，对需求的时空过程揭示不足；同时部分服务类型供需量纲仍然无法统一，这给生态系统供需匹配及流特征分析带来阻碍。

（2）生态系统服务流的概念及量化方法已经有长足的积累，许多学者进行了探索性和开创性研究，尤其是在对 ESF 的两种量化途径对比后，指出基于供需效用视角揭示生态系统服务流特征具有明显优势。同时在研究内容上，现有研究多集中于某个单项的生态系统服务类型，综合多类生态系统服务的研究还不多；在研究区域上，现有研究多以小区域或流域范围分析生态系统服务流动过程，研究虽具典型性，但针对行政单元则缺乏综合性与实践意义。

（3）当前生态系统服务影响因素及调节机制的研究成果丰硕，尤其是对生态系统服务供给影响因素的分析已经较为成熟，利益相关者影响下生态系统服务研究也取得了长足的积累，同时对生态系统服务调节机制的研究也进行了有益的开拓，但依然存在如下不足：首先影响因素的分析多集中于供给侧，对综合供需关系的生态系统服务流影响因素的关注明显不足；其次利益相关者的研究多集中于各利益主体对 ES 影响过程与方式的探讨，而对利益主体造成的 ES 数量与结构变化的分析还鲜有关注；最后调节机制的研究多聚焦在概念框架的提出或停留在影响因素的分析上，且更为关键的是现有研究中调节机制多与影响因素分析相互独立，综合影响因素与调节机制揭示 ES 变化原因与结果的研究还鲜见报道。

第三节　本书研究内容

一、生态系统服务供给时空特征评估

首先基于研究区自然生态环境与社会经济发展状况，结合生态系统服务供需量化方法，本书选取了三项供给服务（粮食供给服务、果蔬供给服务和肉类供给服务）、三项调节支持服务（水源涵养服务、土壤保持服务和碳固持服务）以及一项文化服务（休闲游憩服务）。其次利用土地利用/覆盖数据、遥感数据、气象水文数据、社会统计数据，使用 InVEST、RUSLE 等模型计算了陕北 2010 年、2015 年、2020 年各类服务的供给量，使用 ArcGIS、GeoDA 等软件实现了各类服务的空间制图。再次分别分析了各类服务供给量的时空演变特征。最后使用斯皮尔曼相关分析方法分析了各类服务供给量的权衡协同关系。

二、生态系统服务需求时空特征评估

在参考已有研究的基础上，结合人口数量、人口密度分布、国家标准、社会经济指标等数据分别计算了前述七类服务的需求量，借助 ArcGIS、GeoDA 等软件实现了各类服务需求的空间制图，在此基础上分析各类服务需求的时空变化过程。最后基于斯皮尔曼相关分析方法分析了各类服务需求的权衡协同关系。

三、生态系统服务流时空特征及空间类型划分

本书参考已有研究成果，从最终效用视角计算生态系统服务流，在供需量化的基础上测算生态系统服务流，供需之差即为流量，若值为正，说明该区域供给大于需求，该区域为生态系统服务供给区，盈余的生态系统服务依据各类服务的空间流动属性向其他区域流动，若值为负，说明该区域供给小于需求，为生态系统服务需求区，短缺的生态系统服务需借助人力或依靠服务的空间流动属性弥补。

在前文计算七类生态系统服务供给量与需求量的基础上，首先通过供需差表征生态系统服务流量，借助 GIS 实现了流量空间制图，分析其时空变化过程，随后参考已有研究，根据流量特征将区域划分为高供给区、低供给区、高受益区和低受益区四类，并分析研究时段内各类型区转化过程。其次结合各类服务流动属性，模拟并绘制各类服务从供给区向受益区流动的时空路径，在分别分析各类服务流量、流向特征的基础上，使用高斯混合模型对七类服务流量进行聚类，识别生态系统服务流量簇，并参考流向特征，对研究区进行划分，最终综合流量与流向实现了对陕北空间类型的识别与划分。

四、典型区域典型服务调节机制分析

调节机制采用选取典型服务与典型区域对比分析的方法进行研究。首先，综合对比各类服务供需属性及特征，选取三类供给服务为调节机制的研究对象，然后基于前述空间类型划分结果，结合各县市空间位置、经济发展水平、产业类型等选取米脂县、神木市、洛川县作为典型区域。其次，分别分析了三县三类供给服务供需流特征，在揭示各供给服务流量影响因素的基础上，

引用利益相关者理论，揭示利益主体影响下前述影响因子的变化原因与过程。再次，总结各类服务调节机制类型，并从权衡协同关系探讨了调节机制的影响。最后，在对比三县调节机制类型、结果、原因及背景的基础上，归纳总结陕北供给服务调节机制。

第四节　本书研究思路与技术路线

一、研究思路

在明确科学问题和分解研究内容的基础上，本书按照“供需时空特征—流时空特征及空间分区—典型区域典型服务调节机制”的逻辑思路开展研究。首先阐述了生态系统服务供需流的研究背景与研究意义，并在梳理国内外研究现状的基础上，明确拟解决的科学问题，提出本书研究的切入点，此部分对应第一章。其次基于文献梳理与研究区特征，选取三类一级服务中的七类二级服务表征生态系统服务，此部分对应第二章，为实证研究打下基础。再次，在参考已有研究的基础上，结合研究区特征，分别计算并分析各类生态系统服务供给与需求的时空变化过程，此部分对应第三章与第四章，该内容为本书实证研究的重要部分，为后续流分析提供支持。在分析供需的基础上，基于供需差分别分析七类服务流量的时空特征，结合服务属性模拟各服务流向特征，然后以七类服务流量为分析对象使用高斯混合模型实现对七类服务的空间聚类，并参考各服务流向特征，实现区域综合流量与流向的空间分区，此部分对应第五章。最后基于前述空间类型划分结果，结合各县市空间位置、产业类型、经济发展水平选取米脂县、神木市、洛川县作为典型区域，并综合对比各类服务供需属性及特征，选取三类供给服务为调节机制的研究对象，引入利益相关者理论，从利益相关者角度揭示各服务调节机制特征，此部分对应第六章。本书第七章为总结与梳理，归纳了本书的研究结论，指出研究不足及未来发展方向。

二、技术路线

图 1－1 所示为本书技术路线图。

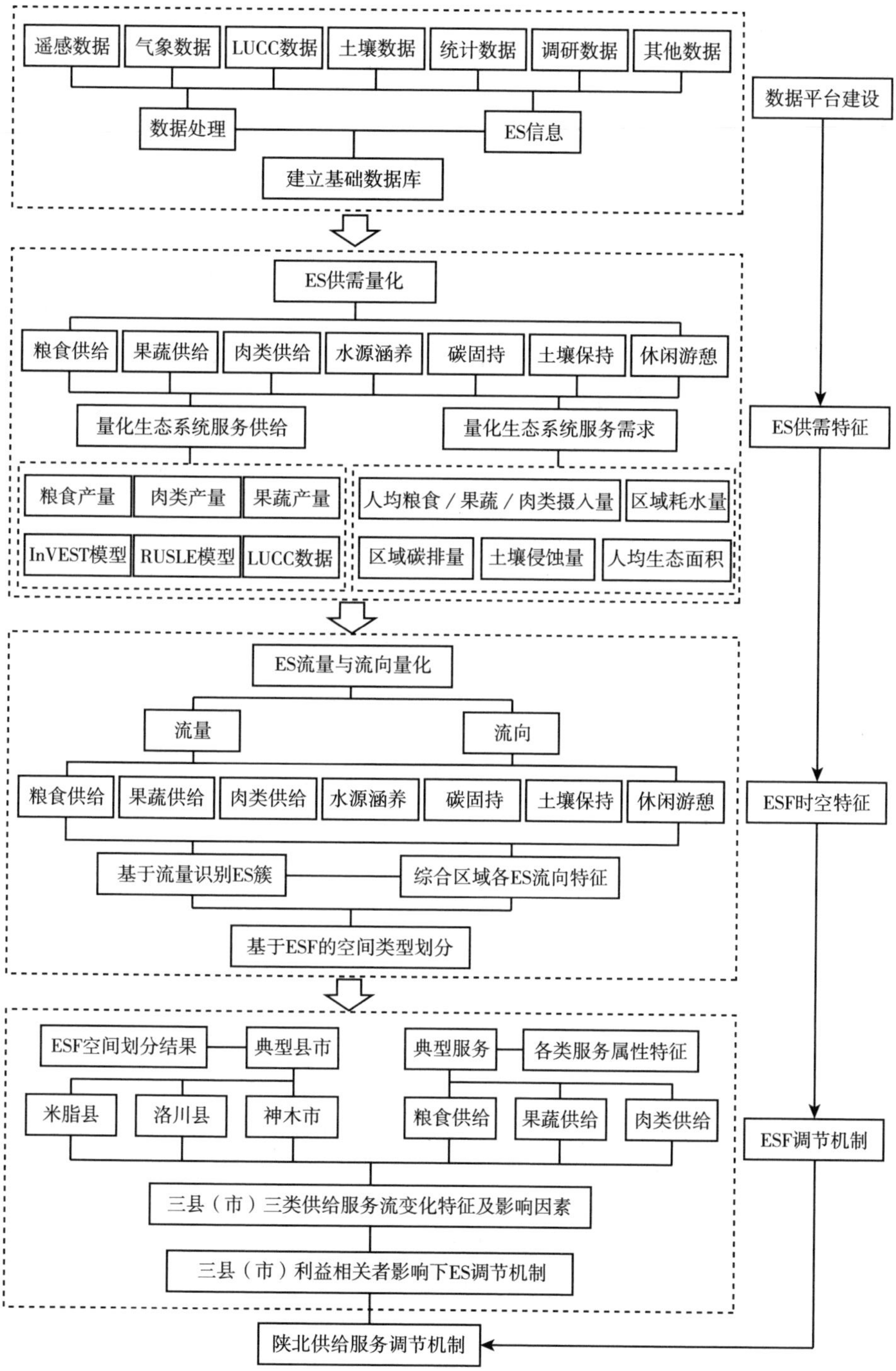
遥感数据
气象数据
LUCC数据
土壤数据
统计数据
调研数据
其他数据
数据处理
ES信息
建立基础数据库
数据平台建设
ES供需量化
粮食供给
果蔬供给
肉类供给
水源涵养
碳固持
土壤保持
休闲游憩
量化生态系统服务供给
量化生态系统服务需求
粮食产量
肉类产量
果蔬产量
InVEST模型
RUSLE模型
LUCC数据
人均粮食 / 果蔬 / 肉类摄入量
区域耗水量
区域碳排量
土壤侵蚀量
人均生态面积
ES供需特征
ES流量与流向量化
流量
流向
粮食供给
果蔬供给
肉类供给
水源涵养
碳固持
土壤保持
休闲游憩
基于流量识别ES簇
综合区域各ES流向特征
基于ESF的空间类型划分
ESF时空特征
ESF空间划分结果
典型县市
典型服务
各类服务属性特征
米脂县
洛川县
神木市
粮食供给
果蔬供给
肉类供给
三县（市）三类供给服务流变化特征及影响因素
三县（市）利益相关者影响下ES调节机制
ESF调节机制
陕北供给服务调节机制

图 1－1　技术路线图

第二章

研究区概况及数据来源

第一节 研究区概况

陕北位于我国西北部，陕西省中北部，黄土高原腹地，地理坐标范围为：北纬 34°10′—39°35′，东经 107°30′—111°15′。地势整体呈西北高，东南低，总面积约为 92526.9 平方千米，其中东部以黄河为界与晋西黄土高原隔河相望，西部以子午岭为界与陇西高原相邻，南部紧依关中平原，与铜川市、咸阳市相连接，北部基本以长城为界，以榆—神及定—靖风沙区与内蒙古高原相邻（李晶等，2011）。行政区划上包括榆林、延安两个地级市，25 个县（市），296 个乡镇。

陕北整体东西窄南北长，横跨暖温带和温带两个气候区，处于暖温带大陆性季风半湿润气候向温带半干旱气候的过渡区，同时也是荒漠草原与森林植被的过渡带，植被随环境变化梯度明显（薛亚永，2017）。同时该区域地形起伏大，地貌景观多样，包括黄土丘陵沟壑区、黄土残塬区、风沙区以及部分土石山区等地貌类型（孙逊等，1995）。研究区下垫面情况复杂，不同区域的生态环境相差较大，生态系统服务供给能力差异显著（见图 2－1）。

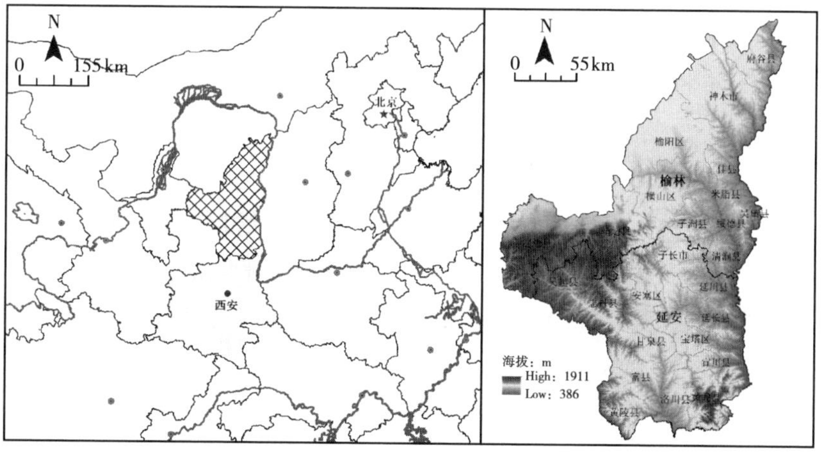

图 2－1　研究区域

陕北能源资源丰富，境内蕴含着丰富的煤、石油、天然气、铁矿等，是我国重要的能源基地，也是国家级能源化工基地。在资源开发的带动下，近年来经济迅速发展，城市化进程加速，居民收入显著提高，社会消费品需求旺盛（宋永永等，2019）。同时不能忽视的是部分县（市）近年来才脱贫摘帽，维持并提高农户生计任务依然任重道远，与依赖能源的区域相比，这些区域居民收入较低，对生态系统服务的需求也较低。因此陕北整体对生态系统需求不断提高的同时，不同区域生态系统服务需求程度不同。综上所述，陕北生态系统服务供需区域差异显著，空间分异特征明显，以陕北为例分析生态系统服务供需流变化提供了良好的研究平台。

生态系统服务供给数量与类型多受区域自然环境影响，陕北属于典型的生态脆弱区，自然本底差，生态系统抗干扰能力低，且区域差异较大，突出表现在地质地貌、气候植被、土壤水文等因素（王文静，2016）。同时已有研究已经证实供给能力的高低受土地利用变化影响较大，土地利用变化程度与类型在很大程度上影响甚至改变区域生态系统服务的供给能力。此外生态系统服务需求多受社会经济发展状况影响。因此在前述介绍陕北总体概况的基础上，本章详细介绍了影响陕北生态系统服务供需关键的自然要素和社会要素。

第二节　研究区关键自然和社会要素特征

一、气候特征

陕北黄土高原地处暖温带大陆性季风半湿润气候向温带半干旱气候的过渡区，属于典型的半干旱区温带大陆季风气候，气候特征为雨热同期，冬季寒冷干燥，夏季温暖湿润，春秋较为干旱。从气候上陕北大致可分为两大区域，定边县、靖边县、横山区、榆阳区、神木市和府谷县一线为温带半干旱区，以南的县（市）为暖温带半干旱区。两大自然带气候特征相似，但温带半干旱区降水更少，辐射更高，蒸发更多，因此也使该区域植被与暖温带半干旱区相比更加稀疏，且植被类型也有所差异（马琪等，2018）。整体上陕北四季分明，昼夜温差大，年均降水量为400—600毫米，雨季集中在6月、7月、8月，汛期为8月、9月，雨季降水量往往可达到年降水量的60%以上，在盛行季风影响下，冬季降水仅为全年降水的5%。蒸发量较高，可达到1000毫米左右。年均气温8—12℃，1月温度最低，7月温度最高。太阳辐射较强，平均无霜期为170—200天，年均日照数为2000—3000小时，由于地处高原，与同纬度低海拔地区相比年日照数和年总辐射度分别高约10%和20%。

二、地貌与植被

根据陕北黄土高原的地貌特征大致可将该区域分为三个部分：（1）北部长城沿线以风沙地貌为主，该区域属于毛乌素沙漠的东南边缘，普遍分布着风蚀、风积地貌形态，约占陕北总面积的23%。行政区划上主要包括了府谷县、神木市、榆阳区、定边县和靖边县等位于北部的县（市）（侯瑞，2019）。其余南部区域均为黄土丘陵沟壑发育的典型区域，但可将其细分为中部的黄土丘陵沟壑区与南部的黄土高原残塬区。（2）中部的黄土丘陵沟壑区约占陕北黄土高原总面积的60%，位于榆林南部与延安北部的大部区域，行政区划上包括米脂县、佳县、子洲县、子长县、安塞区、宝塔区和延川县等，该区域黄土堆积，土层深厚，坡陡沟多，黄土峁、梁、丘陵地貌发育，蜿蜒起伏，是典型的黄土高原丘陵沟壑区。（3）南部的黄土高原残塬区约占陕北黄土高原总面积的17%，行政区划上以延安南部县（市）为主，包括洛川县、黄龙县、黄陵县、宜川县、富县和甘泉县等。该区域沟壑纵横，梁峁起伏，川塬相间，塬面平坦宽广，东西部地势较高，中部较低。整体上该区域地貌以黄土丘陵沟壑为主，由于黄土松软细密，易受侵蚀，加上区域植被的破坏和强降水，流水的冲击，研究区形成了黄土塬、峁、梁等典型的黄土高原地貌。此外在黄河、洛河、无定河、秃尾河等河流两岸受到水流冲刷侵蚀形成了众多河谷地貌，沟谷深切等河谷淤积平原。

受气候、降水、蒸发等影响，陕北植被复杂多样，呈明显的梯度变化特征，主要分布有荒漠、草原、灌木、草甸、针叶林和阔叶林等植被类型，整体由南向北依次呈现出从暖温带落叶阔叶林向暖温带森林草原，温带草原变化过渡的特征，因此可将区域划分为三个部分（雷明德等，1999）：（1）温带草原带与风沙带区域基本吻合，分布范围以长城沿线县（市）为主，具体包括白于山典型草原区、定—靖沙滩地草原区、秃尾河—窟野河上游沙滩地植被区等，植被类型包括柠条、沙棘、沙柳和大针茅等灌木类耐旱植物。

（2）中部暖温带森林草原带与前文黄土丘陵沟壑区空间基本吻合，长城南侧黄土梁茆灌木草原、神府黄土丘陵沟壑及无定河中下游黄土丘陵沟壑灌木区、洛河河源区山杏疏林与草原区等，植被类型包括了冷蒿、长芒草、达乌里胡枝子、油松和山杨等。（3）暖温带森林带以南部洛川、宜川、黄陵、黄龙和宜川县为主要分布区域，主要包括子午岭、黄龙山和崂山森林灌木林区，宜川—延川残塬平梁沟壑灌草区等。

依据地貌与植被分别将陕北划分为三个区域，划分标准虽然不同，但空间分布上较为相似，且呈一一对应的特征。总体来讲，陕北地貌与植被差异较大，受地貌与植被影响，南部的黄土残塬—暖温带森林带生态系统服务供给能力明显高于中部高于北部，由此可见陕北生态系统服务供给能力区域差异显著。

三、土壤与水文

陕北黄土高原土壤以黄绵土和黑垆土为主。其中黄绵土分布范围最广，所占面积约为陕北黄土高原的63%（陕西土地资源管理局，2004）。黄绵土质地松软，颗粒较细，多孔隙，有利于水分通过，但抗冲击性差，因此在强降水的影响下，黄土高原一直以来水土流失问题严重，尤其是陕北黄土高原，是黄河中下游泥沙的主要来源区，一直以来也是国家级水土保持重点治理的区域。此外该区域土壤类型也包括少量的石质土、沼泽土、栗钙土、紫色土和水稻土等。

陕北黄土高原河流众多，如无定河、窟野河、秃尾河、洛河和延河等，但均属黄河水系。西北部由南向北汇入黄河，南部由北向南汇入洛河，无定河后再流进泾河等汇入黄河，而其余的大部分区域基本呈西北东南流向汇入黄河。陕北黄土高原整体流量较小，约占陕西河流径流量的25%，主要靠降水补给，径流量变化与降水变化相同，因此受季节降水影响，陕北黄土高原径流表现出明显的季节性特征，汛期的6—9月径流量可达到总径流量的2/3以上。此外陕北地下水资源也较为贫瘠，主要分布在北部风沙区沿线，南部黄土丘陵区由于地质条件与土壤条件，地下水资源非常贫乏。虽然陕北水资源整体较少，但水质情况好，重盐酸类水分布较广，适宜人畜引用及工农业用水（王军强，2001）。

陕北土壤与水文条件整体较差，土壤最大特征表现为极易受到水流与风力侵蚀，而河流径流量低，降水少蒸发大。土壤和水文是生态系统的基础要素，将在很大影响上决定生态系统服务的供应能力，甚至对土壤保持，水源涵养等生态系统服务供给量起决定性作用。

四、矿产资源

矿产资源并不会直接影响生态系统服务供给与需求，但矿产资源的类型与储量直接影响了区域开发强度与方式，由此造成了地貌、植被、人口产业和土地利用等的变化，因而对生态系统服务供给或需求产生决定性影响。

陕北矿产资源十分丰富，已探明的矿产资源有煤、石油、天然气和石灰石等，其中延安市油气资源丰富，有被誉为中国石油工业母亲矿的延长油矿和安塞油田。榆林市矿产资源更加丰富，煤炭预测整体储量可超过 2800 亿吨，具有埋藏浅、易挖掘的优点。此外榆林天然气是迄今为止我国陆上最大的整装气田。石油资源预测储量 10 亿吨。此外陕北的岩盐资源、高岭土、铝土矿等矿产资源也较为丰富（王灿，2014）。在矿产资源的支持下，陕北经济迅速发展，已经形成了以煤炭、石油、天然气、岩盐开发为主导，煤、油、电为骨干，包括电力、化工、建材、运输为主导的工业产业体系。如今陕北不仅成为我国重要的能源化工基地，也是国家西气东输，西煤东运工程的重要源头，矿产资源的开发势必将影响生态环境与植被状况，对生态系统服务供给能力产生影响（刘晓琼等，2009）。但同时陕北矿产资源分布极为不均，主要集中在榆林市北部及延安市中部，其余绝大多数县（市）境内资源稀缺，经济落后，人口稀疏，城市化进程缓慢，需求变化较小。综上所述，受矿产资源分布影响，陕北各县（市）生态系统服务供给与需求或将呈现截然不同的特征。

五、人口与产业

据《陕西统计年鉴》制得图 2－2，由图 2－2 可知 2010—2020 年陕北常住人口总量变化较小，10 年间总增长量为 20 万人，年均增加 2 万人，且从变化过程发现陕北人口增长趋势较为平稳。榆林市人口总量高于延安市，但两市10年间人口总量增加量相同，都约为10万人，且两市增长率都较为平缓。截至2020年，榆林市人口构成为城镇人口约223万人，农村人口约为122万人，城镇化率为65%（榆林市统计局，2020）。延安市人口构成为城镇人口约为141万人，农村人口约为86万人，城镇化率为62%，榆林市城镇人口及城镇化率略高于延安市（延安市统计局，2020）。

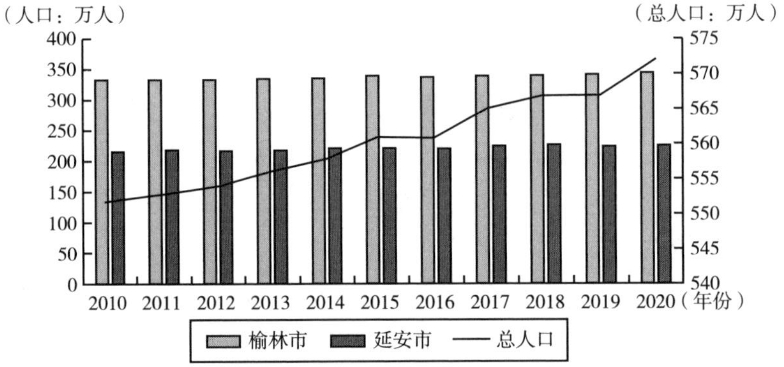

图2－2　陕北历年常住人口统计

2010年以来陕北经济迅速发展（见图2－3），除2016年、2017年小幅下降外，其余年份均保持快速上涨的趋势，但两市增长速度不同，榆林市GDP高于延安市，两市之间的差距有扩大的趋势。

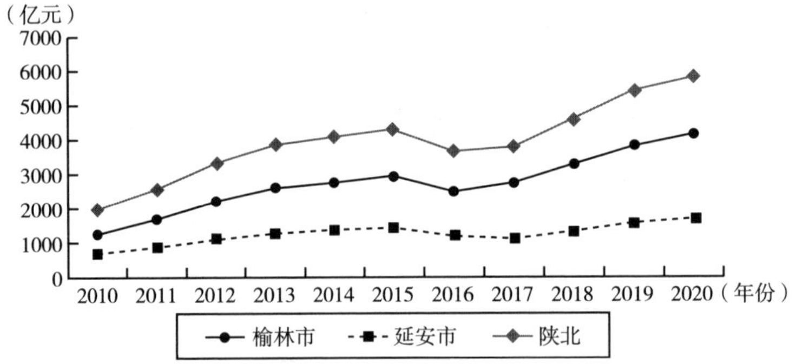

图2－3　2010—2020年陕北及各市GDP变化统计

2010年两市GDP均在1000亿元左右，但2020年榆林市已超过4000亿元，但延安市尚未超过2000亿元。2020年榆林市全年实现国民生产总值约4100亿元，比上年增长4.5%。其中，第一产业增加值272.48亿元，增长率为2.3%；第二产业增加值2555.64亿元，增长5.6%；第三产业增加值

1261.55 亿元，增长 2.6%。第一、第二、第三产业增加值占生产总值的比重分别为 6.7%、62.5% 和 30.8%。延安市 2020 年国民生产总值约为 1600 亿元，其中，第一产业增加值 190 亿元，增长率 4.2%；第二产业增加值 885 亿元，同比小幅下降，下降率为 3.1%；第三产业增加值 525.35 亿元，增长率 1.4%，三次产业构成比为 12%：55%：33%（陕西省统计局，2020）。

在矿产资源开发的带动下，能源化工已经成为陕北的支柱产业和主导产业。但除重工业外，畜牧业、特色种植业及旅游业也是陕北地区尤其是榆林南部及延安大部分区域经济发展的重要引擎。由于陕北黄土高原日照充足，昼夜温差较大，适宜果业发展，如苹果、红枣、香梨等，成为全国地理标志农产品，尤其是苹果种植，是全球少有的优质苹果种植区域。陕北北部长城沿线，靠近内蒙古草原，畜牧业也较为发达，是陕西最大的山羊和绵羊养殖区，羊肉质鲜嫩不膻，白绒山羊皮质优，绒量大，是我国重要的畜牧业生产基地（金岚，2019）。陕北的地质及土壤条件虽然不利于水土保持，但却是小杂粮种植的优生区域，此外陕北文物古迹众多，旅游资源丰富，如极具地方特色的黄土风情文化和黄河文化以及各类文物古迹，尤其是红色旅游资源，等级高，密度大，是我国重要的红色旅游基地。

人口变化与产业类型将深刻影响区域社会经济发展水平，由此带动了对生态系统服务需求类型与数量的显著差异，如人口数量不同，生态系统服务需求量不同；产业类型不同，对生态系统服务需求类型不同，而陕北各地人口与产业，特别是产业类型与水平区域特征迥异。因此以陕北为例，为我们分析生态系统服务需求的空间差异提供了良好的科研平台。

六、土地利用

很多研究已经说明土地利用是影响生态系统服务供给量最重要的因子，揭示土地利用变化过程对于分析生态系统服务供给时空特征具有关键作用（张发等，2021）。对于陕北而言，随着退耕还林、退耕还草、封山育林、生态补水等一系列生态工程及城市化进程，交通路网等基础设施的建设，10 年间陕北土地利用方式与结构发生了很大变化，这也将对生态系统服务供给产生显著影响。

本书基于 ArcGIS 分别计算了 2010 年与 2020 年陕北六大类土地利用类型

面积（见表2－1），在此基础上计算了各类土地利用类型之间的转换面积（见表2－2），根据表2－1和表2－2分析2010—2020年陕北土地利用变化过程。

表2－1　　2010年与2020年陕北土地利用情况统计　　单位：平方千米

土地类型	2010年	2020年	变化面积
耕地	253386	251040	－2346
林地	122640	121282	－1358
草地	365233	363427	－1806
水域	5982	6591	609
建设	5952	11437	5486
未利用	44102	43517	－585

由表2－1可知，陕北六类土地利用类型中，草地面积最大，耕地次之，林地第三，建设用地与水域面积最小，未利用面积在六类土地利用中排序为四。与2010年相比，除建设用地面积明显增加，面积排序从第六变为第五外，其余四类排序无变化。分析变化面积可知，建设用地增加面积最高，水域面积也增加了609平方千米，此外的四类用地面积在不同程度上都呈下降的特征，其中耕地面积减少最多，为2346平方千米，草地与林地减少面积也较多，均超过1000平方千米，未利用土地减少最少。

由表2－2可知，不同类型土地之间均发生了使用方式的转移，其中草地转出面积最高，超过8000平方千米，耕地次之，为6539平方千米，林地与未利用土地转出面积也高，水域转出面积最少，仅为237平方千米。从转入面积分析，建设用地转入面积最高，达到了6851平方千米，草地转入面积也较高，达到了6234平方千米，耕地转入面积第三，超过4000平方千米，水域转入面积依旧最少，为846平方千米。

表2－2　　2010—2020年陕北土地利用转移面积　　单位：平方千米

	耕地	林地	草地	水域	建设	未利用	合计转入
耕地	—	344	2268	62	507	1013	4193
林地	638	—	570	8	67	23	1305
草地	3674	1782	—	71	541	166	6234
水域	259	29	440	—	46	72	846

续表

	耕地	林地	草地	水域	建设	未利用	合计转入
建设	1512	293	3523	77	—	1447	6851
未利用	455	216	1240	20	205	—	2136
合计转出	6539	2663	8040	237	1366	2721	—

分析各土地利用类型变化过程可知，耕地转草地面积最大，达到了3674平方千米，草地转建设用地面积也较高，达到了3523平方千米。草地转耕地、草地转建设用地、林地转草地的转换面积也较多，均超过了2000平方千米；耕地转建设用地、林地转草地、草地转未利用土地、未利用土地转耕地和未利用土地转建设用地均超过了1000平方千米，而变化面积较少的转化过程为林地转水域、水域转林地、未利用土地转林地、建设用地转林地、建设用地转水域和水域转未利用土地等。不同类型土地利用方式的转变将会对区域生态系统服务的供给类型与数量产生决定性影响（包玉斌，2015）。

第三节　数据来源

本研究数据主要包含以下四部分内容：陕北土地利用/覆盖数据；人口空间分布数据；气象，土壤等自然资源类数据；各类统计数据；以及调查问卷数据（见表2－3）。

表2－3　数据类型及来源

数据类型	数据来源网址及分辨率
LUCC数据	https：//www. resdc. cn/；分辨率为30米
人口空间分布数据	https：//www. worldpop. org/；分辨率为1千米
DEM数据	http：//www. gscloud. cn/；分辨率为90米
气象数据	http：//data. cma. cn/site/index. html；分辨率为1千米
土壤数据	http：//www. fao. org/soils－portal/soil－server/soil－map－snddatabases/harmonized－world－soil－database－v12/en/
潜在蒸发量数据	http：//www. cnern. org. cn；分辨率为4千米
道路交通数据	http：//ngcc. Sbsm. Gov. cn/
行政区划数据	http：//ngcc. Sbsm. Gov. cn/

一、土地利用/覆盖数据

土地利用数据来源于中国科学院资源环境科学与数据中心，网址为：https：//www. resdc. cn/。该数据是中国科学院在国家资源环境数据库的基础上，以美国陆地 Landsat 遥感影像数据为主要信息源，基于人工目视解译的方法，建立了国家单元 1：10 比例尺的多时期土地利用/覆盖遥感监测数据库。

该数据采用三级分类系统，一级系统根据土地资源属性划分为耕地、林地、草地、水域、建设用地及未利用土地六类，二级系统则根据土地资源的自然属性分为 25 类。这种分类方式是结合数据的可用性及我国县级土地利用现状确定的，在适用性方面具有现实意义，目前该数据是我国土地利用/覆盖中运用最多、最成熟的一套数据，在地理学、生态学、环境学和旅游学等相关学科中得到广泛应用。

二、人口空间分布数据

人口空间分布数据是以栅格空间统计单元代替传统的行政统计单元，基于栅格人口空间分布为分析不同单元上人口数量及其他领域研究提供便利。人口空间分布数据是在以县（市）人口数量的基础上，综合了与人口分布密切相关的其他数据，包括卫星遥感影像数据、土地利用/覆盖数据、夜间灯光数据、城镇居民点数据等，并基于高程、地貌等多种空间数据的支撑，利用多因子权重分配法将以行政区为统计单位的人口数据赋值到空间栅格上。本研究采用了 2010 年、2015 年、2020 年三期陕北 1 千米 ×1 千米人口栅格数据，该数据来源于 WorldPOP，WorldPOP 发布的数据是目前精度最高、最可靠的长时间人口数据，已被诸多国家及组织引用（王壮壮等，2020）。

三、自然资源类数据

本研究中使用了土壤、降水、水文、气象等自然资源数据，其数据与数据来源分别为：DEM（高程数字模拟）数据来源于地理空间数据云，获取网址为：http：//www. gscloud. cn/。气象数据包括降水，温度数据等来源于中国国家气象数据共享平台，获取网址为：http：//data. cma. cn/site/index. html。土壤数据来源于世界土壤数据库（HSWD）的中国土壤数据集，获取网址为：http：//www. fao. org/soils - portal/soil - surver/soil - map - snddatabases/harmonized - world - soil - database - v12/en/。植被蒸腾数据来源于中国科学院资源环境科学与数据中心，获取网址为：https：//www. resdc. cn/。潜在蒸散发量数据来源于国家生态系统观测研究网络科技资源服务系统，获取网址为：http：//www. cnern. org. cn。NDVI 数据来源于 MODIS13Q1，获取网址为：http：//e4ftl01. cr. usgs. gov/MOLT/MOD13Q1. 006/。除自然资源数据外，本书中使用的基础地理信息数据包括行政区划，道路交通数据来源于国家基础地理信息中心，获取网址为：http：//ngcc. Sbsm. Gov. cn/。

四、统计数据

本书中使用的社会经济数据主要来源于 2010—2021 年《榆林统计年鉴》《延安统计年鉴》，部分社会经济数据从 2010—2021 年《陕西统计年鉴》中获取，主要数据包括能源消耗量、粮食产量、果蔬产量、肉类产量、化肥使用量和农业机械投入量等。此外本书还从 2010—2020 年《陕西水资源公报》中获取各市水资源消耗量，从 2001—2010 年和 2014—2020 年《中国食物与营养发展纲要》获取居民人均食物消耗量，从《中国食物成分表标准版》（中国疾病预防控制中心营养与健康所）获取食物能量转化量。

此外本书也用到大量的调研数据，调研过程与内容详见本书第六章与附录部分。

第四节　生态系统服务类型选取

前面已述，本书研究使用国际通用生态系统服务分类标准（Common International classification of Ecosystem Services，CICES），并从三类一级服务中选取七类二级服务。基于区域的特殊性、服务的典型性以及供需量纲的一致性，本书选取了粮食供给服务、肉类供给服务、果蔬供给服务三类供给服务，水源涵养服务、碳固持服务、土壤保持服务三类调节支持服务以及休闲游憩一类文化服务，具体选择原则与过程如下。

一、区域特殊性与服务典型性

（一）供给服务

供给服务是指生态系统提供的满足人类各种生活生产所需的物质产品，供给服务是生态系统的基本功能，也是人类生存与繁衍的必要条件。本书选取了陕北粮食供给、果蔬供给、肉类供给三种供给服务。

（1）从区域特殊性分析，陕北黄土高原是我国典型的旱作农业区域，前文研究区概况中已经指出，该区域自然条件适于种植业与养殖业的发展，同时该区域交通闭塞，环境脆弱，农户生计类型单一且受内外扰动较大，因此种植业与养殖业不仅是陕北的重要产业类型，在满足当地居民日常需求的同时，更是当地农户主要的家庭收入来源与重要的生计方式。（2）从服务典型性分析，21 世纪以来该区域持续的生态治理工程极大地改善了陕北的种养殖条件，并随着一系列利农惠农政策的实施，特别是 2015 年以来的精准扶贫与乡村振兴战略，日益改善了生产与经营方式，持续推动了生产要素的转变与提高，使近年来陕北粮果肉产量显著提高，也成为当地重要的供给服务类型（张发等，2021）。

因此从区域特殊性上分析，上述三类服务支持了陕北地区的生产与生活，在满足人们温饱需求的同时，是区域重要的产业支撑，也是农民重要的生计来源；从典型性上分析，粮食、果蔬与肉类是典型的旱作农业，其中部分供给类型更具有黄土高原的区域特色，更为关键的是三类服务在研究时段内产量显著变化，是当地重要供给类型。基于此，结合区域特殊性与服务典型性，选取粮食、果蔬、肉类三类供给服务。

（二）调节支持服务

调节支持服务是指为人类生存与生态系统运行提供支持与保障的各类服务，调节支持服务是生态系统最重要的功能，也是维持自然环境必不可少的重要内容。本书选取了水源涵养、土壤保持和碳固持服务三类调节支持服务。

就水源涵养服务而言：（1）从区域特殊性分析，陕北整体水资源较为稀缺，但该区域水源涵养服务最重要的特征是水资源分布极为不平衡的同时地表吸水储水功能的区域差异较大。北部风沙区周边水资源极度短缺，降水稀少蒸发量大，由于地表植被覆盖度低且多为沙地，因此地表吸水储水功能差；中部黄土丘陵沟壑区降水具有明显的季节性，夏季降水大且集中，同时该区域受土壤及地形影响，水土流失量大，水源涵养服务较差；南部黄土丘陵残塬区降水相较于上述区域较大，同时该区域植被覆盖度好，绿化面积高，地表储水吸水功能较好。（2）从服务的典型性分析，水源涵养服务除受降水影响外，河流径流、地表植被等都将对水源涵养服务量产生显著影响。陕北一直以来就是我国生态治理的重点区域，在为期近 20 余年的生态治理中，该区域绿化面积显著增加，地表储水吸水能力持续提高，在人类活动影响下，水源涵养服务功能得到极大改善。但随着人口增加和经济发展，工农业用水持续增加，供需关系紧张。同时水源涵养服务通过水文循环过程，可以影响碳循环、植被生长等过程，进而增强或抑制其他服务，最终通过与其他服务的协同或权衡关系影响人类福祉。因此评估该区域的水源涵养服务特征对于分析区域水资源现状及合理利用具有极其重要的现实意义。

就土壤保持服务而言：（1）陕北黄土高原水土流失问题严重，该区域降水集中在夏季，同时由于土壤质地绵软，有利于水分通过，且抗冲击性差，在强降水的冲击下，水土流失问题极为严重。北部风沙区及中部黄土丘陵沟壑区长期以来就是黄河泥沙来源的主要区域。因此土壤保持服务是该区域最重要也是最关键的服务类型之一。（2）1999 年以来在陕北地区实施了退耕还林政策，其后退耕还草、封山育林、植树造林、淤地坝建设和梯田建设等一系列生态工程相继实施，陕北生态环境得到极大改善，水土流失问题得到深度治理。因此，土壤保持服务功能不仅兼具区域特殊性及服务的典型性，也可通过分析该区域的土壤保持供需变化过程，实现对陕北生态建设成果的评估，以为未来持续的生态工程提供建议。

就碳固持服务而言：碳固持服务是自然界植被将大气中的二氧化碳捕获并封存的过程，碳固持服务的增加可有效缓解全球变暖及其他环境问题。前述已经论述，长期以来持续的生态治理工程极大地改善了该区域的生态本底，尤其在北部风沙区及中部丘陵沟壑区，绿化面积显著提高，使研究时段内碳固持服务供给量显著增加。而基于前述土地利用变化过程可以发现，耕地、林草地面积显著下降，建设用地面积显著增加，而这也将极大地影响陕北碳固持的供给能力。由此可见随着一系列生态工程及土地利用变化过程，陕北碳固持供给能力时空特征变化逐渐复杂。更为关键的是，随着城市化进程的加快，特别是陕北以能源为主的产业结构，碳固持服务需求巨增，不同区域空间差异显著。

综上所述，分析陕北的碳固持服务的供需特征对于说明该区域生态建设、土地利用及社会经济发展具有重要的导向作用，同时研究结论也可为以为后期环境建设，区域可持续发展及“双碳”目标的实现提供参考。

（三）文化服务

文化服务是生态系统为人类提供娱乐消遣、美学欣赏、休闲游憩等功能，其中依托生态空间的休闲游憩服务不仅是文化服务的重要内容，更影响了人类的幸福感与生活质量，是提升人类福祉至关重要的贡献者，本书以休闲游憩服务来表征文化服务。

随着国民经济的迅速发展，生活节奏的加快，人们已不再满足物质生活提高带来的幸福感，而更多地转向精神生活的需求，且这种需求会随着国民素质与社会经济的发展持续提高。但由于经济发展、城市扩展、工业化进程等因素，挤压了生态空间的同时，休闲游憩服务供需空间错位现象愈加严重。分析区域休闲游憩服务的供需流特征，对于区域合理规划与管理，满足人民对美好生活的向往与追求，促进生态文明建设等方面具有重要的理论意义和现实意义。

尤其在陕北地区，前文已述研究时段内经济迅速发展，居民收入显著提高，由此带来地对精神需求的显著提高，而当地区域生态本底空间差异明显，供需时空错位问题极有可能更加突出，因此在分析陕北生态系统服务供需流特征时，休闲游憩服务也成为典型服务与重要内容。

二、数据可获性与供需量纲一致性

在选取生态系统服务类型时，数据的可获性与供需量纲的一致性也是重要的选择依据，本节首先简要介绍七类服务的计算方法及数据来源（第三章与第四章均有详细计算方法与过程），随后对比了现有研究中的其他服务类型，并简要说明了不选择其余服务的主要原因。

为了确保供需量纲一致，在分析三类供给服务时，供需量均使用热量的方法表征；水源涵养服务供给量基于 InVEST 模型计算，需求量基于统计年鉴中的社会淡水需求量计算，供需单位均为立方米；土壤保持服务使用土壤流失方程计算，供需量单位均为吨；碳固持服务供给量基于 InVEST 模型计算，需求量基于全社会碳排量计算，供需单位均为吨；休闲游憩服务使用生态用地面积的供需量表征，供需单位均为平方米。

此外，现有研究中较多分析的服务类型还包括了产水服务、生物多样性、生境质量、授粉、美学景观等，但本书并未选取上述几类服务的原因在于：(1) 产水服务属于供给服务，在产水服务的基础上，采用由土壤饱和导水率、地形指数和流速系数构成的修正模型可得到水源涵养服务，两类服务计算结果具有一定相似性，更为重要的是产水服务的需求量也仅能用社会淡水需求量计算，由此导致两类服务供给量相似，需求量相同，结果相似度太高，有可能造成重复计算或对下文后续分析造成偏差，同时由于供给服务已经选择了三种类型，故本书选取了属于调节支持服务的水源涵养服务；(2) 生物多样性、生境质量、授粉等服务的供给量可基于模型计算得到，但需求量的计算现仍无法找到合理的代替指标或解决方法，因此排除了这几类服务；(3) 美学景观属于文化服务，在文化服务相关研究中使用较多，但其数据是基于社会调研与实践访谈得到的，适用于较小的研究尺度，如乡镇、县域，而当研究尺度扩大到市域及区域尺度时，数据获取的工作量过大，因此本书排除了该种服务。

综上所述，在基于区域特殊性、服务典型性、数据可获性及供需量纲一致性的原则下，本书选取了前述七类服务以表征陕北生态系统服务。

第三章

生态系统服务供给时空变化特征

Burkhard 提出的生态系统服务供给的概念得到了广泛认同，本书研究中采用了他提出的生态系统服务供给概念。ES 供给是指在给定的时间和区域范围内，生态系统所提供的能够被实际利用的自然资源和服务，这种认知强调生态系统服务供给的有效性和可获性，同时这种认知强调生态系统服务供给受生态本底和自然环境影响，其是客观存在的，不以人的意志为转移的，供给量直接取决于生态系统的结构、过程及功能。基于前述概念，生态系统服务供给能力的高低可以衡量区域自然环境基础条件下生态系统提供产品和服务的潜在能力。因此探讨生态系统服务供给的时间与空间变化过程，对于分析环境资源的空间配置，揭示区域生态本底及其演变过程意义重大，更可为推动生态系统服务从科学认知走向管理决策，为加强环境管理和制定合理的生态补偿与资源配置方案等提供决策辅助。

本章首先分别介绍了七类生态系统服务供给的计算方法，而后分析了陕北地区 2010—2020 年各类生态系统服务供给量的时间与空间演变过程。揭示各类服务供给的时空演变过程是本章拟解决的主要问题，本章是本研究的重要内容，是后续生态系统服务需求、生态系统服务流及调节机制等开展的基础。

第一节 研究数据与方法

为确保本研究的准确性与科学性，在计算生态系统服务供需流的过程中，需确保各类服务的计算单位与量纲一致，在参考大量研究的基础上（包玉斌，2015；Schirpke et al.，2019；王壮壮等，2020；张红娟，2020；张欣蓉等，2020；张城等，2021），结合区域数据的可获性与精确性，本章对生态系统服务供给的表征指标及计算方法如表 3－1 所示，由于供给服务中的三类服务计算方法一致，故统一表述。其中，供给服务包括肉类供给、果蔬供给和粮食供给三类服务，计算方法采用热量法：首先基于统计年鉴得到区域内各食物供给类型的产量，其次通过《中国食物成分表》计算各类食物的总热量，最后基于土地利用数据进行赋值与可视化，具体计算方法详见本小节。水源涵养服务供给量和碳固持服务供给均通过 InVEST 模型计算，土壤保持服务供给量以土壤保持量表征，休闲游憩服务是借鉴已有学者的研究，通过区域可达的生态用地面积进行表征，所需数据主要是土地利用数据及居民点数据（陶芹等，2021）。

表 3－1　　　　生态系统服务供给评估指标

生态系统服务内容	表征指标	数据来源与评估方法
三类供给服务	食物热量值	《中国食物成分表》
水源涵养服务	水源涵养量	InVEST 水源涵养模块
土壤保持服务	土壤保持量	土壤流失通用方程
碳固持服务	碳固持量	InVEST 固碳模块
休闲游憩服务	生态用地面积	LUCC 数据

一、三类供给服务

供给服务是生态系统供给服务中的基础内容，对人类的生存繁衍和区域的发展起着至关重要的作用。供给服务类型多种多样，本书选取了果蔬供给、肉类供给和粮食供给三种陕北最重要的供给服务，同时也是满足人类基本生存需求最重要的三类食物。目前对供给服务的量化多基于区域统计年鉴计算，但当我们需要综合分析多种食物类型时，由于不同食物类型的量纲不一致，简单的相加得到区域食物供给总量是不合理的，精确性上也值得商榷。如肉类产量远低于果蔬产量与粮食产量，但肉类单位质量上提供的营养与热量远高于同等质量的果蔬与粮食，若仅是直接将各类食物供给总量相加，其结果对于分析区域食物供给总量来说精确性较差。

因此，为提高计算的准确性与可信度，同时也解决由于各食物供给类型带来的量纲不一致的问题，本书采用食物提供的热量的方法转化为热值分析区域内食物供给服务。

计算过程为，首先从统计年鉴获取研究区历年三类食物类型的产量，基于《中国食物成分表（标准版）》分别计算各食物类型可提供的热量，相加得到区域食物供给的总热量。而后结合土地利用数据，将各类食物供给类型按照对应的土地利用类型进行赋值，参考已有学者的研究，将粮食热量赋予耕地、蔬菜与水果的热量赋予果园、苗圃等其他林地，基于研究区封山禁牧的政策以及当地以猪肉与羊肉为主的肉类供给结构，本书将肉类供给的热量赋予耕地和草地（张红娟，2020）。

具体计算方法如下：

$$FS_i = FS_{ip} \times \beta_i$$

$$FS = \sum_{i}^{n} FS_i$$

$$FS_j = FS/A_j$$

式中，FS_{ip} 表示第 i 种食物供给服务提供的热量，FS_{ip} 表示第 i 种食物的产量，β_i 表示第 i 种食物单位质量上可提供的热量，FS 表示供给服务提供的总热量，FS_j 表示 j 类土地利用类型可提供热量的平均值，A_j 表示 j 类土地利用类型的面积。

二、水源涵养服务

本书中水源涵养服务和碳固持服务供给量均采用 InVEST 模型进行计算。该模型主要功能是实现对生态系统服务功能的定量评估，并提供空间制图服务，自 2007 年发布以来，该模型被广泛地应用到国内外生态系统服务的研究（李慧颖，2019）。

InVEST 模型包含陆地、海洋和淡水三个生态系统评估模块，三大评估模块下又包含了一系列与各类服务相对应的子模块，如碳储量模块计算碳固持服务。因此，InVEST 模型十分适于对多目标及多服务的系统进行分析评估，受到了很多学者的追捧与应用（谢余初，2015）。目前，该模型已经发布共计 37 种版本，新版本相较于旧版本，不仅增加了评估模块，更在制图的精确性与适用的广泛性上有明显进步，本书使用的是最新的 InVEST 模型 3.9.0 版本。

水源涵养模型在 VEST 模型产水模块基础上进行了拓展，首先基于产水模块计算区域产水量，然后采用由土壤饱和导水率、地形指数和流速系数构成的修正模型对产水量结果修正得出水源涵养量（陈德权等，2021）。

产水量计算方法为：

$$S_{\mathrm{wp}} = \left(1 - \frac{AET_{xj}}{P_x}\right) \times P_x$$

$$\frac{AET_{(x)}}{P_{(x)}} = 1 + \frac{PET_{(x)}}{P_{(x)}} - \left[1 + \left(\frac{PET_{(x)}}{P_{(x)}}\right)^{w}\right]^{1/w}$$

$$PET_{(x)} = K_{C(x)} \times ET_{O(x)}$$

$$W_{(x)} = \frac{AWC_{(x)} \times Z}{P_{(x)}} + 1.25$$

式中，S_{wp}为研究年份的年产水量（毫米），$AET_{(x)}$为栅格单元的年实际蒸散发量（毫米），$P_{(x)}$为栅格单元的年降水量（毫米），$PET_{(x)}$为栅格单元x的潜在蒸散量，$K_{C(x)}$为作物蒸散发系数，$ET_{O(x)}$为参考（作物）蒸散量，$AWC_{(x)}$为植物可利用含水量，$W_{(x)}$为经验参数，Z为经验常数（ZHANG系数），是表征降水季节性特征的一个常数，取值范围为1—10，参考黄土高原及与本研究相似或相邻区域的已有成果，并依据模型测试经验取默认值（刘立程等，2019；张红娟，2020；包玉斌，2015；陈登帅，2020）。

水源涵养计算方法为：

$$WR = \mathrm{Min}\left(1, \frac{249}{Velocity}\right) \times \mathrm{Min}\left(1, \frac{0.9 \times TI}{3}\right) \times \mathrm{Min}\left(1, \frac{K_{sat}}{300}\right) \times S_{wp}$$

$$TI = \log_{10}\left(\frac{Drainage\ area}{Soil\ depth \times Percent\ slope}\right)$$

式中，WR为水源涵养量，$Velocity$为流速系数，TI为地形指数，K_{sat}为土壤饱和导水率，*Drainage area*为研究区栅格数量，*Soil depth*为土层厚度，*Percent slope*为百分比坡度（刘宥延等，2020）。

三、土壤保持服务

土壤保持是生态系统服务与功能的重要组成，它是指生态系统通过其结构和过程防止土壤流失的侵蚀调控能力及对沙的保持存储能力。由于地处黄土丘陵地区，陕北长期以来遭受着较为严重的土壤侵蚀，其中降雨侵蚀和径流侵蚀是黄土丘陵区土壤侵蚀的两种主要侵蚀驱动形式，降雨（历时短，强度大）和下垫面条件（坡度大、黄绵土、植被覆盖差）则是该区域土壤侵蚀的主要影响因素。由于风力侵蚀和冻融侵蚀面积所占比例较小并且数据获取难度较大，因此本书以水力侵蚀作为土壤保持服务的评估类型。在本书中采用土壤保持量作为土壤保持服务的供给量。使用修正土壤流失通用方程对区域土壤保持量与土壤侵蚀量进行估算（刘立程等，2019）。计算公式：

$$RKLS = R \times K \times LS$$

$$USLE = R \times K \times LS \times C \times P$$

$$SC = RKLS - USLE$$

式中，SC为土壤保持量，$RKLS$为土壤潜在侵蚀量，$USLE$为土壤实际侵蚀量，R为降水侵蚀因子，K为土壤可侵蚀因子，LS为坡长坡度因子，P为水土保持因子，C 为植被覆盖因子，各因子具体计算方法如下。

降水侵蚀力因子（R）反映了降水对土壤的侵蚀能力，计算公式为：

$$R = 105.44\frac{P_{6-9}^{1.2}}{P} - 140.96$$

式中，P_{6-9}代表6月到9月降水量（毫米），P 代表年降水量（毫米）。

土壤可蚀性因子（K）反映的是土壤被降水侵蚀的难易程度，计算公式为：

$$K = \left\{0.2 + 0.3e\left[-0.0256S_a\left(1 - \frac{S_i}{100}\right)\right]\right\} \times \left(\frac{S_i}{C_i + S_i}\right)^{0.3} \times \left(1.0 - \frac{0.25C}{C + e^{3.72 - 2.96C}}\right) \times \left[1.0 - \frac{0.7\left(1 - \frac{S_a}{100}\right)}{1 - \frac{S_a}{100} + e^{-5.51 + 22.9\left(1 - \frac{S_a}{100}\right)}}\right]$$

式中，S_a、S_i、C_i、C 分别是土壤中砂粒、粉粒、黏粒以及有机碳含量百分比。

坡度坡长因子（LS）反映地形对土壤侵蚀的影响。计算公式为：

$$L = \left(\frac{\gamma}{22.13}\right)^{\frac{\beta}{1+\beta}}, \beta = \frac{\sin\theta}{0.0896(3.0\sin\theta^{0.8} + 0.56)}$$

$$S = \begin{cases} 10.8\sin\theta - 0.5, \theta < 5° \\ 16.8\sin\theta - 0.5, 5° \leqslant \theta < 10° \\ 21.91\sin\theta - 0.96, \theta > 10° \end{cases}$$

式中，L 代表坡长因子，S 代表坡度因子，γ 为水平坡长，一般约等于栅格单元大小（米），本书 $\gamma = 30$ 米，β 为细沟侵蚀，θ 为坡度（°）。

植被覆盖管理因子（C）通过参考黄土高原及与本研究相似或相邻区域的已有成果确定（Fu et al.，2011；蔡崇法等，2010；包玉斌，2015）；水土保持措施管理因子（P）指的是植被管理措施对土壤流失量的影响，取值区间［0，1］，0 代表不会发生土壤侵蚀，1 代表没有任何水土保持措施。本书参考研究区已有成果（梅亚军，2017），基于土地利用进行赋值，其中，水浇地 P 值为0.15，水域和城镇用地 P 值为0，其他地类 P 值均为0.5。

四、碳固持服务

碳固持服务是生态系统中一项重要的调节支持服务，本书中碳固存的评估利用生态系统的碳固存能力进行表征，碳固存是指碳在生态系统中的积累，本书采用 InVEST 模型中的碳模块来计算陕北碳固持服务的供给量。InVEST 模型采用碳库进行计算，由地上碳库、地下碳库、土壤有机碳库和死亡有机质碳库四个单元组成（包玉斌，2015）。碳储存量的参数通过和研究区有关的文献并参考 2019 年修订《2006 年 IPCC 国家温室气体清单指南》进行转化获得的（张红娟，2020）。其计算公式如下：

$$C_{tot} = C_{above} + C_{below} + C_{soil} + C_{dead}$$

式中，C_{tot} 为总碳储量（吨/公顷），C_{above} 为地上生物碳（吨/公顷），C_{below} 为地下生物碳（吨/公顷），C_{soil} 为土壤有机碳（吨/公顷），C_{dead} 为死亡有机物（吨/公顷）。

五、休闲游憩服务

对休闲游憩服务供给的研究本质上是对区域范围内提供的，可满足人们休闲游憩需求的生态空间的定量研究。本书参考已有研究，采用研究范围内可到达的即可供居民享受的生态用地面积为休闲游憩服务的供给量（陶芹等，2021）。

生态用地是对具有生态系统服务功能的各类用地的总称，它承担着生态系统服务的各种功能，包括土壤保持、维持生物多样性和旅游游憩等，典型的生态用地如森林保护区、湿地保护区、水源保护区、森林、绿地和郊野公园等（高吉喜等，2021）。基于前述概念，借鉴已有学者的研究成果，本书根据土地利用类型，选取研究区域内的林地、草地、水体、湿地等用地类型作为生态用地，进而量化区域的休闲游憩服务供给（刘林等，2021；陶芹等，2021）。需要说明的是，区域内并不是所有的生态用地都可提供休闲游憩服务，某些远离居民点，到达所需时间成本或空间距离较长的生态用地并不提供休闲游憩服务，且休闲游憩服务不同于外出旅游，本书因参考了学者的研究成果，选取半小时自驾 50 千米作为出行半径，被覆盖范围内的林地、草地、水体等生态用地可提供休闲游憩服务，而未被覆盖的则不提供休闲游憩服务（陶芹等，2021）。

本书选择以 1 千米 ×1 千米栅格作为基本的计算单元，50 千米作为人们享受生态用地休闲游憩服务的可达半径。同时假设居民享受可达半径范围内的所有的生态用地，而某一栅格内的生态用地也可被覆盖了该栅格内的所有居民享受。具体计算方法如下：

（1）栅格内的生态用地可为可达半径内的所有居民提供休闲游憩服务。

$$A_i = S_i / P_i$$

式中，S_i 为 i 栅格中的生态用地面积，P_i 为 i 栅格对应可达半径内的总人口，A_i 为 i 栅格生态用地的人均可使用面积。

（2）栅格内的人可以享用可达半径内的所有生态用地所提供的服务。

$$RS_i = \left(\sum_{i=1}^{k} A_j\right) \times POP_i$$

式中，RS_i 表示 i 栅格的休闲游憩服务供给量，j 表示格网 i 相应缓冲半径内的所有栅格，POP_i 表示 i 栅格的总人数。而当不考虑可达距离，即可达距离为0千米时，休闲游憩服务的供给量为该栅格的生态用地面积（陶芹等，2021）。

此外需要说明的是，本书在分析三类供给服务供给量的时空特征时，使用了不同的计量单位，时间特征使用了质量单位（万吨），空间特征使用了热量单位（卡路里），使用两种单位的原因主要如下：虽然二者使用的单位不同，但并不影响结果分析，主要原因是时间特征数据来源于统计年鉴，万吨的单位方便读者审阅，而转化成热量单位后，量纲太大，不仅表述不方便，且读者对该单位的大小无明显概念，因此在不影响分析结果与过程的基础上，本书食物供给服务的时间变化特征使用了更易理解的质量单位。另外也需要说明的是，在生态系统服务供给的空间制图中，本书使用的是均值，未使用总值，其原因有如下两点：一是分析均值的空间特征不会掩盖总值的分布特征；二是陕北横跨区域较大，北部为风沙区，中部为黄土丘陵沟壑区，南部为黄土残垣区，气候、降水、蒸发和植被等自然条件差异较大，因此各县（市）的不同类型的生态系统服务差异较大，且不同县（市）的面积大小差异显著。受上述两个原因的影响，若使用总值，空间分布特征极有可能受极大值与极小值的影响，尤其在分析空间的变化特征时，极值影响将导致空间变化过程不显著，因此采用总值有可能会对需求空间特征的分析造成影响。

此外，本书在绘制及分析各类服务供需流空间特征时，均在栅格、乡镇、县（市）三个统计单元上分别分析，其中乡镇与县（市）均是在栅格单元的基础上分别在 ArcGIS 中作分区统计计算得到。本书的三个统计单元都是必不可少的，原因在于：（1）栅格单元是本书空间分析的基础和主要结论，一方面，上下文中均提及的数据来源和计算方法多是以栅格为单元的，因此计算结果也是以栅格为单位显示的，另一方面，以栅格单元上各类服务供需流空间特征较为明显，便于分析。（2）乡镇单元是必不可少的，主要原因有两个：一是乡镇划分多基于自然条件，乡镇内的自然条件较为相似，将其作为一个研究单位，分析其供给、需求及流特征，是更符合实际情况的。如一个县域范围内，不同的乡镇其产业类型差异较大，某些乡镇可能是以果蔬供给为主，某些乡镇可能以粮食或肉类供给为主，因此以乡镇为统计单元分析供需流特征与实际情况更加契合。二是在下文分析各类服务流量时发现，乡镇单元与县（市）单元上结果差异较为明显，如某类服务在县（市）单元上为供给区，而在乡镇单元上为受益区，这主要是由于该县（市）的其余乡镇为供给区，综合而言，该县（市）便成为供给区，因此在两个统计单元上呈现出截然不同的特征。为避免较大的统计单元会掩盖较小统计单元的特征，有必要增加乡镇单元的分析，同时确保上下文行文的一致性，在供给及需求的分析时也有必要增加乡镇单元。(3）县（市）分析也是不可缺少的，原因在于县（市）是贯穿本书的分析单元，无论在前文的研究区概况，或是下文的基于流的空间类型划分，还是最后调节机制典型县（市）的选取均是重要的研究单元。同时很多政策的提出与实施，均是以县（市）作为基本单位的，增加县（市）的统计分析，对于揭示各区域供需流特别是调节机制具有重要作用。综上所述，本书分别从栅格、乡镇和县（市）三个统计单元展示各类服务供需流的时空变化特征。

第二节　生态系统服务供给时空变化特征

一、粮食供给服务供给变化过程

通过对《陕西统计年鉴》的查询，分别整理得到陕北、榆林市以及延安市 2010—2020 年历年的果蔬产量、粮食产量、肉类产量，以及三个研究节点 2010 年、2015 年、2020 年各类食物供给量的变化特征（见表 3 -2)，并将其划分为两个研究时段，据此分析 2010—2020 年各类供给服务时间演变特征。

表 3－2　　2010—2020 年食物产量变化统计　　单位：万吨

时间	区域	粮食产量	果蔬产量	肉产量
2010 年	榆林	161（66%）	124（27%）	15（71%）
	延安	82（34%）	331（73%）	6（29%）
	陕北	243－34%	455－63%	21－3%
2015 年	榆林	206（73%）	182（32%）	18（78%）
	延安	75（27%）	394（68%）	5（22%）
	陕北	281－32%	576－65%	23－3%
2020 年	榆林	253（78%）	316（39%）	20（80%）
	延安	72（22%）	490（61%）	5（20%）
	陕北	325－28%	806－70%	25－2%
2010—2015 年变化	榆林	45	58	3
	延安	－7	63	－1
	陕北	38	121	2
2015—2020 年变化	榆林	47	134	2
	延安	－3	96	0
	陕北	44	230	2
2010—2020 年变化	榆林	92	192	5
	延安	－10	159	－1
	陕北	82	351	4

注：括弧“（）”内百分比分别表示榆林市及延安市三类供给服务产量占陕北该类服务总产量的比重，短线“－”后百分比分别表示陕北三类供给服务产量占陕北食物供给服务总产量的比重。

（一）时间特征

图 3－1 所示为 2010—2020 年陕北、榆林市及延安市粮食产量统计，结合表 3－2 可知，在研究时段内，总体上陕北粮食供给量呈上涨趋势，但榆林市与延安市变化特征不同，尤其是榆林市，在两个观察时段内其变化也不同。

（1）由图 3－1 可知，2010—2020 年榆林市粮食供给量呈稳定上升的特征，研究时段内最低值出现在 2010 年为 161 万吨，最高值出现在 2018 年为 266 万吨。与 2010 年相比，2020 年增加量达到了 92 万吨，增长率超过 57%。分时段对比可知：榆林市粮食产量两个时段增加量相差不大，但其变化特征不同。其中 2015 年之前保持高速上涨，尤其是 2010—2014 年，增长迅速，2015 年略有下滑，总体而言 2010—2015 年呈低位高速增长的特征。2016 年

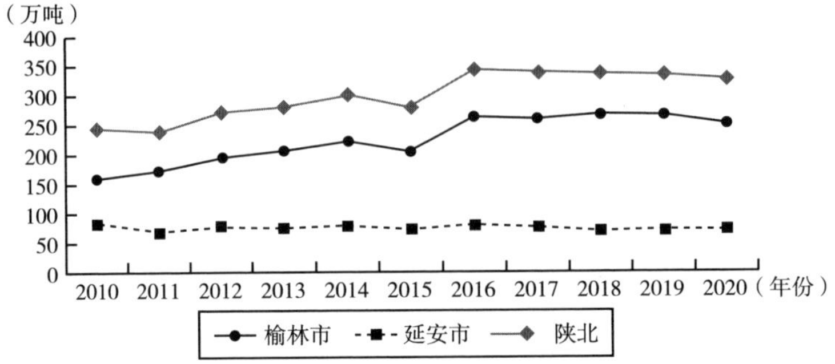

图 3－1　2010—2020 年粮食供给量统计

粮食产量出现显著提高，其中关键因素是 2015 年产量发生了下降，由图 3－1 可知，2015—2020 年总体呈高位稳定增长的特征，即产量较高且波动较小。因此榆林市粮食产量在两个观察时段的产量变化基本相同，但其内部变化特征较大。据表 3－2 可发现，榆林市粮食产量占陕北粮食产量的比重呈上升趋势，由 2010 年的 66% 增加到 2020 年的 78%。

（2）由图 3－1 可知，延安市粮食产量低于榆林市，且 2010—2020 年粮食产量变化较为稳定，但略有下降。研究时段内最高值出现在 2010 年为 82 万吨，最低值出现在 2011 年为 68 万吨。与 2010 年相比，2020 年产量减少了 10 万吨。分时段对比可知：延安市粮食产量在两个观察时段内产量均有不同程度的下降，其中 2010—2015 年下降量要高于 2015—2020 年。进一步由表 3－2 可知，延安市粮食产量占比从 2010 年的 34% 下降到 2020 年的 22%，这一方面是由于榆林市粮食产量增加造成的，另一方面延安市粮食产量下降也造成了该现象。

（3）由图 3－1 可知，陕北 10 年间粮食产量变化趋势基本与榆林市变化趋势相同，这是由于延安市粮食产量较低，且其变化幅度不大，因此陕北粮食产量的走向基本由榆林市粮食产量决定。观察时段内最低值出现在 2011 年为 241 万吨，最高值出现在 2017 年 336 万吨。此外与 2010 年相比，2020 年产量增加了 82 万吨。分时段特征也与榆林市分时段特征相似，即两个时段的产量变化数值相差不大，但内部变化特征差异较大，2015 年之前呈低位高速增长，2015 年之后为高位稳定增长。

（二）空间特征

图 3－2 所示为 2010—2020 年陕北粮食供给在栅格、乡镇、县（市）三

个统计单元的空间演变特征。由图3－2（a）可知，2010年陕北粮食供给总体特征近似于英文字母“T”，空间上呈现北高南低的分布特征，特别是在北部高值区分布范围较广，而南部则呈现中间高、两边低的分布特征。进一步分析2010年乡镇单元的空间分布特征［见图3－2（b）］，全境范围内多被次高值与次低值区域覆盖，高值区域仅在西北部有少量分布，次高值区域在中部偏北，西北部聚集，次低值围绕次高值周围蔓延分布，低值区域集中在北部、东南部及西南部。由图3－2（c）可知县（市）单元上呈梯次分布，由北向南依次为低值—高值—次高值—低值间隔分布，其中高值县（市）集中在中部偏北，县（市）包括米脂县、绥德县、子洲县、佳县，次高值县（市）包括佳县、横山区以及西北部定边县。

由图3－2（d）和图3－2（e）可知，2015年陕北粮食供给空间特征与2010年相比，供给量显著增加，且高值区域明显扩散，并在西北部与中部偏北形成了两个分布范围较广的高值区域，此外在南部的中间区域也由数10个乡镇形成了高值区。次高值分布范围与2010年相比无明显变化，依然集中在高值区域的南部。低值与次低值分布范围较2010年有所减少，但空间上依然集中在北部、东南部及西南部。据图3－2（f）分析县（市）单元的空间特征，高值县（市）数量由4个增加到6个，分别是米脂县、佳县、绥德县、子洲县、横山区以及定边县，但次高值区域明显增加，由3个增加到6个，包括靖边县、吴堡县、清涧县、延川县、子长市以及南部的洛川县。低值分布范围无明显变化，依然为南部的黄龙县、黄陵县和富县等。

由图3－2（g）和图3－2（h）可知，2020年陕北粮食供给高值区域进一步扩大，高值区域有向南蔓延的趋势。在中部偏北与西北部形成了两片范围较广的高值区，且两片高值区相互连结，由此使2020年空间分布特征更加明显，中间形成了一条横亘东西的高值带，将陕北划分为三大区域，由北向南梯次分布的总体特征，依次为低值区、高值区、次高值区、低值区。与2015年相比，2020年高值县（市）无明显增加，但次高值县（市）增加明显。低值区域未发生明显变化，依然集中在南部。

据图3－2（j）—图3－2（l）分析陕北2010—2020年粮食供给量变化空间分布特征。部分区域的增加值为负，说明其粮食产量相较于2010年有所下降，但负值区域分布范围较小，在北部、西北部边缘和南部边缘有少量分布，大部分区域的变化值为正。且高值区域的分布空间特征与2015年和2020年

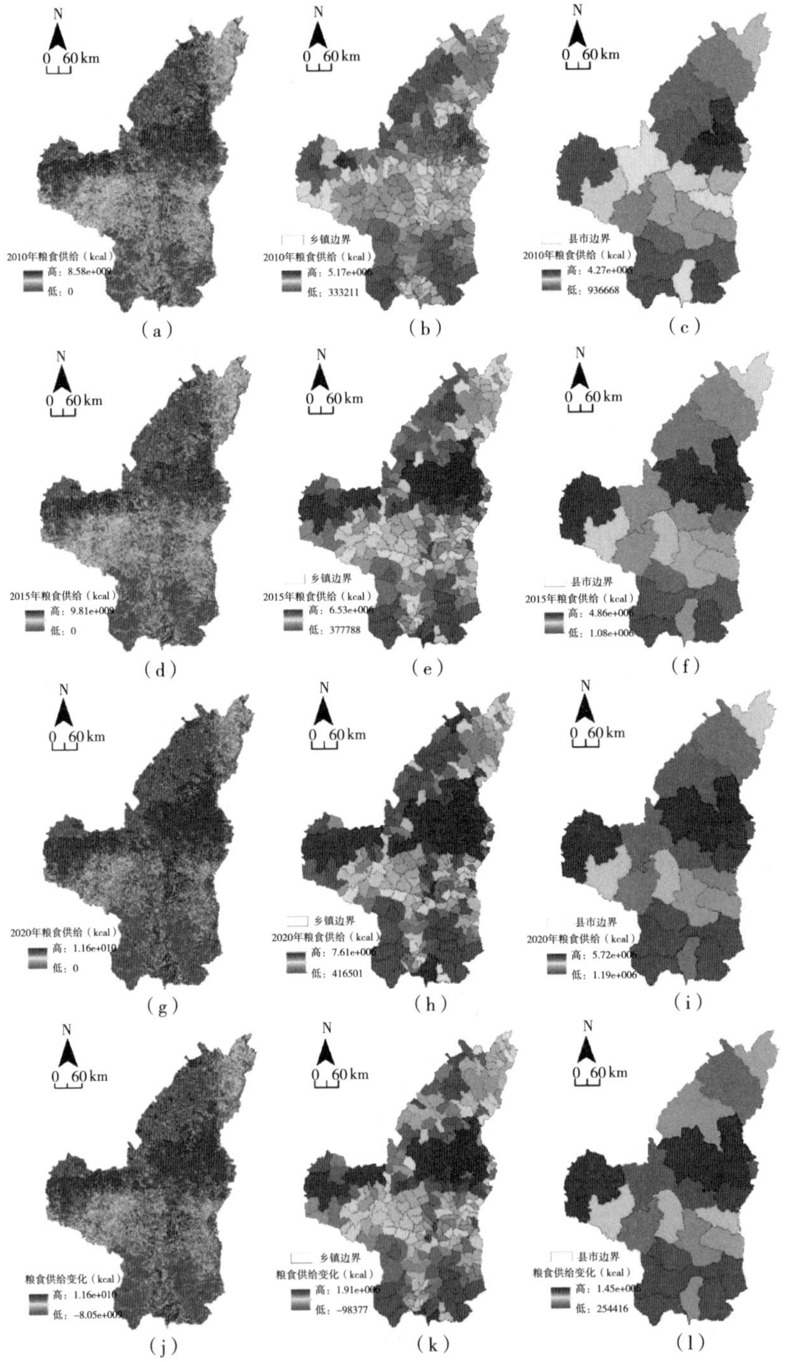

图 3－2　2010—2020 年粮食供给空间特征

注：a/b/c 分别表示 2010 年栅格、乡镇及县市三个统计单元上粮食供给服务空间特征，d/e/f、g/h/i、j/k/l 分别表示 2015 年、2020 年、2010—2020 年变化量的空间分布特征。

空间特征相似，即在中部偏北与西北部高值连绵成片，在南部部分区域高值聚集分布，次高值围绕高值，分布在高值区域的南部。分析各县（市）的变化情况［见图3－2（1）］，发现乡镇单元上有部分区域增加值为负，但在县（市）单元上，增加值均为正。也说明了粮食产量减少的区域数量少且数值低。进一步分析，增加值高的县（市）为米脂县、佳县、横山区、绥德县、子洲县及定边县，次高值县（市）与高值县（市）相邻，分别是横山区、吴堡县、清涧县、子长县以及洛川县。增加量低值县（市）依然集中分布在东南与西南部，分别是富县、黄龙县、黄陵县、宜川县以及甘泉县。

综上所述，2010—2020年陕北粮食供给时间特征为：2010—2015年低位高速增长，2015—2020年高位匀速增长，在研究时段内整体呈稳定增长的特征，其中榆林市粮食供给量占陕北总供给量较高，比重超过70%，且变化过程与陕北整体变化过程相似，延安市则呈小幅波动变化，与2010年相比，2020年供给量略有下降。空间特征为：整体高值区分布近似于英文字母"T"，高值区在中部偏北与西部聚集，次高值紧邻高值南部分布，低值集中在南部区域。变化过程体现在高值与次高值分布范围不断扩大，有逐渐向南蔓延的趋势，且东部与西部高值区域逐渐连结，形成了横亘东西的高值带。此外榆林市以高值和次高值县（市）为主，高值区县（市）增加较为明显，延安市以次低值和低值县（市）为主，空间变化较小。

二、果蔬供给服务供给变化过程

（一）时间特征

表3－2和图3－3所示为陕北及延安市和榆林市2010—2020年果蔬供给量的变化特征。结合图表可知，整体而言无论是陕北或是榆林市、延安市，果蔬供给量均呈稳步增长的特征，研究期末与期初相比，产量显著上升。但不同区域不同时段，具体特征不同。

（1）由图3－3可知，榆林市果蔬供给呈快速增长趋势，尤其在2017年以前，增长速度明显，2017年以后增速逐渐放缓。研究时段内产量最低值出现在2010年，为124万吨，最高值出现在2019年的318万吨，此外与2010年相比，2020年产量增加了192万吨，是榆林市产量增幅和增长率最高的供

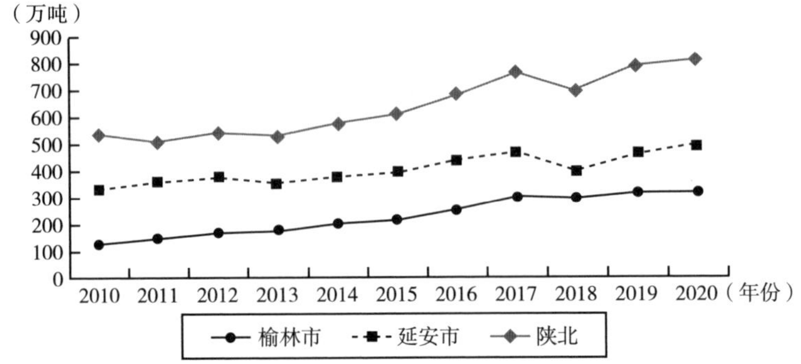

图 3-3　2010—2020 年果蔬供给量统计

给类型。分时段对比可知，榆林市 2015—2020 年果蔬产量的增加量要远高于 2010—2015 年。同时，据表 3-2 可发现，榆林市果蔬产量占陕北果蔬总产量的比重一直保持上升趋势，从 2010 年的 27% 增加到 2020 年的 39%。

（2）由图 3-3 可知，延安市果蔬供给高于榆林市，且整体呈波动增长的特征，与榆林市始终保持高速增长相比，延安市分别在 2013 年与 2018 年出现果蔬产量下降的现象，但除上述两个年份外，其余年份产量均高于上一年，但增长幅度较小。研究时段内最低值出现在 2010 年的 331 万吨，最高值出现在 2020 年的 490 万吨，与 2010 年相比，2020 年产量增加了 159 万吨，在三大类供给服务中，延安市果蔬供给增加量最高。分时段对比可知：与榆林市相似，延安市 2015—2020 年果蔬增加量要高于 2010—2015 年。由表 3-2 可知，延安市果蔬产量虽稳步提升，但其所占陕北果蔬总产量的比重一直在下降，说明其增长幅度低于榆林市。

（3）由图 3-3 可知，陕北果蔬产量整体呈快速增长趋势，除 2018 年产量略有下降外，其余年份同比上年，产量均有显著提升。研究时段内，陕北果蔬产量最低值出现在 2011 年，为 505 万吨，最高值出现在 2020 年，为 806 万吨。此外与 2010 年相比，陕北果蔬 2020 年产量增加了 351 万吨，增加量与增长率均为各类供给服务之首。分时段对比可知，两个观察时段果蔬产量均有显著提升，但 2015—2020 年增加量最高。同时，据表 3-2 也可发现，果蔬产量占陕北食物总产量比重均呈上升的趋势。

（二）空间特征

图 3-4 所示为 2010 年、2015 年、2020 年及 2010—2020 年陕北地区果

蔬供给的空间演变特征。由图3－4（a）—图3－4（c）可知，2010年陕北果蔬供给整体呈延安高、榆林低，中间高、南北低的特征。结合栅格单元和乡镇单元分析可知，2010年果蔬供给大部分区域为低值和次低值，高值区域在中部呈带状＋组团式分布。其中带状区域呈东西—东南走向，此外在西部、北部、东部也分别形成了由3—4个乡镇组成的高值区域。次高值区域分布基本围绕高值周围，除在南部的洛川县与北部的府谷县外，其余区域未形成明显的聚集特征。从县（市）单元分析，高值区域包括子长县、安塞区、延川县，次高值包括吴堡、吴起等县。低值县（市）集中在南部，如黄陵县、富县、黄龙县等。

由图3－4（d）—图3－4（f）可知，2015年陕北果蔬供给特征与2010年相似，即整体呈延安高、榆林低，中间高、南北低的特征。由图3－4（d）和图3－4（e）可知，栅格与乡镇单元上，中部依旧形成了高值带，且相较于2010年范围明显扩大。而除西部、北部、东部的高值组团依旧明显，此外府谷县的次高值带聚集明显，而其余区域依旧多为低值与次低值。结合图3－4（f），高值县（市）变化较小，具体包括子长市、安塞区、延川县和吴堡县，次高值县（市）明显增多，包括吴起县、清涧县、延长县和府谷县等。低值县（市）依旧表现为南部多、北部少的特征。

由图3－4（g）—图3－4（i）可知，2020年陕北果蔬供给空间特征与2015年、2010年相比，发生显著变化，空间上总体特征依旧为中间高、南北低，但首先高值区域明显扩大，形成了一条横亘东西的高值带；其次，次高值分布区域明显扩大，集中在东部黄河沿线，此外北部与南部的部分区域其供给量也显著增加。具体分析，由图3－4（g）和图3－4（h）可知，2020年果蔬供给高值乡镇明显增加，在中部高值区连绵成片，并向2010年、2015年形成的几个高值组团区蔓延。南部与北部的部分区域供给量增加显著，逐渐变化供给高值区。从分布县（市）上看，高值县（市）数量进一步增加，包括子长市、安塞区、吴起县、延长县、清涧县和吴堡县等，次高值县（市）包括延川县、府谷县、佳县和绥德县等。

由图3－4（j）—图3－4（l）分析，2010—2020年陕北果蔬供给变化的空间特征，由图可知，整体上研究区域均呈供给增加的趋势，空间上表现为中间高、南北低，东比西高、北比南高的特征。具体分析，由图3－4（j）和图3－4（k）可知，增加量多的区域依旧集中在中部，并形成了近似英文字

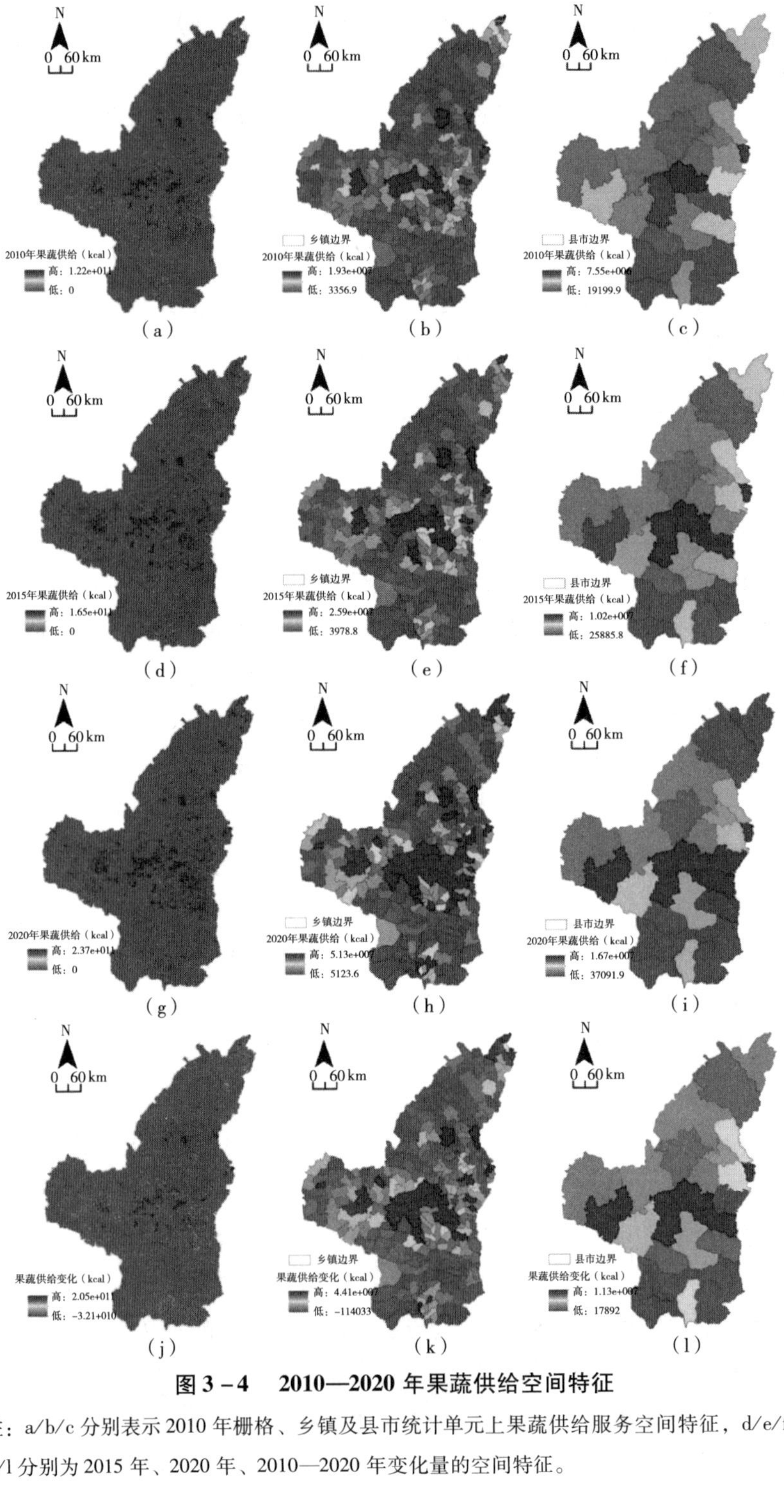

图3-4　2010—2020 年果蔬供给空间特征

注：a/b/c 分别表示 2010 年栅格、乡镇及县市统计单元上果蔬供给服务空间特征，d/e/f、g/h/i、j/k/l 分别为 2015 年、2020 年、2010—2020 年变化量的空间特征。

母“n”的形状，其余增加量高值区域在西部、北部组团聚集，而次高值基本围绕在中部的高值区域分布，北部和南部也有少量聚集。同时可以发现，在栅格和乡镇单元上，有很多区域增加值为负，说明了其2020年果蔬产量与2010年相比发生下滑，空间上主要分布在北部的风沙区以及中南部的子午岭等区域。这可能是由于随着退耕还林、封山育林和风沙治理等项目的实施，改变了上述区域的土地利用方式，加之对自然保护区等的保护，造成了其产量下降。由图3－4（l）可知，县（市）单元上所有研究单元的变化量均为正值，说明下降区域的数量与数值均不高。而从县（市）单元上分析，变化量高值的县（市）为子长市、安塞区、吴起县、延川县和吴堡县，次高值为延长县、清涧县和府谷县等。上述县（市）集中在陕北的中部及黄河沿线东部区域，而低值县（市）主要集中分布在南部。

综上所述，2010—2020年，陕北果蔬供给总体上呈持续快速增长的特征，研究期末与研究期初相比，供给量显著上升。其中延安市占比较高，比重超过60%，整体呈波动增长的特征，榆林市果蔬供给量低于延安市，但呈快速持续增长特征，所占比重也持续提高。果蔬供给空间上总体呈中间高、南北低，东比西高、北比南高的空间特征，高值区域不断扩大并连绵成片，但高值增长区主要集中在中部地区。高值县（市）集中分布在延安市，次高值县（市）数量较少，零散分布在延安市和榆林市。

三、肉类供给服务供给变化过程

（一）时间特征

如图3－5所示为陕北及榆林市和延安市2010—2020年肉类产量变化特征。由图可知，整体上相较于粮食和果蔬产量及变化过程，肉类产量较小且变化幅度也较小，整体呈缓步稳定增长的特征。

（1）由图3－5可知，2010—2020年榆林市肉类产量整体呈匀速稳步增长的特征，历年变化幅度不大。研究时段内最低值出现在2010年，产量为15万吨，最高值出现在2019年，产量为21万吨。与2010年相比，2020年肉类产量增加了8万吨，增长率超过50%。分时段观察，2015—2020年增加量要高于2010—2015年。同时，据表3－2可发现，榆林市肉类产量占整个陕北肉类产量的比重保持上升趋势，由2010年的71%增加到2020年的82%。

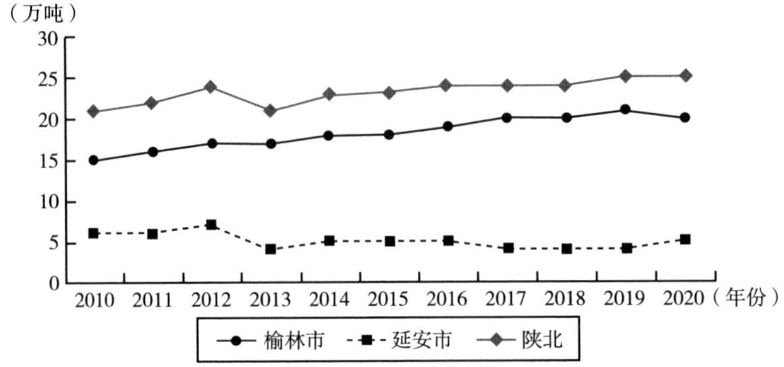

图3－5　2010—2020年肉类供给量统计

（2）由图3－5可知，首先延安市肉类产量远低于榆林市，平均年产量尚不到榆林市的一半。在10年间延安市肉类产量出现先上升后下降，最后在低位保持稳定变化的特征。2010—2012年肉类产量呈上升趋势，2013年出现明显下滑，2013年产量甚至要低于2010年，此后2014—2020年延安市肉类产量始终保持低位稳定变化的特征。研究时段内最高值出现在2012年，产量为7万吨，最低值出现在2017—2019年，产量均为4万吨。与2010年相比，2020年产量减少了1万吨。由表3－1可知，延安市两个观察时段内，其肉类产量变化均很小，2010—2015年变化率仅为－1万吨，2015—2020年变化量为0。此外由于榆林市肉类产量保持稳定上升趋势，而延安市在2013年后产量明显下滑，因此延安市肉类产量占陕北的比重也一路下滑，从2010年的29%下降到2020年的18%。

（3）由图3－5可知，陕北肉类产量整体保持缓步增长的特征，受延安市2013年产量大幅下降影响，除2013年外，其余年份与上年相比均呈小幅增长的特征。研究时段内最高值出现在2019年、2020年的25万吨，最低值为2013年的21万吨。与2010年相比，2020年产量增加了4万吨。分时段观察，2010—2015年变化率与2015—2020年变化率相同，均为2万吨。此外据表3－2也可发现，陕北肉类产量占陕北食物供给总量的比重始终较小，2010年、2015年为3%，2020年下降到2%，究其原因：一方面由于肉类产量较小，所占比重较低，另一方面由于肉类的变化量要远低于粮食和果蔬。

（二）空间特征

如图3－6所示为2010—2020年陕北肉类供给的空间特征。如图所示，肉类供给的空间特征与粮食供给的空间特征相似，即都是中间高、南北低的空间特征，但与粮食供给的空间分布不同，肉类供给“T”分布特征不明显，没有形成由北向南的高值带。

由图3－6（a）和图3－6（b）可知，2010年陕北肉类供给以次高值和次低值区域为主，高值与低值分布范围都较小。其中高值仅在西北部部分乡镇有分布，且数量较少，仅有3个。低值范围以东南部和西南部为主，北部也有分布且与风沙区走向基本一致。此外其余区域基本被次高值与次低值覆盖。其中次高值以中部偏北和西北部为主。其中东部的次高值区范围要高于西北部，西北部次高值区包含乡镇数量为15个，而东部次高值区数量超过40个。从县（市）［见图3－6（c）］单元分析，高值区和次高值集中在陕北，延安仅有洛川一个次低值区，其余县（市）均为低值区。而高值区具体包括米脂县、绥德县和子洲县，次高值包括了佳县、横山区和定边县。

由图3－6（d）和图3－6（e）可知，陕北2015年肉类供给的空间特征与2010年基本相似，但不同之处在于2015年陕北肉类供给的高值与次高值区域明显扩大。其中高值区依然组团聚集在中部偏北和西北部。中部偏北的组团区覆盖范围依然高于西北部，且形成了有高值和次高值共同组团的高值区域，高值覆盖乡镇数量超过30个，而2010年该区域多为次高值，且范围较小。西北部高值乡镇数量也明显增加，数量接近15个，且该组团区还可细分为两个高值区及其周边的次高值区。同时，与2010年不同，在南部的部分乡镇上也出现了少量的高值与次高值聚集，但其空间范围要小于上述两个组团区。此外低值区域分布范围缩小，乡镇单元上北部风沙区低值数量的乡镇在5个左右，相比2010年明显减少，而南部低值乡镇数量没有明显变化，但次低值数量明显减少，尤其是靠近中部次高值区域。分析2015年县（市）单元的肉类供给特征［见图3－6（f）］，高值县（市）数量没有明显增加，依然以2010年县（市）为主，但其中2010年部分县（市）从次高值变为高值，2015年高值县（市）具体包括米脂县、佳县、子洲县、绥德县和定边县，次高值县（市）包括吴堡县、定边县、子长市和清涧县等。而南部依然只有洛川县为次低值，其余区域如富县、黄龙县和黄陵县等。

由图3－6（g）和图3－6（h）可知，2020年陕北肉类供给的高值区进一步扩大，相较于2010年与2015年，高值乡镇明显增加，空间聚集范围依然以中部偏北和西北部为主，但二者在2020年表现出与2015年和2010年不

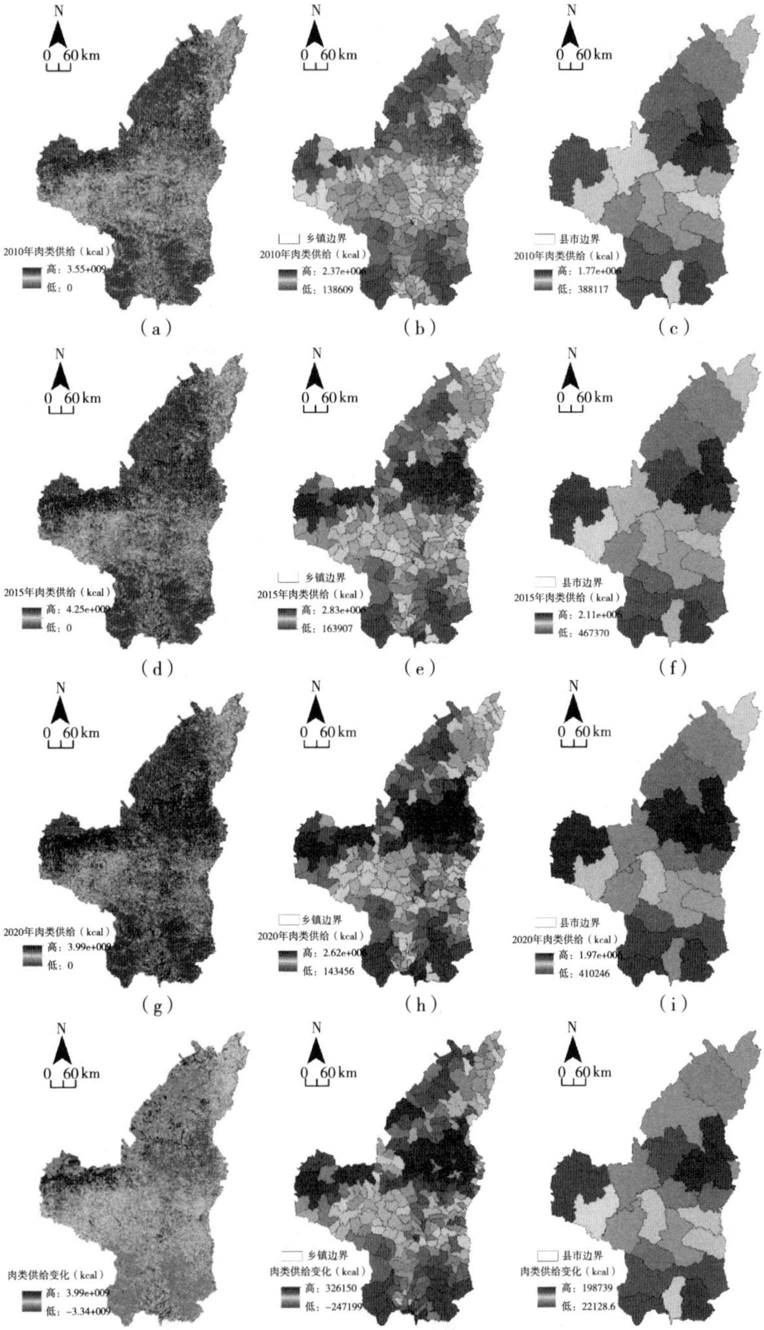

图 3-6　2010—2020 年肉类供给空间特征

注：a/b/c 分别表示 2010 年栅格、乡镇及县市统计单元上肉类供给服务空间特征，d/e/f、g/h/i、j/k/l 分别为 2015 年、2020 年、2010—2020 年变化量的空间特征。

同的空间聚集特征。首先中部偏北的聚集区，与前述两个年份相比，高值范围明显增加，连绵成片，但该组团区次高值乡镇较少，尤其是与 2010 年和 2015 年相比，该区域由次高值与高值共同组团变为以高值为主，次高值较少的组团特征。其次西北部组团区域，2015 年时细分的两个高值区空间界限已不太明显，空间连结更加紧密。该组团区次高值分布范围明显扩大，使该区域形成了一个基本覆盖西北部的高值—次高值组团区。2020 年南部的高值乡镇相较于 2015 年，变化不太明显。此外与 2015 年相比，低值范围增加，北部风沙区乡镇数量已和 2010 年基本相似，而南部低值区增加较为明显，与其他区域的差距进一步扩大。分析县（市）特征，高值县（市）依然集中在米脂县、横山区、佳县和定边县等，次高值区域也基本没有变化，如靖边县、子长市和延长县等。

由图 3 -6（j）和图 3 -6（k）可知，2010—2020 年陕北肉类供给变化特征整体呈北高南低。具体分析，增加量数值最高的区域形成了四个组团区。其中西部偏北组团区乡镇数量最多，超过 30 个，空间分布范围也最大。西部增加量的高值区分布范围也较广，基本覆盖了陕北西部区域，此外北部形成了由 4 个高值乡镇和 3 个次高值乡镇的组团区，南部形成了 2 个高值乡镇和 6 个次高值乡镇的组团区，但上述两个组团区乡镇数量与空间范围均较小。分析县（市）单元特征发现，增加量高值县（市）基本集中在榆林市，并形成了由高值区和次高值区组成的一个高值带，分布范围较广，基本囊括了北部的所有县（市），而延安市无高值和次高值。

综上所述，2010—2020 年陕北肉类供给呈缓步增长的特征，其中榆林市肉类供给量较多，占比接近 80%，研究时段内呈稳定增长的特征，延安市占比较低，整体呈波动下降的特征。空间特征表现为中间高、南北低，高值区组团分布，并在中部偏北区域形成高值带，且高值带覆盖范围持续扩大，此外高值区集中在榆林市，低值区集中在延安市，各区域间供给量差距有进一步扩大的趋势。

四、水源涵养服务供给变化过程

（一）时间特征

据前文研究方法求得 2010—2020 年陕北地区、榆林市以及延安市水源涵养供给量的变化过程，并制得表3-3，以此分析研究时段内陕北地区及各市水源涵养供给的时间演变特征。

表3-3　2010—2020年陕北水源涵养供给量　单位：亿立方米

时间	榆林市	延安市	陕北
2010年	4.38-44%	5.46-56%	9.84
2015年	5.08-53%	4.38-47%	9.46
2020年	5.24-45%	6.31-55%	11.55
2010—2015年变化	0.73（16%）	-1.08（-19%）	-0.38（4%）
2015—2020年变化	0.16（3%）	1.93（44%）	2.09（22%）
2010—2020年变化	0.89（20%）	0.85（16%）	1.71（18%）

注：括弧"（）"内百分比表示研究时段内水源涵养服务的变化率，短线"-"后百分比分别表示榆林市、延安市水源涵养服务供给占陕北总供给量的比重。

由表3-3可知，2010—2020年陕北水源涵养的供给量总体呈波动增长的特征，2015年为研究时段内最低值，2010年次之，2020年水源涵养的供给量最多，但不同时间段和不同区域其表现特征不同。

由表3-3可知，榆林市2010—2020年水源涵养的供给量始终保持稳步增加的特征，但增长幅度逐渐放缓。研究时段内最高值为2020年的5.24亿立方米，最低值为2010年的4.38亿立方米，整体的增加量达到了0.89亿立方米，增长率为20%，榆林市10年间水源涵养供给的总体增加量与增长率要高于延安市。分析其历年水源涵养供给量占陕北供给量的比重可知，2015年达到了最高值，占比为53%，而2010年与2020年变化不明显，从44%变为45%。分时段观察，2010—2015年增加量达到了0.73亿立方米，增长率为16%，而2015—2020年的增加量为0.16亿立方米，增长率为3%，与2010—2015年相比，2015—2020年增加量显著减少，仅为2010—2015年增加量的22%，说明了榆林市在观察时段内增长速度呈先上升后下降的趋势。

据表3-3分析延安市2010—2020年水源涵养供给量的时间演变特征。由表可知，延安市在研究时段内水源涵养的供给量整体呈波动增长的特征。研究时段内最低值为2015年的4.38亿立方米，最高值为2020年的6.31亿立方米，与2010年相比，2020年水源涵养供给量增加了0.85亿立方米，增长率为16%，总体的增长率与增加量均低于榆林市。分析历年所占陕北水源涵养总量的比重可知，2015年占比最低，仅为47%，所占比重也被榆林市反超，但2020年与2020年占比没有明显变化，变化率仅为1%。由于本书水源涵养的供给量仅分析了2010年、2015年、2020年三个时间节点，没有计算历年变化，因此数据可能受到一定的偶然因素影响。2015年延安市水源涵养供给量减少可能是由于当年降水、气温、蒸发等异常因素导致的。因此也造成了分时段观察的结果，即2015—2020年增加量与增长率均为研究期内的最高值，分别达到了1.93亿立方米和44%。而2010年与2020年其值未受异常因素影响，因此榆林市与延安市2010年与2020年水源涵养的供给量呈增长特征，但其所占陕北的比重变化幅度较小。

据表3-3分析研究时段内陕北水源涵养的时间变化特征。前文已述整体上呈波动增长的特征，研究时段内最低值为2015年的9.46亿立方米，最高值为2020年的11.55亿立方米，与2010年相比，2020年供给量增加了1.71亿立方米，增长率为18%。其中2015年出现最低值的原因是受到了延安市2015年水源涵养供给量明显下降的影响。分时段观察，2010—2015年，水源涵养供给量减少了0.38亿立方米，占比仅为4%，这是由于在该时段内榆林市供给量大幅增加，虽然延安市供给量下降明显，但二者对冲和对整个区域的影响不大。2015—2020年增长特征显著，增加量达到了2.09亿立方米，增长率为22%。

综上所述，2010—2020年陕北水源涵养整体呈先下降后上升波动增长的特征。延安市变化特征与陕北地区变化特征一致，2015年均为研究时段内的最低值，而榆林市始终保持增长趋势，但研究时段内其增长趋势经历了由快速向慢速的转变过程。

（二）空间特征

据前述研究方法计算陕北栅格、乡镇、县（市）3个统计单元上2010年、2015年、2020年以及2010—2020年水源涵养供给的空间变化过程。据图3-7（a）、图3-7（b）和图3-7（c）分析陕北2010年水源涵养供给量的空间特征。由图3-7（a）可知，栅格单元上2010年陕北水源涵养呈南高北低，即榆林低、延安高的特征，这与前文时间特征分析结果一致。且据图3-7（a）发现，高值区均未形成连续的空间聚集特征，而是按照一定的走向呈现条带状，这是由于该路径多为河流走向，或受地形影响的洼地、低地的影响，因此在栅格单元上可清晰地看出上述路径中均为高值。据图3-7（b）分析乡镇单元变化，整体特征依然为南高北低，但高值区明显聚集分布，位于南部的中心区域，次高值连绵成片分别分布于高值区的东西两侧。

而中部及北部多被低值与次低值区覆盖，其中次低值区分布范围最广，且进一步分析可发现，该区域呈梯次分布，低值—次低值—最低值由南向北依次分布。据图 3 -7（c）识别 2010 年水源涵养供给的高值县（市），由图可知，高值区仅有延安市的洛川县，次高值分布于洛川两侧，较高的包括甘泉县、黄陵县、富县分布于洛川西侧，而较低的黄龙县、宜川县分布于洛川县东侧。由此向北依次为次低值—低值—最低值，最低值县（市）基本位于北部的风沙区，具体包括榆阳区、定边县等。

据图 3 -7（d）、图 3 -7（e）和图 3 -7（f）分析陕北 2015 年水源涵养供给量的空间特征。由图 3 -7（a）可知，整体上 2015 年陕北水源涵养供给呈南北高、中间低的空间特征，且分析该图可清晰地观察到栅格单元上高值区呈按照一定的走向分布的特征，由于榆林市 2015 年供给明显增加，该特征在榆林市表现更加明显。2015 年水源涵养北部榆林市高值区明显增加，但南部延安市的高值区范围明显缩小，除仅向西向扩展外，在北向和东向两个方向高值区范围缩小明显。据图 3 -7（e）分析，2015 年陕北水源涵养的空间特征更加明显，整体由北向南依次为低值—高值—低值—高值间隔分布的特征。与 2010 年相比，高值区明显扩大，尤其北部风沙区高值区增加显著，形成了一条由东北向西南走向的高值带，其中高值乡镇数量达到了 30 个，次高值乡镇数量在 20 个左右。但南部的高值带 2015 年其空间范围明显缩小，尤其是次高值乡镇数量锐减，由 2010 年的 25 个左右减少到 2015 年的不到 10 个，尤其是北向和东向两个方向，甚至出现了低值区，而 2010 年该区域基本被次高值覆盖。此外，该区域的高值带变化不明显，增加与减少的特征并不显著。因此可以说 2015 年陕北西南部与北部的水源涵养供给的空间特征发生了极为明显的变化。据图 3 -7（f）分析 2015 年县（市）的变化，其中高值区除洛川县外增加了甘泉县，但次高值区变化明显，除黄龙县、富县外，北部增加了 4 个县（市），分别是府谷县、横山区、米脂县和佳县。北部低值县（市）明显减少，低值县（市）发生了由北向东南转移的特征，具体包括延川县、清涧县等。

据图 3 -7（g）、图 3 -7（h）和图 3 -7（i）分析陕北地区 2020 年水源涵养供给量的空间特征。由图 3 -7（g）可知，2020 年相较于 2015 年空间特征发生了显著变化，首先南部的高值区明显扩散，尤其是向北向、东向、东北向的扩散。而北部的高值区则有一定程度的缩小，在风沙区边缘有次低值分布，整体呈片状特征，未形成如 2015 年的大面积带状分布特征。

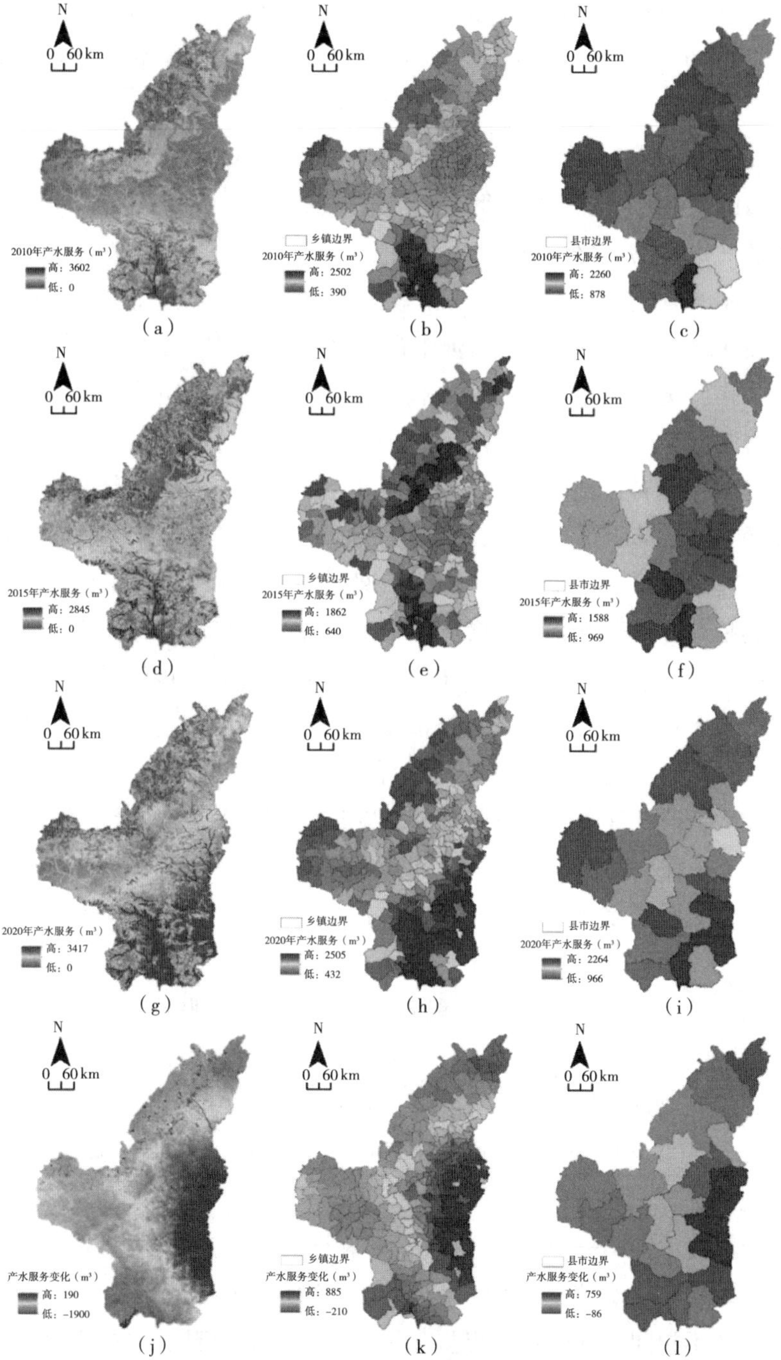

图 3-7 2010—2020 年水源涵养供给总量空间特征

注：a/b/c 分别表示 2010 年栅格、乡镇及县市统计单元上水源涵养服务空间特征，d/e/f、g/h/i、j/k/l 分别为 2015 年、2020 年、2010—2020 年变化量的空间特征。

分析2020年乡镇单元陕北水源涵养供给的空间特征［见图3－7（h）］，2020年南部的高值区明显增加，高值乡镇数量超过了50个，尤其是东部与中南部，而在原高值区的西向，次高值区数量增加，基本与2010年数量相当。北部出现了低值区乡镇，数量为20个左右，同时次高值区乡镇紧邻低值区分布，由此由北向南整体上形成了低值—次高值—低值—高值分布的特征。分析各县（市）的变化［见图3－7（i）］可知，高值县（市）除洛川、甘泉县外，还增加了宜川县和延长县，次高值区基本在延安市分布。低值区集中分布在陕北风沙区一线，包括神木市、府谷市、定边县等。2020年榆林市高值县（市）分布数量明显减少，仅包括几个紧邻延安市的县（市），如吴堡县、清涧县等。

据图3－7（j）、图3－7（k）和图3－7（l）分析陕北地区2010—2020年水源涵养供给量变化的空间特征。据图3－7（j）可知，研究时段内陕北整体被中高值覆盖，北部、东北部、南部增加量为负值，其余区域大都为正值。尤其是东部的黄河沿岸，增加值最高，并呈由东向西梯次变化，逐渐减少的特征。据图3－7（k）分析2010—2020年水源涵养供给量乡镇单元变化的空间特征，首先低值区域集中分布在东北部与西南部，其空间覆盖范围大致相当，包括的乡镇数量均在10个左右，除此之外的其余区域基本为高值、次高值和次低值。其中次低值分布范围最多，广泛分布于陕北的北部、南部、西部与中部，而次高值与围绕高值周边，集中分布于东部和中东部。且可发现，增加值最多的乡镇较为均匀地分布在东部榆林市与延安市交界处。据图3－7（l）分析2010—2020年水源涵养供给量县（市）单元变化的空间特征，由图可发现，由东向西梯次递减的空间特征更加明显，增加值最高的县（市）主要包括东部黄河沿岸的县（市），如吴堡县、绥德县、清涧县、延川县、延长县以及宜川县，次高值县（市）环绕高值县（市）周围，具体包括米脂县、佳县、子洲县、子长市和宝塔区。次低值依次向西与向北，如横山区和黄龙县等。

综上所述，2010—2020年陕北水源涵养供给量呈先下降后上升的“U”形特征，2015年为研究时段内的最低值，2020年供给量高于2010年，两市变化过程各不相同，其中延安市呈先下降后上升的特征，榆林市呈持续增长的特征。水源涵养服务的空间特征发生显著变化，总体上呈南高北低，由南向北依次为高值—次高值—低值渐次变化的特征，其中榆林市仅2015年有高值县（市）分布，2010 年与 2020 年高值均以延安市为主。增加量为东高西低，由东向西梯次递减，水源涵养增加值高的县（市）集中在东部的黄河沿岸，增加值的次高值区环绕高值区分布，增加值为负的县（市）以东北部与西南部为主。

五、土壤保持服务供给变化过程

（一）时间特征

据前述第一节研究方法求得 2010—2020 年陕北地区、榆林市以及延安市土壤保持服务供给量的变化过程，并制得表 3－4，以此分析研究时段内陕北地区及各市土壤保持服务供给的时间演变特征。

表 3－4　2010—2020 年陕北地区土壤保持供给统计　单位：亿吨

时间	榆林市	延安市	陕北
2010 年	1.44－22%	5.04－78%	6.48
2015 年	2.43－33%	4.78－67%	7.21
2020 年	2.75－33%	5.50－67%	8.25
2010—2015 年变化	0.89（62%）	－0.26（－5%）	0.62（9%）
2015—2020 年变化	0.32（13%）	0.72（15%）	1.04（14%）
2010—2020 年变化	1.31（91%）	0.46（9%）	1.67（25%）

注：括弧“（）”内百分比表示研究时段内土壤保持服务的变化率，短线“－”后百分比分别表示榆林市、延安市土壤保持服务供给占陕北总供给量的比重。

由表 3－4 可知，榆林市 2010—2020 年土壤保持供给服务呈持续增长的特征，研究时段内的最低值为 2010 年的 1.44 亿吨，最高值为 2020 年的 2.75 亿吨，与 2010 年相比，2020 年土壤保持服务增加了 1.31 亿吨，增长率达到了 91%，说明在这 10 年间，榆林市土壤保持服务增长迅速，水土保持工程卓有成效。观察其历年的土壤保持服务所占陕北土壤保持服务的比重可发现，2010 年比重为 22%，2015 年与 2020 年均为 33%，所占比重经历了快速增长与保持稳定的状态。分时段观察榆林市 10 年间土壤保持服务的变化可知，榆林市土壤保持服务前期增长迅速，后期增长缓慢。

据表 3－4 分析延安市 2010—2020 年土壤保持服务供给量的时间演变特征，由表可知，10 年间延安市土壤保持服务呈先下降后增长的特征，研究时段内最低值为2015年的4.78亿吨，最高值为2020年的5.50亿吨，与2010年相比，2020年土壤保持服务供给量增加了0.46亿吨，增长率为9%。分析其历年所占陕北土壤保持服务的比重可知，2015年与2020年占比相同，均为67%，2010年所占比重最高，达到了78%。进一步分析其各时段变化可知，2010—2015年土壤保持供给量有所下降，下降量为0.26亿吨，占比为5%，而2015—2020年显著上升，增加量为0.72亿吨，占比为15%。对比分析榆林市和延安市变化可知，延安市无论是变化率或是变化量均小于榆林市。

据表3-4分析陕北地区2010—2020年土壤保持服务供给量的时间演变特征，整体而言陕北土壤保持供给量呈持续增加的趋势，研究时段内最低值即为研究初期的2010年，最高值即为研究期末，相较于2010年，2020年供给量增长率为25%。分时段观察可知，2010—2015年增加量为0.62亿吨，增长率为9%，2015—2020年增加量达到了1.04亿吨，增长率为14%，说明在研究时段内，陕北土壤保持供给量增长速度逐渐加快。

（二）空间特征

图3-8所示为2010—2020年三个时间节点陕北土壤保持服务分别在栅格、乡镇和县（市）3个单元上的变化过程。由图3-8（a）可知，栅格单元上2010年陕北土壤保持服务的供给量总体呈南高北低，两边高、中间低的空间特征。低值区土壤保持供给量为0，其空间覆盖区域以北部的风沙区为主，次高值区广泛分布在南部与中部，高值区分布在南部偏东与南部偏西两侧，基本呈条带状特征。分析乡镇单元空间特征可知［见图3-8（b）］，高值乡镇数量仅有4个，零散分布在东南部与西南部，次高值乡镇数量在20个左右，以东南部为主，西南部也有少量分布，低值区广泛分布于北部及西北部，其余乡镇基本为次高值区，且据图3-8（b）可知，低值区域次高值区空间界限较为明显。进一步分析县（市）单元的空间特征［见图3-8（c）］，高值区县（市）集中在东南部，包括黄龙县、宜川县、延长县以及西南部的黄陵县，次高值区域与高值区相邻，密集分布于南部与中南部，具体包括如洛川县、富县、安塞区、宝塔区和清涧县等，低值区分布在北部风沙区沿线，如榆阳区、神木市和府谷县等。

由图3-8（d）可知，2015年与2010年相比，土壤保持服务供给的高值区明显增加，呈向北扩散的特征，并在陕北境内形成一个近似于汉字“口”状的空间聚集特征，表现为中部低、四周高的特征。此外低值区依然聚集在北部的风沙区沿线。此外在北部东侧黄河沿线，也有少量高值区分布。据图3－8（e）分析2015年乡镇单元的土壤保持服务空间聚集特征可知，“口”字形空间特征较为明显，高值区乡镇明显向北扩散，且高值区乡镇未形成明显的空间聚集特征，整体呈碎片化分布，但东部黄河沿线与北部风沙区以南区域，高值区乡镇数量较多。低值区依然集中在风沙区沿线，其与高值区空间界限依旧明显，但所覆盖范围明显缩小。进一步分析2015年县（市）单元的空间特征，其高值与次高值覆盖范围明显增加，且呈现向北扩散的特征，高值县（市）数量显著增加，低值区仅有北部风沙区沿线的6个县（市），其余县（市）均为中高值区域。

由图3－8（g）可知，与2015年相比，2020年陕北土壤保持服务依旧呈高值区不断增加且向北扩散的过程，尤其在东南部与东部，覆盖范围进一步扩大，低值区依然集中在北部风沙区，未有明显变化。分析2020年乡镇单元变化可知［见图3－8（h）］，与2015年相比，高值区乡镇数量明显增加，在东部、南部、西部及中部的大片区域基本被高值区乡镇覆盖，次高值乡镇数量减少，仅在中南部及北部风沙区沿线有少量分布。低值区聚集特征未有明显变化。从县（市）单元分析［见图3－8（i）］，高值县（市）进一步增加，南部与中南部基本除洛川县和甘泉县等少量县（市）外基本为高值区覆盖，次高值县（市）也仅有北部的米脂县、子洲县和佳县等。低值县（市）依然在北部风沙区沿线，具体包括如榆阳区、神木市、府谷县和靖边县等。同时观察图3－8（i）也可发现，2020年陕北地区区域间土壤保持服务供给量的差距明显扩大。

据图3－8（j）—图3－8（l）分析2010—2015年陕北土壤保持供给量变化的空间特征。由图可知，境内绝大多数区域变化值为正，仅有西南部与东北部的部分区域变化值为负，且空间特征表现为由东向西逐渐递减的特征，增加量的高值区集中在东部与中东部区域，次高值围绕高值区，向北部、西部和南部蔓延，低值区分布于区域的边缘地带，如北部、西南部和西部等。分析乡镇单元的变化特征可知，增加值高值乡镇数量较多，集中分布于中部与中东部，次高值与次低值数量最多，占据了绝大多数区域，其空间特征表现出明显的圈层结构。低值乡镇集中分布在西南部与南部。分析县（市）单元特征可知，高值县（市）数量较多，具体包括如米脂县和吴堡县等10个县（市），次高值与次低值县（市）围绕高值县（市）分布。

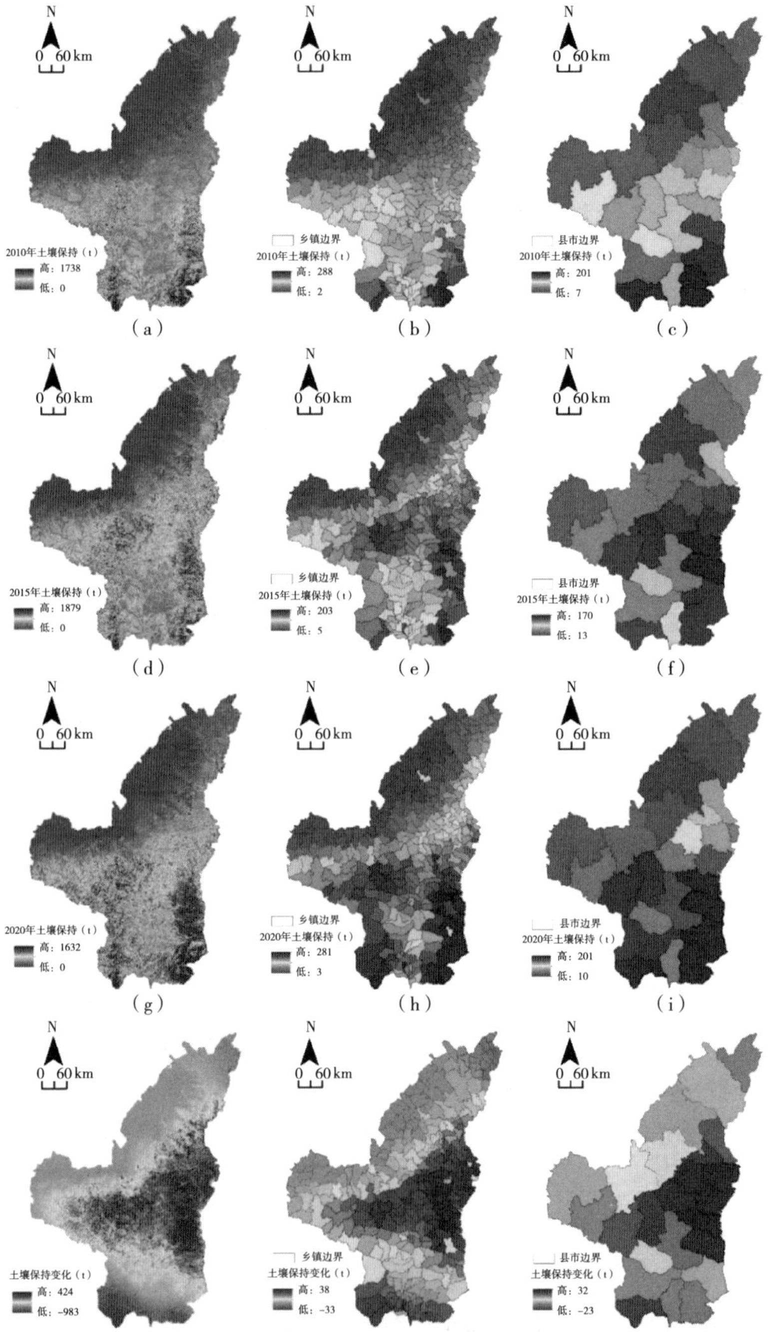

图 3-8　2010—2020 年土壤保持供给总量空间特征

注：a/b/c 分别表示 2010 年栅格、乡镇及县市统计单元上土壤保持服务空间特征，d/e/f、g/h/i、j/k/l 分别为 2015 年、2020 年、2010—2020 年变化量的空间特征。

综上所述，2010—2020 年陕北土壤保持服务供给量呈持续增长的特征，尤其是榆林市增长率与增加值均较高，延安市供给量约为榆林市的两倍，但其整体呈波动增长的特征，2015 年为研究时段内供给量的最低值。土壤保持服务供给量的空间特征总体呈南高北低，东高西低，由北向南依次从低值向高值过渡。分析其变化过程可知，供给的高值区数量明显增加，其覆盖范围不断向北蔓延，尤其是榆林市，高值区域增加显著。此外研究时段内绝大多数县（市）增加值为正，其中高值区集中在东部与中部，低值区分布于北部与西南部。

六、碳固持服务供给变化过程

（一）时间特征

据前述第一节研究方法分别算的榆林市、延安市以及陕北地区 2010 年、2015 年和 2020 年碳固持服务的供给量，并制得表 3－5，以此分析研究时段内陕北地区及各市碳固持服务的时间演变特征。

表 3－5　2010—2020 年陕北碳固持服务供给量　单位：万吨

时间	榆林市	延安市	陕北
2010 年	14.29－44%	18.27－56%	32.56
2015 年	14.21－43%	18.68－57%	32.89
2020 年	14.17－42%	19.12－58%	33.29
2010—2015 年变化	－0.08（－0.6%）	0.41（2.24%）	0.33（1.01%）
2015—2020 年变化	－0.04（－0.2%）	0.44（2.36%）	0.40（1.22%）
2010—2020 年变化	－0.12（－0.8%）	0.85（4.45%）	0.73（2.24%）

注：括弧“（）”内百分比表示研究时段内碳固持服务的变化率，短线“－”后百分比分别表示榆林市、延安市碳固持服务供给占陕北总供给量的比重。

由表 3－5 可知，榆林市 2010—2020 年碳固持供给量总体呈持续下降的趋势，从 2010 年的 1429 万吨下降到 2015 年的 1421 万吨再到 2020 年的 1417 万吨，累计供给量总计下降了 12 万吨，累计占比为 0.8%。榆林市碳固持总量占陕北地区碳固持总量的比重也从 2010 年的 44%，持续下降到 2015 年的 43% 再到 2020 年的 42%。分时段观察可知，两个观察时段内其供给量均呈下降趋势，其中 2010—2015 年下降量为 8 万吨，占比为 0.6%，2015—2020

年下降量为 4 万吨，占比为 0.2%，下降速度有所减缓。总体来看，榆林市碳固持总量呈下降特征，但与其他服务相比，变化量较小，变化率也较低。

据表 3-5 分析延安市 2010—2020 年碳固持供给量总体特征。由表可知，研究时段内，延安市碳固持总量呈持续增长的趋势，10 年间最低值为 2010 年的 1827 万吨，最高值为 2020 年的 1912 万吨，累计增长了 85 万吨，占比为 4.45%。且延安市碳固持供给量占陕北地区碳固持总量的比重也从 2010 年的 56% 增加到 2020 年的 58%。分时段观察可知，2010—2015 年与 2015—2020 年两个时段内碳固持增加量与增长率相近，说明了研究时段内延安市碳固持呈匀速稳定增长的特征。

据表 3-5 分析陕北地区 2010—2020 年碳固持供给量总体特征。由表可知，2010—2020 年陕北碳固持供给总量呈缓慢稳步增长的特征，研究时段内最低值为 2010 年的 3256 万吨，最高值为 2020 年的 3329 万吨，累计增长量为 73 万吨，增长率为 2.24%。分时段观察可知，2010—2015 年与 2015—2020 年增长量与增长率相差不大，说明 10 年间，陕北碳固持呈匀速增长的特征。但与其他服务相比，碳固持的变化量与变化率都较小。

综上所述，2010—2020 年，陕北碳固持供给量总体上呈匀速稳定缓慢增长的特征，增长率较低，尤其与其他服务相比，变化量较小。但榆林与延安表现出不同的变化特征，其中榆林市供给量持续小幅下降，而延安市供给量稳步增加，但两个区域碳固持变化量均较小，总体变化幅度不大。

（二）空间特征

据前述所述研究方法算得碳固持供给量，如图 3-9 所示。分别为 2010 年、2015 年、2020 年以及 2010—2020 年碳固持供给的空间特征，据此分析 10 年间陕北地区碳固持供给的空间演变特征。

由图 3-9 可知，2010 年陕北碳固持整体呈南高北低、东西高、中间低、低值区集中分布于北部和次高值区广泛分布的特征。高值区主要分布于东南部与西南部，低值区连绵成片密布于北部风沙区沿线，中部也有成片的次低值区分布，而次高值区广泛分布于东部、西部及中部的大片区域。由图 3-9（b）分析乡镇单元特征可知，高值乡镇数量较少，仅有 6 个，且集中分布于西南部的子午岭区域，而在东南部也形成了由高值和次高值共同组成的高值区域，低值区与次低值区连绵成片分布于北部，与边界走向一致，其中低值区乡镇数量在 10 个左右。分析 2010 年碳固持的县（市）单元特征，高值区县

（市）有2个，分别是东南部的黄龙县与西南部的黄陵县，次高值区包括与黄龙县相邻的富县和与黄陵县相邻的宜川县、洛川县和延长县，上述县（市）属于子午岭区域，生态环境较好，植被覆盖度高。低值县（市）仅有1个为北部的榆阳区，次低值区达到了8个，分别是神木市、佳县、米脂县、横山区、定边县、靖边县和安塞区等。一般值县（市）集中在中部地区，以宝塔区和子长市为中心。

图3-9（a）所示为2015年栅格单元上碳固持空间特征，与2010年相比，2015年碳固持高低值空间分布没有发生明显变化，仅在东南部的区域高值区向北扩散，东北部次高值区有所增加，其余区域变化不大。分析乡镇单元变化可知，高值区乡镇与2010年相比，数量明显增加，此外与2010年高值乡镇集中分布在西南部不同，2015年高值乡镇在东南部密集分布，并有向北蔓延的趋势。此外西南部与东南部的次高值区也进一步增加。低值区层次更加分明，依然集中分布在北部风沙区一线。识别县（市）单元的变化特征可知，高值区县（市）数量增加，达到了4个，次高值区数量也进一步增加，广泛分布于南部区域，具体包括了洛川县、延长县和宝塔区等，低值依然仅有榆阳区1个。

分析2020年陕北碳固持供给的空间特征可知，栅格单元上2020年变化幅度较小，高值区依然集中在东南部与西南部，低值区在中部和北部区集中分布。分析乡镇单元变化［见图3-9（h）］可知，低值区乡镇依然集中在北部，但其空间覆盖范围明显扩大，低值区乡镇增加到20个左右，而中部区域的低值区也逐渐明显。高值区乡镇数量进一步增加，且表现出进一步向北延伸的特征，且可发现区域间差异正逐渐拉大。分析县（市）单元特征［见图3-9（i）］可知，高值区数量进一步增加，除南部县（市）外，北部吴堡县也成为高值区。次高值区域广泛分布于中部区域。从县（市）单元也可发现，碳固持服务的区域差异进一步拉大。

分析2010—2020年碳固持供给量变化的空间特征，由图3-9（j）可知，绝大多数区域变化量均不高，呈中间值，而高值区零散分布，南部区域略多，低值区在北部区域分布较多，南部较少。分析乡镇单元［见图3-9（k）］可知，与栅格单元相似，绝大多数乡镇变化值为中值区域，增加值为负的低值区域主要分布在东北部与西南部区域，增加值为正的高值区域分布在北部区域与东南部区域。分析研究时段内县（市）单元变化特征［见图3-9（l）］可知，碳固持供给的变化量整体呈插花式分布，即增加值为正的高值区

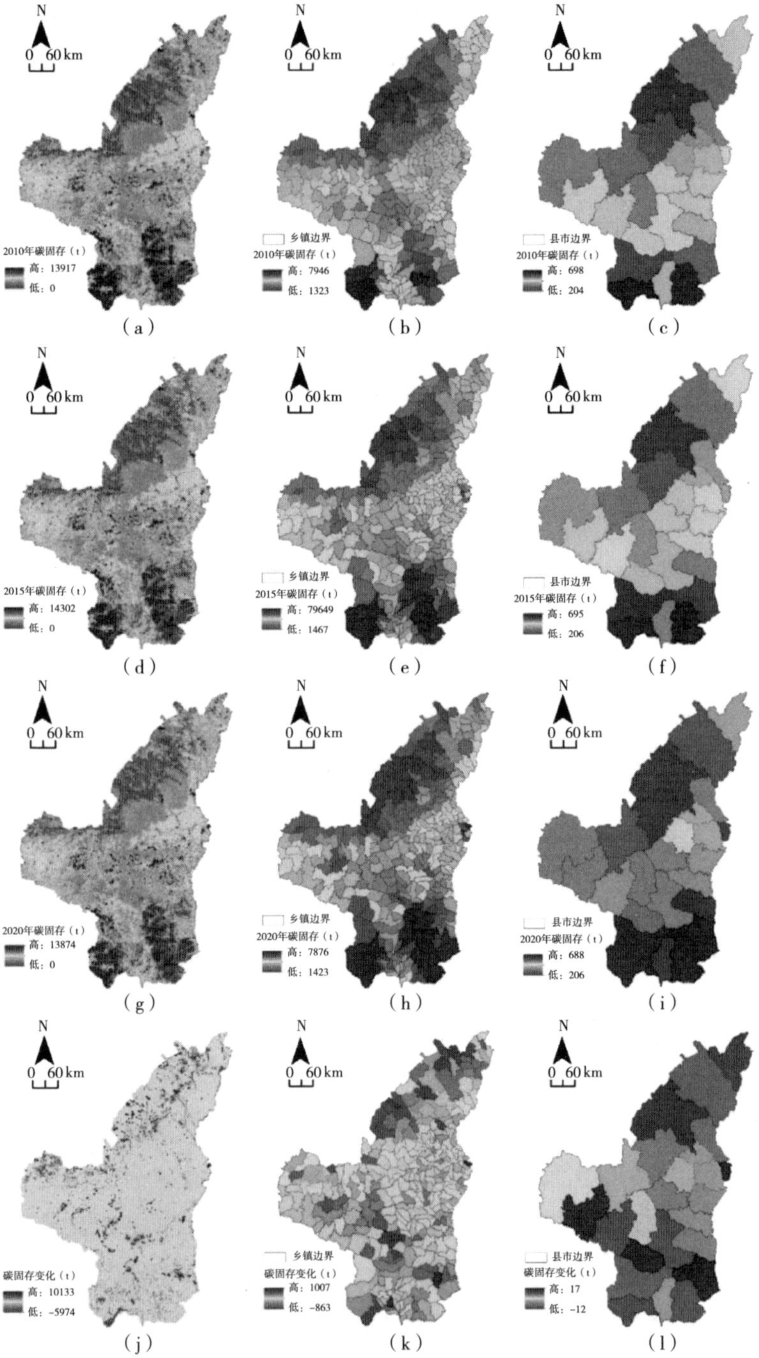

图 3-9　2010—2020 年碳固持服务供给总量空间特征

注：a/b/c 分别表示 2010 年栅格、乡镇及县市统计单元上碳固持服务空间特征，d/e/f、g/h/i、j/k/l 分别为 2015 年、2020 年、2010—2020 年变化量的空间特征。

域增加值为负的低值区彼此交叉分布，没有形成较为明显的空间聚集特征。但依然可以发现，高值区主要分布在南部区域，而低值区主要分布在北部尤其是东北部区域。高值县（市）具体包括宜川县、甘泉县和吴起县等，低值区包括神木市、府谷县和宝塔区等，次高值区包括洛川县、黄陵县和志丹县等。

综上所述，2010—2020 年陕北碳固持供给量整体呈缓慢稳定增长的特征，与其余服务相比变化率较低，且榆林与延安表现出不同的变化过程，其中榆林市供给量持续小幅下降，延安市供给量略高于榆林市，且研究时段内呈小幅增加，但两市总体变化幅度均较小。空间特征表现为南高北低，低值区连绵成片始终分布于北部风沙区沿线，基本与区域边界走向一致，而高值区呈由南向北不断扩散的特征。但 10 年间，研究区域变化量空间特征较为复杂，整体呈插花式分布，变化率的高值区与低值区交叉分布，但整体上南部县（市）增加值为正，增加值为负的县（市）多数分布在北部。

七、休闲游憩服务供给变化过程

（一）时间特征

据前述研究方法分别计算 2010 年、2015 年及 2020 年陕北地区，榆林市以及延安市休闲游憩服务的供给量，并将其划分两个时间段分别分析，制得表 3 -6，据此分析陕北 2010—2020 年休闲游憩服务供给的时间演变特征。

表 3 -6　　2010—2020 年陕北地区休闲游憩服务供给量　　单位：平方千米

时间	榆林市	延安市	陕北
2010 年	13791 -37.09%	23386 -62.91%	37177
2015 年	13621 -36.86%	23332 -63.14%	36953
2020 年	13712 -36.77%	23583 -63.23%	37295
2010—2015 年变化	-179（-1.29%）	-54（-0.23%）	-224（-0.61%）
2015—2020 年变化	91（0.66%）	251（1.07%）	342（2.02%）
2010—2020 年变化	-79（-0.57%）	197（0.84%）	118（0.32%）

注：括弧“()”内百分比表示研究时段内休闲游憩服务的变化率，短线“-”后百分比分别表示榆林市、延安市休闲游憩服务供给占陕北总供给量的比重。

由表 3 -6 可知，榆林市 2010—2020 年休闲游憩服务供给量呈先下降后上升的特征，但 2020 年与 2010 年相比，其供给量从 13791 平方千米下降到 13712 平方千米，下降量为 79 平方千米，下降率为 0.57%，研究时段内的最低值出现在 2015 年，其供给量为 13621 平方千米。观察其 3 个时间节点占陕北休闲游憩供给量的比重可知，虽然其净下降率尚不足 0.5%，其依旧呈下降趋势。分时段观察可知，2010—2015 年下降量与下降率都较高，分别达到了 179 平方千米和 1.29%，而 2015—2020 年呈增长特征，但与 2010—2015 年相比增加幅度较小，增加量为 91 平方千米，增长率为 0.6%，因此也使榆林市在研究时段内整体休闲游憩供给呈下降的特征。

据表 3-6 分析延安市 2010—2020 年休闲游憩供给的时间演变特征。由表可知，研究时段内延安市也呈先下降后上升的总体特征，但与榆林市不同，延安市累计供给量呈上升的特征。研究时段内最低值为 2015 年的 23332 平方千米，最高值为 2020 年的 23583 平方千米，与 2010 年相比，2020 年休闲游憩服务供给量增加了 197 平方千米，增长率为 0.84%。分析其历年所占陕北供给量的比重可知，2010 年占比为 62.91%，2015 年为 63.14%，2020 年达到了最高值为 63.23%，虽然其累计增长率较低，但依旧呈增长的趋势。分时段观察可知，2010—2015 年供给量有小幅下降，但 2015—2020 年反弹明显，增加量达到了 251 平方千米，增长率为 1.07%，因此也使延安市与榆林市相比，研究时段内休闲游憩服务供给量总体呈上升趋势。

据表 3-6 分析陕北地区 2010—2020 年休闲游憩服务供给量的变化特征可知，研究时段内，陕北供给量变化特征与延安市相似，即都呈先下降后上升、研究期末供给量高于研究期初的特征。研究时段内最低值出现在 2015 年供给量为 36953 平方千米，最高值出现在 2020 年，供给量为 37295 平方千米，此外与 2010 年相比，2020 年供给量增加了 118 平方千米，累计增长率为 0.32%。分时段观察可知，2010—2015 年陕北休闲游憩服务供给量呈小幅下降，下降量为 224 平方千米，下降率为 0.61%，但 2015—2020 年增长明显，增加量达到了 342 平方千米，增长率为 2.02%。

综上所述，相较于其他服务类型，2010—2020 年陕北地区休闲游憩供给量变化幅度最小，整体特征呈先下降后上升的趋势，2020 年供给量要高于 2010 年。延安市与榆林市变化过程与陕北一致，但延安市 2020 年供给量高于 2010 年，而榆林市 2020 年供给量低于 2010 年，且榆林市供给量所占陕北的比重呈小步下滑的特征。

（二）空间特征

如图 3－10 所示为陕北休闲游憩服务供给的空间特征，据此分析研究时段内陕北休闲游憩供给的空间演变特征。

由图 3－10（a）可知，栅格单元上 2010 年休闲游憩服务的供给特征呈南高北低、中部低和东西高的总体特征。高值区在东南部与西南部区域广泛分布，且范围较广。低值区在中部及北部分布，且两片区域通过一个较窄的通道连接。次高值区在东北部，西部也有广泛分布。分析乡镇单元的空间特征，高值乡镇分布数量最多，且在南部区域形成一个近似英文字母“H”的形状，此外在东部，西北部及北部高值区乡镇也有零星分布。低值区密集分布于北部风沙区，且与边界走向基本一致。此外的其余区域基本多为次高值区。据图 3－10（c）分析县（市）单元的空间分布特征，高值区县（市）有 6 个，都分布在南部，次高值县（市）北部与南部都有分布，低值区仅有 2 个，都分布在北部风沙区。

由图 3－10（d）分析 2015 年栅格单元上空间分布特征。由图可知，从栅格单元上看，与 2010 年相比，2015 年休闲游憩服务的高低值分布特征无明显变化，高值区域依然集中在东南部和西南部，东北部也有分布，低值区聚集在中部及北部。但从乡镇单元分析［见图 3－10（e）］可知，2015 年与 2010 年相比高低值区域变化不明显，但高值乡镇数量增加显著，尤其在南部区域，基本被高值区乡镇覆盖，同时高值区不断向北蔓延，此外在东南部黄河沿岸和东北部区域也有分布。低值乡镇数量明显增加，尤其是北部和中部区域，基本被低值区覆盖。据图可分析，2015 年陕北休闲游憩服务供给量的区域差异显著增加。进一步识别县（市）单元的高低值［见图 3－10（f）］可知，虽然乡镇单元上高低值变化明显，但在县（市）单元上与 2010 年相比，变化量较小，仅有部分县（市）的供给量从中间值变化为次高值，如吴起县和志丹县等，其余区域变化则不明显。

2020 年陕北休闲游憩服务供给的空间特征整体上与 2010 年较为相似，与 2015 年相比，其高值区明显缩小，区域间差异也明显减小。栅格单元的空间特征基本与 2010 年相似，而在乡镇单元上其高值区比 2010 年的高值区少，但是空间分布特征相似。从县（市）单元分析［见图 3－10（i）］，高值区县（市）包括东南部的黄陵县、宜川县以及延长县，西南部的黄龙县、甘泉县以及富县。低值区依然仅有榆阳区与横山区。总体来说，2020 年空间特征变化较小。

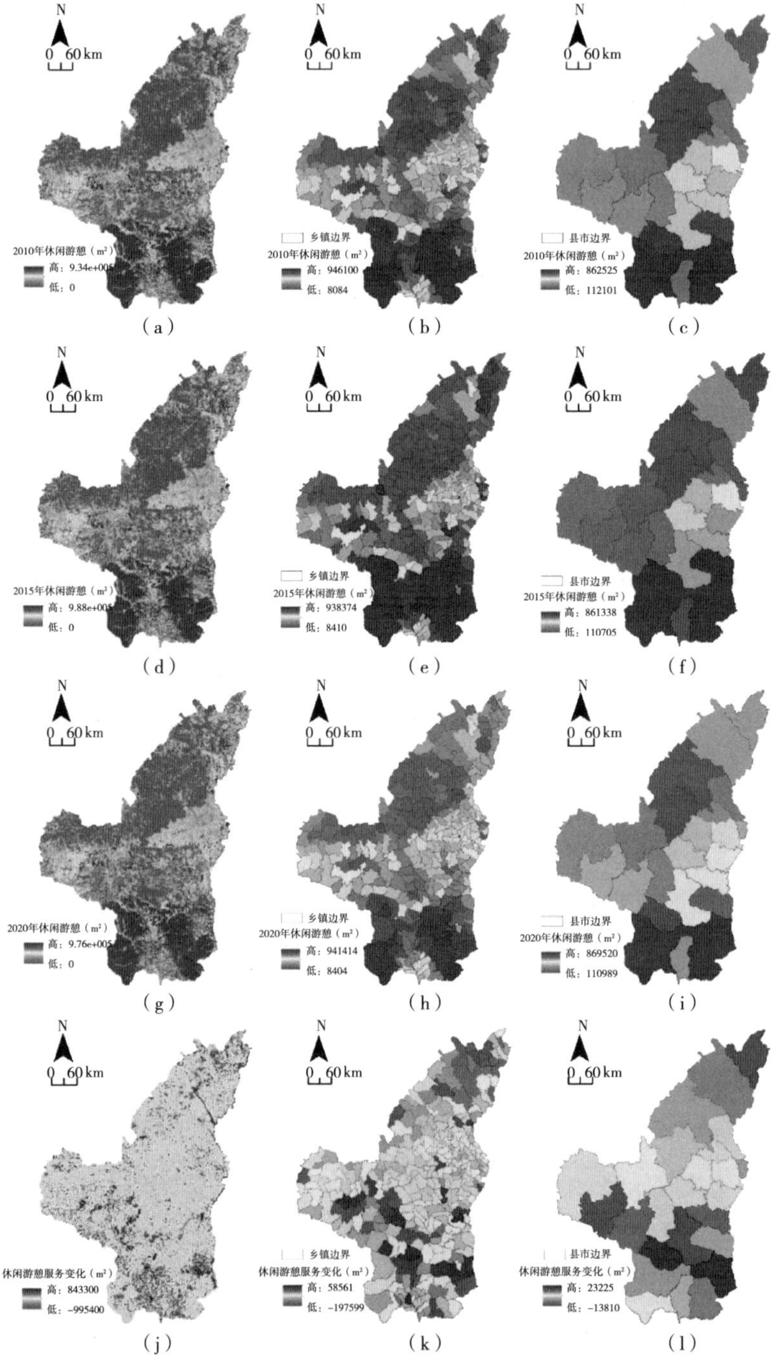

图 3－10　2010—2020 年休闲游憩服务供给总量空间特征

注：a/b/c 分别表示 2010 年栅格、乡镇及县市统计单元上休闲游憩服务空间特征，d/e/f、g/h/i、j/k/l 分别为 2015 年、2020 年、2010—2020 年变化量的空间特征。

据图 3－10（j）分析栅格单元上 2010—2020 年陕北休闲游憩供给变化的空间特征。由图可知，研究区域基本被中间值覆盖，说明了大片区域变化不大。增加值为正的高值区集中在西南部与西部，增加值为负的低值区在北部，中南部有少量分布。从乡镇单元上看，变化较小的乡镇数量最多，高值乡镇分布在西部与西南部，数量在 20 个左右，负值即低值区乡镇集中在北部与中南部，其中北部区域数量最多且形成了一片低值区，而南部也形成了低值区，但其空间范围较小。分析县（市）单元的变化特征可知［见图 3－10（l）］，表现出明显的南北差异，南部基本被高值与次高值区域覆盖，仅有宝塔区为低值区，而北部基本被低值与次低值区覆盖，仅有吴堡县数值较高。其中增加值最多的县（市）包括宜川县和甘泉县，而减少值最多的县（市）包括府谷县和宝塔区。

综上所述，相较于其他服务类型，2010—2020 年陕北地区休闲游憩供给量变化幅度最小，整体呈先下降后上升的趋势，2020 年供给量高于 2010 年。延安市与榆林市变化过程与陕北一致，但延安市供给量远高于榆林市，所占陕北比重超过 60%。空间特征基本呈南高北低，高值区在南部聚集分布，低值区在北部聚集，呈由南向北依次递减的特征，且 10 年间高低值区域分布较为稳定，未发生明显变化。此外绝大多数县（市）10 年间供给量变化均为正，增加值较高的区域集中在南部，并在空间上由南向北呈递减的特征。

第三节　本章小结

本章基于不同类型的生态系统服务，选取特定的研究方法分析了 2010—2020 年七类生态系统服务的供给的时空特征，主要结论如下：

（1）粮食供给量整体呈稳定上涨的特征，2010—2015 年呈低位高速增长，2015—2020 年呈高位匀速增长，其中榆林市粮食供给量占陕北总供给量较高，比重超过 70%，且变化过程与陕北整体变化过程相似，延安市则呈小幅波动变化，与 2010 年相比，2020 年供给量略有下降。空间特征为：整体高值区分布近似于英文字母“T”，高值区在中部偏北与西部聚集，次高值紧邻高值南部分布，低值集中在南部区域。变化过程体现在高值与次高值分布范围不断扩大，有逐渐向南蔓延的趋势，且东部与西部高值区域逐渐连接，形成了横亘东西的高值带。此外榆林市以高值，次高值县（市）为主，高值区县（市）增加较为明显，延安市以次低值和低值县（市）为主，空间变化较小。

（2）研究时段内陕北果蔬供给总体上呈持续快速增长的特征，研究期末与研究期初相比，供给量显著上升。其中延安市占陕北果蔬产量比重较高，变化过程整体呈波动增长的特征，榆林市果蔬供给量低于延安市，但呈快速持续增长特征，所占比重也持续提高。果蔬供给空间上总体呈中间高、南北低、东比西高和北比南高的空间特征，高值区域不断扩大并连绵成片，但高值增长区主要集中在中部地区。高值县（市）集中分布在延安市，次高值县（市）数量较少，零散分布在延安市和榆林市。

（3）陕北肉类供给整体呈缓步增长的特征，其中榆林市肉类供给量占比接近陕北总产量的80%，且研究时段内呈稳定增长的特征，而延安市占比较低，且呈波动下降的特征。陕北肉类供给服务空间特征表现为中间高、南北低和高值区呈组团分布的特征，并在中部偏北区域形成高值带，且高值带覆盖范围持续扩大，此外高值区集中在榆林市，低值区集中在延安市，各区域间供给量差距有进一步扩大的趋势。

（4）2010—2020年陕北水源涵养供给量呈先下降后上升的“U”形特征，2015年为研究时段内的最低值，2020年供给量高于2010年，两市变化过程各不相同，其中延安市也呈先下降后上升的特征，但榆林市呈持续增长的特征。水源涵养服务的空间特征总体上呈南高北低，由南向北依次为高值—次高值—低值渐次变化的特征，其中榆林市仅2015年有高值县（市）分布，2010年与2020年高值均分布在延安市。10年间水源涵养服务增加量整体呈东高西低和由东向西梯次递减的特征，水源涵养增加值高的县（市）集中在东部黄河沿岸，增加值的次高值区环绕高值区分布，增加值为负的县（市）以东北部与西南部为主。

（5）研究时段内，陕北土壤保持服务供给量呈持续增长的特征，尤其是榆林市增长率与增加值均较高，延安市供给量约为榆林市的两倍，但其整体呈波动增长的特征，2015年为研究时段内供给量的最低值。土壤保持服务供给量的空间特征总体呈南高北低，东高西低，由北向南依次从低值向高值过渡。分析其变化过程可知，供给的高值区数量明显增加，其覆盖范围不断向北蔓延，尤其是榆林市，高值区域增加显著。此外研究时段内多数县（市）

增加值为正，其中高值区集中在东部与中部，低值区分布于北部与西南部。

（6）10 年间陕北碳固持供给量整体呈缓慢稳定增长的特征，与其余服务相比变化率较低，且榆林与延安表现出不同的变化过程，其中榆林市供给量持续小幅下降，延安市供给量高于榆林市，且研究时段内小幅增加，但两市总体变化幅度均较小。空间特征表现为南高北低，低值区连绵成片始终分布于北部风沙区沿线，基本与区域边界走向一致，而高值区呈由南向北不断扩散的特征。但 10 年间，研究区域变化量空间特征较为复杂，整体呈插花式分布，变化率的高值区与低值区交叉分布，但整体上南部县（市）增加值为正，增加值为负的县（市）多数分布在北部。

（7）相较于其他服务类型，10 年间陕北地区休闲游憩供给量变化幅度最小，整体呈先下降后上升的特征，2020 年供给量高于 2010 年。延安市与榆林市变化过程与陕北一致，但延安市供给量远高于榆林市，所占陕北比重超过 60%。空间特征基本呈南高北低，高值区在南部聚集分布，低值区在北部聚集，呈由南向北依次递减的特征，且 10 年间高低值区域分布较为稳定，未发生明显变化。此外绝大多数县（市）10 年间供给量变化均为正，增加值较高的区域集中在南部，并空间上由南向北呈递减的特征。

第四章

生态系统服务需求时空变化特征

参考并对比学者的研究成果，本书认为从人们的主观欲望理解生态系统服务需求更加切合实际，本书将其定义为，生态系统服务需求是指被社会消耗（能够获得的）或者人类渴望得到的生态系统服务的数量。因此生态系统服务需求不仅受到区域自然条件的限制，更与研究区的社会经济发展水平和人口数量密切相关。而相关研究已经表明，不同区域的自然条件，社会经济状况不同，人口数量不同，生态系统服务需求存在较为明显的空间异质性和不平衡的问题（彭建等，2017），因此也只有在揭示了生态系统服务需求时间与空间的变化过程，才能明晰资源环境的空间配置特征以及生态系统服务对经济发展的促进或制约作用，进而为实现资源的合理分配与空间的进一步优化提供建议。

本章首先分别介绍了各生态系统服务需求的计算方法，其次分析了陕北地区 2010—2020 年 10 年间各类生态系统服务需求的时间与空间演变过程。分析各类服务需求的时空演变过程是本章拟解决的主要问题，本章也是本书的重要内容，在继续前述供给分析的基础上开展需求时空演变特征的分析，同时也是后续生态系统服务流及调节机制等开展的基础。

第一节　研究数据与方法

为保证本书中供给与需求量纲的一致性，本章中对生态系统服务需求的计算过程与指标基本与第三章中供给的计算过程相同，并一一对应，采用的数据与方法如表 4－1 所示。其中，供给服务需求通过人口密度乘以人均热量值的方法求得。水源涵养服务基于水资源公报得到区域耗水总量，再结合人口数据与人口密度可视化。土壤保持服务需求以实际土壤侵蚀量表征。碳固持服务通过查询历年统计年鉴得到区域能源消耗量，随后通过碳排放系数及人口数据和人口密度计算并可视化。休闲游憩服务通过借鉴已有学者的研究及相关政策标准，通过人口数据与人均生态用地面积计算，并借助人口密度可视化。

表 4－1　　生态系统服务需求评估指标

生态系统服务内容	表征指标	数据来源与评估方法
供给服务	食物热量值	《中国食物与营养发展纲要》、人均热量摄入量
水源涵养服务	区域耗水量	《陕西省水资源公报》、区域耗水总量

续表

生态系统服务内容	表征指标	数据来源与评估方法
土壤保持服务	土壤实际侵蚀量	土壤流失通用方程
碳固持服务	区域碳排放量	《陕西统计年鉴》、区域能源消耗量
休闲游憩服务	生态用地面积	相关研究成果（陶芹等，2021）

一、三类供给服务

本书三类供给服务的计算过程为基于不同类型的人均食物需求量乘以区域人口数量得到不同类型食物供给服务的需求量，最后借助人口密度数据实现可视化，分析空间变化过程。其中人均食物需求量按照《中国食物与营养发展纲要（2001—2010 年）》和《中国食物与营养发展纲要（2014—2020 年）》中指出的为保障国民合理的食物摄入与营养摄入，两版《纲要》指出了对不同食物类型的要求，基于此得到历年各食物供给类型的需求量，最后各食物类型相加得到食物供给服务总的需求量（张红娟，2020）。计算过程与方法如下：

$$FD_{js} = FD_{jsd} \times 365$$

$$FD_{j} = FD_{js} \times POP_{i}$$

式中，FD_{js} 表示文件中规定的第 j 种食物的人均年摄入量，FD_{jsd} 表示文件中规定的第 j 种食物的人均日摄入量，FD_j 表示第 j 种食物类型的需求量，POP_i 表示栅格 i 的人口数量，FD 表示供给服务的需求量。如以果蔬供给服务为例，本书依据两版《纲要》中指出的国民水果和蔬菜摄入标准（单位为公斤），再依据《食物热量表》结合陕北主要的水果和蔬菜摄入类型，其中水果选择苹果，蔬菜选择叶菜类，随后结合摄入标准，计算得到每人每年水果和蔬菜摄入热量总量，最后根据人口空间分布数据实现可视化制图。采用同样的计算方法分别计算得到粮食和肉类供给服务需求总量。

二、水源涵养服务

本书以社会消耗的淡水量即耗水量作为水源涵养服务的需求量，通过查询历年《陕西省水资源公报》，得到陕北各市工业、农业、居民生活、城镇公共、生态环境用水，而后得到榆林与延安两市历年的淡水需求，随后根据人口数据计算得到历年两市的人均耗水量，最后再结合栅格单元的人口密度实现陕北水源涵养服务需求制图（王壮壮等，2020）。具体计算过程与公式如下：

$$WD = WD_a + WD_b + WD_c + WD_d + WD_e$$

$$POP_{WD} = WD/POP_t$$

$$WD_i = POP_{WD}/POP_i$$

式中，WD 表示区域总耗水量，WD_a 表示区域工业耗水量，WD_b 表示区域农业耗水量，WD_c 表示区域居民生活耗水量，WD_d 表示区域城镇公共耗水量，WD_e 表示区域生态环境耗水量，POP_{WD} 表示区域人均耗水量，POP_t 表示区域人口总量，POP_i 表示栅格 i 的人口数量，WD_i 表示栅格 i 的水源涵养服务需求量。

三、碳固持服务

本书从社会消耗的视角分析碳固持服务需求，具体地讲，使用碳排量表征区域的固碳需求，碳排量是指人类在生产经营活动过程中向外界排放的温室气体，如二氧化碳、甲烷和氢氟碳化物等，其中占比最大的来源于供电和供热部门在生产环节中化石燃料的燃烧，因此本书在参考已有研究的基础上，采用能源消耗量来表征区域碳固持服务需求，借助人口密度实现空间化。计算过程为基于陕北各市能源消耗总量乘以碳排放系数得到碳排放量，再除以常住人口得到人均碳排放量，最后结合栅格化人口密度，得到陕北碳排放需求空间分布图（张蓬涛等，2021；赵雪雁等，2022）。公式如下：

$$D_{pcfc} = D \times \alpha$$

$$D_{cp} = D_{pcfc} \times POP_i$$

$$D_i = \sum_i^n D_{cp}$$

式中，D 为区域能源消耗总量，α 为万吨标准煤碳排放系数，D_{pcfc} 为人均碳排放量；D_{cp} 为栅格碳排放需求量；POP_i 为栅格人口密度，D_i 为区域 i 的碳排放需求总量。

四、土壤保持服务

前面已述，本书以水力侵蚀作为土壤保持服务的评估类型。在本书中采用土壤保持量作为土壤保持服务的供给量，而用实际土壤侵蚀量表征土壤保持服务的需求量，这是由于实际的土壤侵蚀量是我们期望能够治理的土壤保持服务量，而生态系统服务需求量实际上就是人类期望获得的生态系统服务，这一计算概念与计算方法已经得到了很多学者的认同与使用（刘立程等，2019）。计算过程与土壤保持服务供给量相同，依旧使用土壤流失通用方程。其计算公式为：

$$USLE = R \times K \times LS \times C \times P$$

式中，$USLE$ 为土壤侵蚀量即土壤需求量；R 为降雨侵蚀因子；K 为土壤可侵蚀因子；LS 为坡长坡度因子；P 为水土保持因子；C 为植被覆盖因子。

五、休闲游憩服务

本书从人类渴望获得的视角计算休闲游憩服务，计算过程与食物供给服务相似，通过人口数量与人均生态面积的乘积得到区域的休闲游憩服务，据已有研究，本书设定人均生态用地标准为 60 平方米，具体计算方法如下：

$$LD_i = 60 \times POP_i$$

式中，LD_i 表示 i 栅格的休闲游憩服务需求量；POP_i 表示 i 栅格的总人数（陶芹等，2021）。

此外需要说明的是，与本书第三章相似，食物供给服务需求的时空特征，本书使用了不同的计量单位，主要方便表述与读者阅读。在生态系统服务需求的空间制图中，本书使用的是均值，未使用总值，一方面，分析均值的空间特征不会掩盖总值的分布特征；另一方面，研究范围内不同区域人口分布有明显差异，若使用总值，空间分布特征极有可能受极大值与极小值影响，尤其在分析空间的变化特征时，极值影响下会导致空间变化过程不显著，因此采用总值有可能会对需求空间特征的分析造成影响。

第二节　生态系统服务需求时空变化特征

一、三类供给服务需求变化过程

前面已述，在分析陕北 2010—2020 年食物供给服务需求时根据人口数量与人均食物摄入量进行分析。因此各个食物供给类型的需求总量与人口数量密切相关，且其变化过程也与人口数量变化过程基本一致。因此本章在分析食物供给服务需求的时间演变过程中不再逐一分析各个食物供给类型的变化特征，而是首先分析了研究时段内人口数量的变化过程，而后综合对比分析了各个食物供给类型需求量的变化特征。

（一）时间特征

（1）人口变化过程。通过对《陕西统计年鉴》的查询，分别得到榆林市和延安市2010—2020年常住人口数据，并制得表4－2，据此分析陕北人口数量变化特征。

表4－2　陕北历年常住人口统计　单位：万人

时间	榆林市	延安市	总人口
2010年	335－61%	217－39%	552
2011年	335－61%	218－39%	553
2012年	335－60%	219－40%	554
2013年	337－61%	219－39%	556
2014年	338－61%	220－39%	558
2015年	340－61%	221－39%	561
2016年	338－60%	223－40%	561
2017年	340－60%	225－40%	565
2018年	341－60%	226－40%	567
2019年	342－60%	225－40%	567
2020年	345－60%	227－40%	572
2010—2015年变化	5（1.49%）	4（1.84%）	9（1.63%）
2015—2020年变化	5（1.47%）	6（2.71%）	11（1.96%）
2010—2020年变化	10（2.98%）	10（4.61%）	20（3.62%）

注：括弧“（）”内百分比表示研究时段内人口数量的变化率，短线“－”后百分比分别表示榆林市、延安市人口数量供给占陕北总人口的比重。

由表4－2可知，榆林市2010—2020年人口总体呈缓慢上升的特征，研究时段内人口最低值为2010—2012年的335万人，2020年人口最多达到了345万人，与2010年相比，人口数量增加了10万人，增长率为2.98%，年均人口增加数在1万人左右。观察榆林市历年人口占陕北总人口的比重可知，由于人口增加量较少，总体变化不大，但与2010年相比，占比有所下降。分时段观察可知，两个时段内增加人口量均为 5 万，说明研究时段内榆林市人口基本呈匀速稳定缓慢增加的特征。

据表 4 – 2 分析延安市研究时段内人口变化过程，2010—2020 年延安市人口也呈缓慢增长的特征。2010 年人口数量最少为 217 万人，2020 年人口数量最多，达到了 227 万人，增加量与榆林市相同，均为 10 万人，但增长率略高，达到了 4.61%。分析其占比可知，延安市人口占陕北总人口的比重研究期末比研究期初提高了 1%，总体变化不大。但与榆林市相比，延安市人口数量略少，历年人口数量占榆林市人口数量的比重均在 65% 左右。分时段观察可知，2015—2020 年人口增加量高于 2010—2015 年，但变化不大。

据表 4 – 2 分析陕北总人口的变化特征可知，研究时段内 2010 年陕北总人口数量最少，为 552 万人，2020 年为最高值 572 万人，与 2010 年相比增加量为 20 万人，增长率达到了 3.62%，年均增加数量为 2 万人左右。分时段观察可知，由于榆林市两个观察时段内增加量均相同，而延安市 2015—2020 年增加量要略高于 2010—2015 年，因此陕北 2015—2020 年增加量与增长率略高于 2010—2015 年。综上所述，2010—2020 年陕北地区人口数量基本呈匀速缓慢增加的特征，榆林市人口总数高于延安市，但研究时段内两市人口增加数量相同，因此延安市人口增长率略高于榆林市。

（2）需求的时间演变特征。基于前述人口数据与计算方法，本书求得 2010—2020 年历年陕北食物供给服务的需求量，并制得表 4 – 3。

由表 4 – 3 可知，研究时段内粮食需求总体呈下降的特征，其变化过程大致可分为三个阶段，2010—2014 年，需求量均为 86 万吨，2014—2018 年，需求量明显下降，为 76 万吨，2018—2020 年又稍有增加，为 77 万吨，与 2010 年相比，2020 年粮食需求下降了 8 万吨，变化率为 9%。分时段观察，2010—2015 年，粮食需求下降了 10 万吨，变化率为 – 11%，2015—2020 年需求量增加了 1 万吨。结合前文分析结果，在研究时段内，陕北地区人口总体呈增长的趋势，且呈稳定匀速缓慢增长的特征。但由前面分析可知，整体而言，粮食需求变化较大，尤其是在两个观察时段内，变化差异显著。究其原因，是由于随着社会经济的持续发展，人民生活水平的显著提高，《中国食物与营养发展纲要》中指出居民的恩格尔系数持续下降，居民生活水平不断提高，而食物的摄入也从温饱到健康状态转变，因此与 2015 年之前相比，2015 年新版《纲要》中指出的人均粮食需求从 206 公斤下降到 135 公斤。因此，陕北人口数量虽然有所增加，且各时段增加人口相同，但其粮食需求呈下降趋势，且各时段特征差异显著。

表 4－3 2010—2020 年陕北食物供给服务需求 单位：万吨

时间	粮食需求	肉类需求	果蔬需求
2010 年	86－42%	15－8%	102－50%
2011 年	86－42%	15－8%	102－50%
2012 年	86－42%	16－8%	102－50%
2013 年	86－42%	16－8%	103－50%
2014 年	86－42%	16－8%	103－50%
2015 年	76－37%	16－8%	112－55%
2016 年	76－37%	16－8%	112－55%
2017 年	76－37%	16－8%	113－55%
2018 年	77－37%	16－8%	113－55%
2019 年	77－37%	16－8%	113－55%
2020 年	77－37%	17－8%	114－55%
2010—2015 年变化	－10（－11%）	1（6%）	10（10%）
2015—2020 年变化	1（1%）	1（6%）	2（1%）
2010—2020 年变化	－8（－9%）	2（13%）	12（12%）

注：括弧“（）”内百分比表示研究时段内三类供给服务需求量的变化率，短线“－”后百分比分别表示榆林市、延安市需求量占陕北总需求的比重。

由表 4－3 可知，2010—2020 年陕北地区肉类需求总体呈稳步增长的特征，2010—2011 年需求量均为 15 万吨，2012—2019 年均为 16 万吨，2020 年达到了 17 万吨，总体增长率为 13%。分析其历年占食物供给需求的比重可知，研究时段内其所占比重均为 8%。分时段观察可知，2010—2015 年与 2015—2020 年增加量均为 1 万吨，增长率均为 6%。与粮食需求相比，肉类需求呈增长的特征，但增加量较少，增长率略高。肉类需求的增加一方面与人口增加有关系，另一方面《纲要》中指出人均肉类摄入量也从 2015 年之前的 25 公斤增加到 29 公斤。

由表 4－3 可知，分析 2010—2020 年陕北地区果蔬需求的变化特征，研究时段内果蔬需求呈增长的特征。2010—2012 年需求量为 102 万吨，2013—2014 年需求量略有增加为 103 万吨，2015 年增加明显，达到了 112 万吨，其后稳步增加，2020 年达到了 114 万吨，与 2010 年相比，2020 年需求量增加了12万吨，增长率达到了12%。分时段观察可知，果蔬需求变化特征与粮食需求变化特征类似，2010—2015年变化量较大，但粮食需求变化为负值，而果蔬需求变化量为正，2015—2020年变化量则较小。出现上述原因一方面与陕北人口稳定增加有关系，另一方面《纲要》中指出2015年后人均蔬菜需求量为140公斤，水果需求量为60公斤，这与2015年之前相比，增加幅度较大。

综上所述，研究时段内陕北供给需求量呈缓慢稳步增加的特征，这主要受到人口数量增加的影响。其中果蔬需求增加量最高，增长率也较高，肉类需求增加量较小，但增长率最高，而粮食需求是唯一呈下降特征的食物类型。而由于研究时段内横跨两个版本的《中国食物与营养发展纲要》，受该《纲要》中不同类型食物摄入量指标的影响，各食物供给类型分时段的变化特征差异显著。

（二）空间特征

由于食物需求是基于人口密度计算得到的，因此各食物供给类型历年的空间分布特征是一致的，但由于《纲要》中指出的人均食物类型摄入量的差异，因此2020年各区域食物需求量与2010年有显著差异。因此整体分析各食物供给类型研究节点空间特征一致，但2010—2020年变化特征差异显著，因此本书在后续分析中，着重对比了不同食物供给类型在研究时段内需求变化的空间差异特征。

（1）果蔬需求。如图4－1所示为2010年陕北地区果蔬需求的空间特征。如图4－1（a）所示为栅格单元的需求特征，从图中可以发现，大部分区域被低值区覆盖，高值区呈点状＋带状的分布特征。其中点状区基本为各个县（市）的主城区，但不同县（市）人口数量不同，因此也使其点状大小有明显差异。其中南部的洛川县、中部的宝塔区，以及北部的榆阳区和神木市等区域需求量较高，且点状特征较大。此外带状特征主要分布在北部及中部偏东的区域，这可能是受地形与交通的双重影响造成的。因为人口密度高的区域除各县（市）城区外，往往分布在交通干线两侧或河谷地带。从乡镇单元分析可知［见图4－1（b）］，高值区乡镇数量较少，且呈零散均匀分布，但东部分布数量要高于西部，此外绝大多数乡镇的需求值较小。由图4－1（c）分析县（市）单元特征可知，整体呈北高南低、东高西低的特征，高值区域次高值区形成了一条横跨南北的高值带。高值区县（市）包括洛川县和安塞塔等，次高值区包括榆阳区、佳县、子洲县和子长市。低值区集中分布在西部如定边县、吴起县和志丹县。

分析 2015 年果蔬需求的空间特征可知，栅格单元上［见图 4－1（d）］，高值区数量明显增加，总体上依旧呈点状和带状结合的特征，但在南部及中部偏东的区域高值区分布范围显著增加，有连绵成片的趋势。分析乡镇单元的空间分布特征可知［见图 4－1（e）］，与 2010 年相比，高值区乡镇数量明显增加，增加数量超过 20 个，尤其在南部与中部偏东区域，并在上述两个区域形成了高值带。此外也可发现，次高值区域明显增加，但大都集中在北部和中部区域，南部较少。分析县（市）单元的空间分布特征［见图 4－1（f）］可知，高值县（市）数量增加，除 2010 年 4 个县（市）外，增加了榆阳区、佳县、子洲县和子长市等，横跨南北的高值带更加明显。而低值区也明显增加，集中在西部与南部，具体包括定边县、吴起县、志丹县、富县、甘泉县、黄龙县和宜川县等，且可发现，中低值县（市）数量明显减少，区域需求差异拉大。

分析 2020 年果蔬需求空间特征，在栅格单元上可知，高值区数量在 2015 年的基础上进一步增加，形成了 3 个高值片区，分别是南部区域、中部区域，以及中部偏东区域，其中中部偏东区域范围最大。据图 4－1（h）分析 2010 年果蔬需求乡镇单元的空间特征可知，与 2015 年相比，高低值区乡镇没有发生显著变化，高值区依旧集中在南部与中部偏东区域，且乡镇数量无明显变化。分析县（市）单元特征可知，2020 年果蔬需求的高值县（市）数量有所减少，但次高值区县（市）明显增加，且聚集分布在北部、中部及东部区域，并在北部形成了一个范围极大的高值区，具体包括如下县（市）：榆阳区、横山区、米脂县、佳县、绥德县、子洲县、子长市、靖边县、安塞区、宝塔区、延川县和清涧县等，占比超过陕北所有县（市）的一半。低值区数量减少，但依旧主要分布在西部与南部。同时可发现，区域间差异明显减小。

据图 4－1（j）—图 4－1（l）分析 2010—2020 年果蔬需求的变化特征。由图 4－1（j）可知，栅格单元上，绝大多数区域变化特征不明显，多为中间值。南部、中部及北部，尤其是北部区域变化剧烈，同时可以发现，果蔬需求存在增加值和减少值空间上相互连接的特征。增加值的区域往往也是减少值的区域，二者紧密联系。造成上述现象的原因可能是在城市化过程中，城

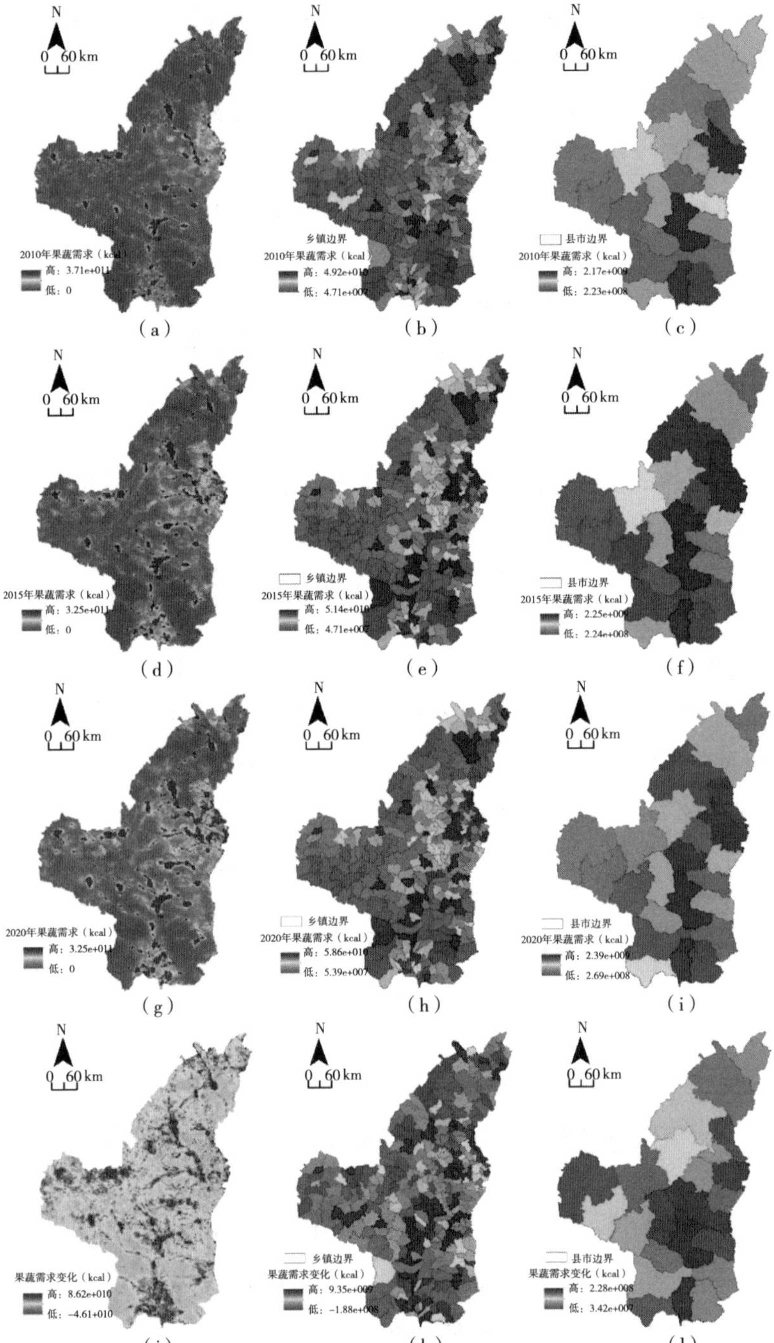

图 4－1　2010—2020 年果蔬需求空间特征

注：a/b/c 分别表示 2010 年栅格、乡镇及县市统计单元上果蔬需求空间特征，d/e/f、g/h/i、j/k/l 分别为 2015 年、2020 年、2010—2020 年变化量的空间特征。

市地区吸收了大量周边农村居民，因此造成了增加值与减少值空间上紧密关联的特征。据图4-1（k）和图4-1（l）分析乡镇与县（市）单元变化特征，首先可发现，乡镇单元上出现变化值为负的区域，但县（市）单元上变化值均为正。同时变化值高的区域集中在中部及南部，北部分布数量较少，县（市）单元上［见图4-1（l）］该特征更加明显，空间差异显著，一方面前面提及延安市人口数量增长率高于榆林市，另一方面2020年与2010年相比，果蔬需求的进一步提高，因此上述两方面的原因共同造成了该现象。

（2）粮食需求。如图4-2所示为2010年、2015年、2020年粮食需求及2010—2020年粮食需求变化的空间特征。如图4-2（a）—图4-2（i）所示，2010年、2015年、2020年粮食需求的空间分布特征分别与当年果蔬需求的空间分布特征相似，前面已述，主要是由于历年人口密度是一致的，根据《纲要》中对不同食物类型的摄入量的要求，本书计算得到果蔬需求、粮食需求和肉类需求，因此各食物类型需求的数值不同，但空间分布特征是相同的。

但据图4-2（j）、图4-2（k）以及图4-2（l）可知，2010—2020年粮食需求的空间变化特征与果蔬需求的空间变化特征不同。首先栅格单元上［见图4-2（j）］，增加值与减少值空间上关系依旧密切，但粮食需求的变化程度不如果蔬需求变化程度剧烈，在南部增加值与减少值交叉分布形成了数个规模不同的团状区域，而在北部增加值与减少值依旧交叉分布，基本呈带状特征。粮食供给服务需求的增加值与减少值呈交叉分布的原因与果蔬供给服务需求相同，都是受到了人口城镇化带来的影响。分析乡镇变化特征可知［见图4-2（k）］，与果蔬变化特征相差较大，但也同时出现了正值区与负值区。其中正值区在南部与西部区域聚集，高值区相较于果蔬需求更加偏南，尤其在东南部及西南部区域，形成了由高值区乡镇组成的高值带。此外在中部与东北部也有高值区乡镇聚集。而负值即低值区，一方面在境内呈插花式分布的同时，东部区域也形成了一个范围较广的低值组团区。分析县（市）单元的变化特征可知，变化值为正的区域集中在南部，具体包括黄龙县、延长县、延川县、甘泉县和志丹县等延安县（市），低值区则以榆林县（市）为主，如米脂县、榆阳区和府谷县等。

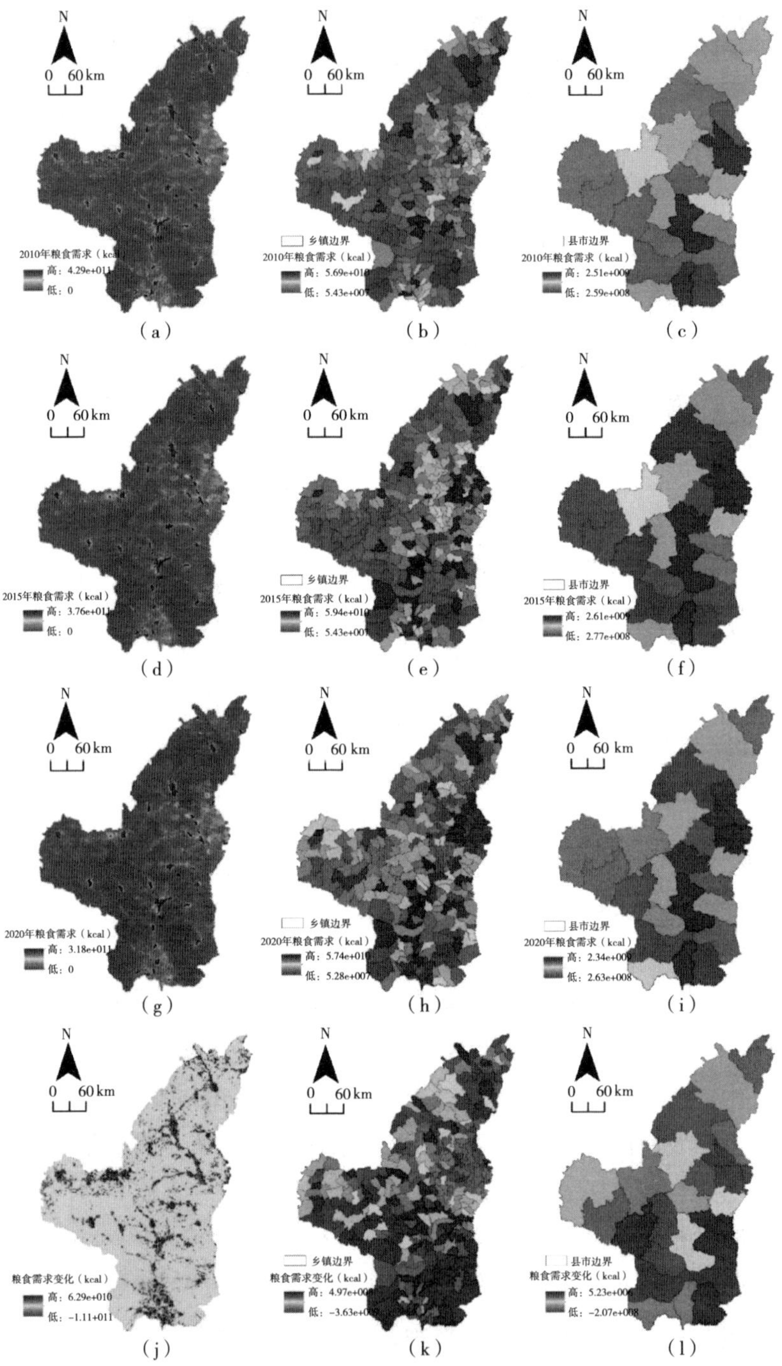

图 4－2　2010—2020 年粮食需求空间特征

注：a/b/c 分别表示 2010 年栅格、乡镇及县市统计单元上粮食需求空间特征，d/e/f、g/h/i、j/k/l 分别为 2015 年、2020 年、2010—2020 年变化量的空间特征。

（3）肉类需求。如图 4－3 所示为 2010 年、2015 年、2020 年肉类需求及 2010—2020 年肉类需求变化的空间特征。前面已述在 3 个时间节点肉类需求与粮食需求，果蔬需求空间特征相似，故本书不再分析。

观察图 4－3（j）—图 4－3（l）发现 2010—2020 年肉类需求变化也与果蔬变化相似，尤其在栅格单元和县（市）单元上二者差异不大，但在乡镇上略有不同。主要表现在乡镇单元上果蔬需求以低值区为主，高值区数量较少，虽然果蔬需求高值区中部区域分布较广，但未形成明显的聚集区，而肉类需求乡镇单元上以高值和次高值为主，且在中部区域形成了一个明显的高值带，低值区数量明显小于果蔬需求低值区，且仅在北部风沙区分布。而县（市）单元上，二者仅在东部部分县（市）上有所差异，但总体的空间特征基本类似，故本节不再表述。

综上所述，由于三类供给服务需求均是基于《中国食物与营养发展纲要》与人口数据计算得到，并根据人口空间数据实现三类供给服务需求的空间制图，因此三类服务的时间和空间特征具有相似性，结合人口变化过程，可将其总结为：2010—2020 年无论榆林市或延安市，人口数量基本呈匀速缓慢增加的特征，榆林市人口总数高于延安市，占陕北总人口比重约为 60%，但延安市人口增长速度高于榆林市。由于《纲要》中对粮食需求、果蔬需求及肉类需求的规定不同，因此其三类供给服务需求的时间特征不同，其中粮食需求持续下降，肉类需求缓步增长，果蔬需求变化量最大，呈持续快速增长的特征。空间上，三类需求均呈北高南低、东高西低、高值区不断扩大的过程，但 2010—2020 年需求变化的空间特征不同，其中果蔬需求与肉类需求相似，高值区集中在中部，而粮食需求的高值区则在南部聚集。三类供给服务需求变化的空间分布特征不同主要是由于不同区域的人口基数及各类食物的需求不同导致的，榆林市人口基数高于延安市，但延安市人口增长率高于榆林市，当单位粮食需求下降时，延安市人口增加较多，因此总量呈增长的趋势，而榆林市人口增加较少，总量呈下降的趋势；当单位果蔬或肉类需求增加时，人口数量越高，其需求的增长量也越高，因此使果蔬与肉类呈北高南低的特征。

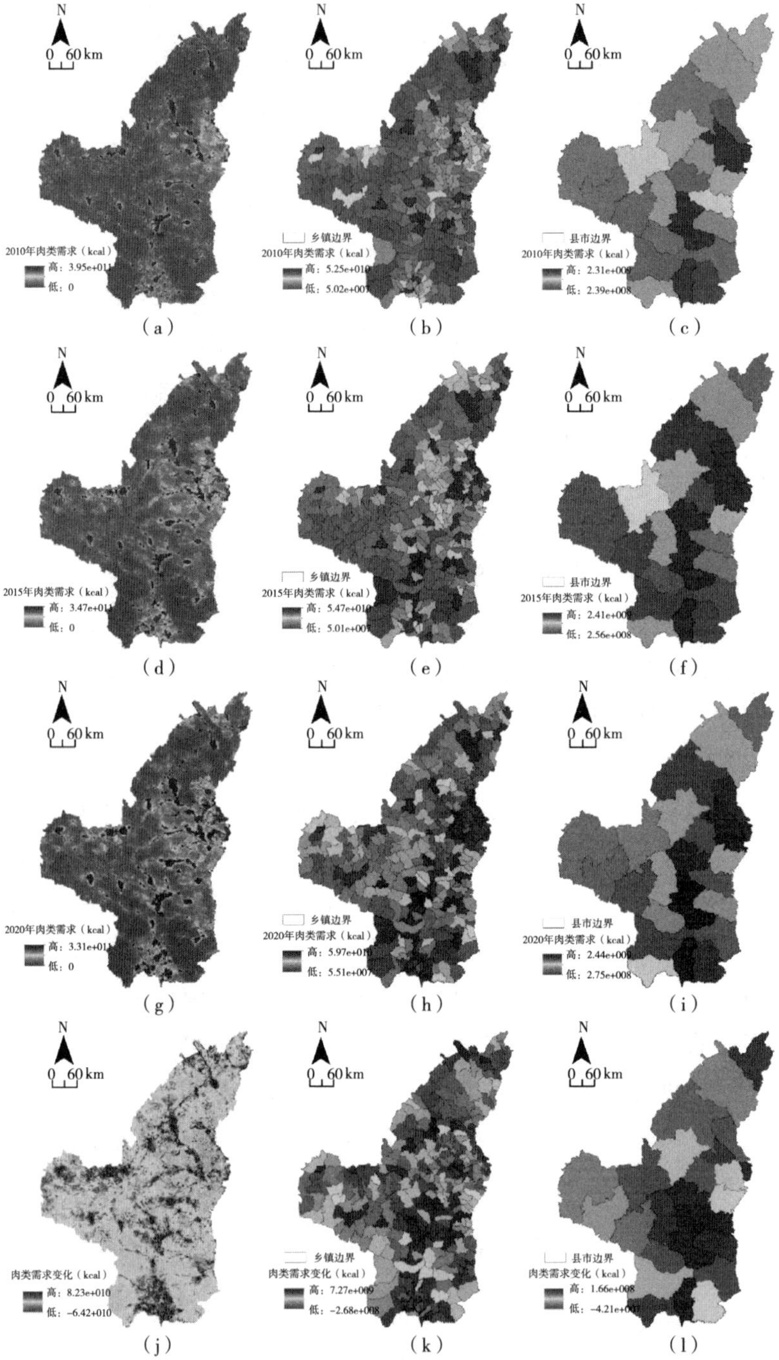

图 4-3　2010—2020 年肉类需求空间特征

注：a/b/c 分别表示 2010 年栅格、乡镇及县市统计单元上肉类需求空间特征，d/e/f、g/h/i、j/k/l 分别为 2015 年、2020 年、2010—2020 年变化量的空间特征。

二、水源涵养服务需求变化过程

（一）时间特征

据前述研究方法计算 2010—2020 年陕北水源涵养服务需求量，并制得表 4 –4，据此分析研究时段内陕北水源涵养服务需求的时间演变特征。

表 4 –4　　2010—2020 年陕北水源涵养服务需求统计　　单位：亿立方米

时间	榆林市	延安市	陕北
2010 年	4. 07 –75%	1. 35 –25%	5. 42
2015 年	7. 72 –75%	2. 62 –25%	10. 34
2020 年	5. 11 –75%	1. 66 –25%	6. 77
2010—2015 年变化	3. 65（91%）	1. 27（94%）	4. 92（90%）
2015—2020 年变化	–2. 61（–34%）	–0. 96（–36%）	–3. 57（–32%）
2010—2020 年变化	1. 04（25%）	0. 31（23%）	1. 35（25%）

注：括弧“（）”内百分比表示研究时段内水源涵养服务需求量的变化率，短线“–”后百分比分别表示榆林市、延安市水源涵养服务需求占陕北总需求的比重。

如表 4 –4 所示，榆林市 2010—2020 年水源涵养服务需求整体呈先增长后下降，研究期末需求量高于研究期初的特征。研究时段内需求最低值出现在 2010 年，为 4. 07 亿立方米，最高值出现在 2015 年，为 7. 72 亿立方米，2020 年与 2010 年相比需求量增加了 1. 02 亿立方米，增长率达到了 25%。通过观察表 4 –4 中榆林市历年水源涵养服务需求占陕北总需求的比重可知，10 年间占比均为 75%，未发生变化。分时段观察，2010—2015 年需求增长迅速，增加量达到了 3. 65 亿立方米，增长率超过 90%，而 2015—2020 年需求明显下滑，下降量为 2. 61 亿立方米，减少了 34%。

据表 4 –4 分析延安市 2010—2020 年水源涵养服务需求的变化特征可知，延安市整体变化特征与榆林市相似，即都表现为先增长后下降，且 2020 年需求量高于 2010 年的特征。同样，延安市需求量占陕北的比重也未发生变化。同时，在两个观察时段内的变化特征与榆林市相同，不同点在于延安市两个时间段需求的增加量或减少量均小于榆林市。

据表 4 –4 分析陕北 2010—2020 年水源涵养服务需求的时间演变特征可知，受榆林市与延安市需求变化影响，研究时段内陕北水源涵养服务总需求也呈现先增长后下降，研究期末数值高于期初的特征。同样，2015 年数值为研究时段内的最高值，达到了 10.34 亿立方米，2010 年需求量为研究时段内最低值，为 5.42 亿立方米，与 2010 年相比，2020 年需求量增加了 1.35 亿立方米，增长率为 25%。分时段观察，2010—2015 年需求量增长迅速，变化率同样超过 90%，2015—2020 年需求则明显下降，需求量下降了 3.57 亿立方米，下降率达到了 32%。

综上所述，研究时段内陕北 2010—2015 年水源涵养服务需求量剧增，而 2015—2020 年需求量暴跌，但 2020 年需求量依旧高于 2010 年，因此使陕北水源涵养服务需求整体呈先增长后下降，研究期末数值高于期初的特征。

（二）空间特征

据前述研究方法，计算得到陕北 2010 年、2015 年、2020 年水源涵养服务需求及 2010—2020 年水源涵养服务需求变化的空间特征，如图 4－4 所示，据此分析陕北水源涵养服务需求变化的时间演变特征。

如图 4－4（a）所示为栅格单元下 2010 年陕北水源涵养服务需求的空间特征，由图可知，绝大多数区域被低值所覆盖，高值区整体呈散点状分布，但在北部的部分区域，有明显的带状特征，基本呈沿交通干线和地形分布的特征。据图 4－4（b）分析 2010 年乡镇单元上陕北水源涵养服务需求的空间分布特征，由图可知，区域整体依然被低值区覆盖，高值区与次高值区乡镇数量较少，其中高值区乡镇仅为 15 个左右，且零散分布于区域的北部，中部、东部与南部未形成明显的高值聚集区。次高值区乡镇数量高于高值区，主要分布在北部偏东的区域，并与高值区一起形成一个高值片区。分析 2010 年县（市）单元陕北水源涵养服务需求的空间分布特征［见图 4－4（c）］，由图可知，整体上呈北高南低、东高西低的分布特征。高值区聚集在北部偏东，次高值围绕高值分布，而需求的低值区多分布于南部与西部。

如图 4－4（d）所示为 2015 年栅格单元上陕北水源涵养服务需求的空间分布特征。首先对比 2010 年的数值可发现，最高值为 2010 年将近两倍，并结合图 4－4（e）与图 4－4（f）中水源涵养服务需求的最高值与最低值，说明了陕北 2015 年水源涵养服务需求增加迅速，这与前面结论是一致的。再次分析栅格单元的空间分布特征，大多数区域依然被低值覆盖，高值区整体上依然呈点状分布，但与 2010 年相比，需求高的点状区域面积都有不同程度的扩大。据图 4－4（e）分析 2015 年乡镇单元水源涵养服务需求的空间分布特征，由图可知，与2010年相比，空间分布发生明显变化，具体表现在，首先高值区乡镇数量显著增加，且在南部与北部均有广泛分布，尤其在2010年北部偏东区域的高值带，其高值乡镇数量增加最多，且空间范围明显变化，并有向西和向南蔓延的趋势。此外在西北部、南部和东北部也都形成了由数量不等的高值区乡镇和次高值区乡镇共同组成的高值带。低值区数量与分布范围明显缩小，集中在东南部与西部区域。进一步识别县（市）单元的变化特征［见图4－4（f）］，与2010年相比，整体空间特征依然呈北高南低和东高西低，但高值县（市）增加到6个，次高值县（市）增加到7个，低值区县（市）缩小到3个。

据图4－4（g）分析2020年水源涵养服务需求空间分布特征，由图可知，栅格单元上，与2015年相比，高值区明显缩小，尤其在北部偏东区域的高值带，空间覆盖范围缩小。据图4－4（h）分析乡镇单元的空间分布特征可知，首先观察其数值可发现，最低值与最高值均明显小于2015年，但高于2010年，这说明2020年需求骤降，这与前文结论一致。其次高值区乡镇数量明显减少，除在北部偏东区域依然有大片的高值区外，其余地区高值乡镇仅略高于2010年，远低于2015年。分析县（市）单元的变化特征可知，整体空间特征没有明显变化，尤其是高值区县（市）其数量与覆盖范围变化幅度较小，甚至北部的很多县（市）如府谷县和横山区等需求进一步增加。而需求的低值区更加集聚，密集地分布在西部与南部的广泛区域内。

分析2010—2020年陕北水源涵养服务需求的空间演变特征可知，栅格单元上绝大多数区域为中间值，低值区即需求量变化为负的区域较少，而高值区即变化为正的区域呈点状＋带状组合分布的特征，且高值区在北部分布范围较广。从乡镇单元分析［见图4－5（k）］可知，变化值为正即需求增加的乡镇数量较多，基本覆盖了北部的大部及南部的部分区域，且在东北部、西北部、南部、北部及北部偏东区域聚集，形成了覆盖范围较广的高值带。低值区除在北部风沙区边缘有少量集聚外，多分布在西部及东南部区域。分析县（市）单元需求变化的特征，首先从数值特征可知，所有县（市）的需求变化值均为正，说明县（市）单元上水源涵养服务的需求均呈增加的趋势。而在空间分布特征上可知，整体也呈北高南低和东高西低的特征。高值区县（市）主要分布在北部偏东的区域，次高值区也在北部聚集，而低值区县（市）主要分布在西部与南部。

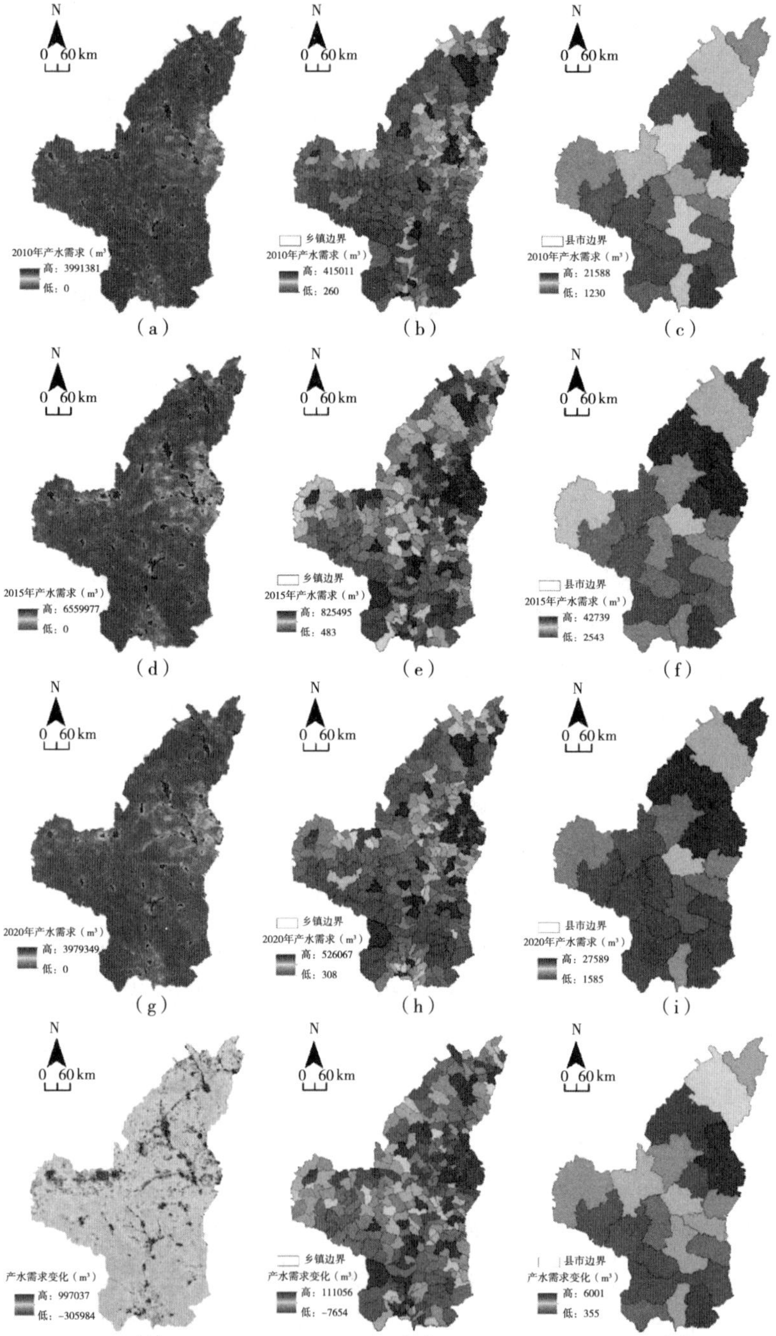

图 4－4　2010—2020 年水源涵养服务需求空间特征

注：a/b/c 分别表示 2010 年栅格、乡镇及县市统计单元上水源涵养服务需求空间特征，d/e/f、g/h/i、j/k/l 分别为 2015 年、2020 年、2010—2020 年变化量的空间特征。

综上所述，2010—2020 年陕北水源涵养服务需求呈倒“U”形，研究期末需求高于研究期初，榆林市与延安市变化过程相同，但榆林市水源涵养服务需求远高于延安市，占陕北总需求的 75%。空间上整体呈北高南低和东高西低的分布特征，高值区经历了先扩大后缩小的过程。从需求变化量分析，北部水源涵养服务需求的增加值高于南部及西部，空间分布也呈北高南低和东高西低的特征，高值区在东北部聚集，低值区在西南部聚集。

三、土壤保持服务需求变化过程

（一）时间特征

据前述研究方法分别计算得到陕北地区，榆林市及延安市 2010—2020 年土壤保持服务的需求量，并整理制得表 4－5，据表分析陕北各区域研究时段内土壤保持服务需求的时间演变特征。

表 4－5　2010—2020 年陕北地区土壤保持需求统计　　单位：亿吨

时间	榆林市	延安市	陕北
2010 年	1. 67－26%	4. 54－74%	6. 21
2015 年	2. 81－37%	4. 64－63%	7. 45
2020 年	2. 17－29%	5. 17－71%	7. 34
2010—2015 年变化	1. 14（68%）	0. 10（2%）	1. 24（19%）
2015—2020 年变化	－0. 64（－23%）	0. 53（11%）	－0. 11（1%）
2010—2020 年变化	0. 50（29%）	0. 63（13%）	1. 14（18%）

注：括弧“（）”内百分比表示研究时段内土壤保持服务需求量的变化率，短线“－”后百分比分别表示榆林市、延安市土壤保持服务需求占陕北总需求的比重。

据表 4－5 分析榆林市 2010—2020 年土壤保持服务需求的时间变化特征可知，整体上榆林市需求呈先增长后下降，研究期末需求高于研究期初的特征。研究时段内，需求最低值出现在 2010 年为 1. 67 亿吨，最高值为 2015 年的 2. 81 亿吨，与 2010 年相比，2020 年土壤保持服务需求量增加了 0. 5 亿吨，增长率为 29%。分析其历年所占陕北土壤保持服务的比重可知，其变化过程与需求量变化过程一致，即 2015 年占比最高，2020 年占比有所下降，但依旧高于 2010 年。分时段观察可知，榆林市土壤保持服务需求变化波动较大，2010—2015 年增加量为 1. 14 亿吨，而 2015—2020 年则减少了 0. 64 亿吨，二者相差达到1.78亿吨。

据表4-5分析延安市研究时段内土壤保持服务需求的时间变化特征可知，2010—2020年延安市需求整体呈缓慢增长的趋势，研究时段内最低值出现在2010年为4.54亿吨，最高值为2020年5.17亿吨，与2010年相比增加量为0.63亿吨，增长率为13%。进一步观察历年延安市需求所占比重可知，2010年占比最高为73%，2015年最低为63%，2020年所有反弹为71%。分时段观察可知，2010—2015年增加量较小仅为0.1亿吨，增长率仅为2%，2015—2020年需求明显增加，增加量为0.53亿吨，增长率为11%。综合对比榆林市与延安市变化过程，二者在整体走向上是一致的，但具体变化过程与变化幅度有明显的差异。

进一步分析陕北2010—2020年土壤保持服务需求的变化过程可知，整体上与榆林市变化特征相似，即都呈先增长后下降、研究期末需求高于研究期初的特征。研究时段内最高值出现在2015年为7.45亿吨，最低值出现在2010年为6.21亿吨。与2010年相比，2020年需求量增加了1.14亿吨，增长率为18%。分时段观察可知，陕北受榆林市影响较大，因此2010—2015年需求量显著增加，增长率为19%，而2015—2020年增长率变为负值。

综上所述，研究时段内陕北土壤保持服务呈先增长后下降，研究期末需求量高于研究期初的特征。但不同区域具体变化过程不同，其中榆林市呈先猛增后骤减的特征，变化幅度较大，而延安市需求量始终呈稳定缓慢增长的特征。

（二）空间特征

据前述研究方法并借助ArcGIS实现了土壤保持服务需求的空间制图，结果如图4-5所示，分别为2010—2020年陕北土壤需求空间分布特征。

如图4-5（a）所示为栅格单元上2010年陕北土壤保持服务需求的空间分布特征，由图可知，总体上呈中间高、四周低、东比西高和南比北高的特征。高值区区域集中分布在中部区域，此外在东部的黄河沿岸及东南部和西南部的部分区域也有分布。次高值区零散分布于南部，东部及北部未形成明显的聚集区。低值区主要集中在北部风沙区沿线。据图4-5（b）分析乡镇单元上2010年陕北土壤保持服务需求的分布特征，由图可知，2010年需求的高低值分布明显，高值区乡镇有明显的空间聚集特征，次高值区在南部，中部广泛分布，而低值区乡镇在北部呈带状分布。进一步通过图4-5（c）

识别各县（市）的需求特征可知，高值区县（市）仅有1个，为安塞区，次高值多分布在中部区域如志丹县、宝塔区、延长县、延川县和宜川县等。低值区主要在北部聚集，与风沙区走向和区域边界走向一致，具体包括府谷县、神木市、榆阳区、横山区、靖边县和定边县等。

据图4-5（d）分析2015年栅格单元上土壤保持服务需求的空间分布特征，由图可知，与2010年相比，高值区明显扩大，不仅表现在中部区域分布范围的显著扩大，尤其在北部风沙区边缘也出现了需求的高值区，而在2010年还属高值区的东南部与西南部区域，高值区分布范围明显缩小，且多变为了次高值区。分析乡镇单元上的空间分布特征［见图4-5（e）］可知，高值区乡镇数量增加到20个左右，且在中部的高值区显著增加，尤其向北和向东两个方向，扩展明显。尤其在风沙区南部不仅出现了高值乡镇，次高值区范围增加较多，并与中部的高值区相连。低值区范围明显缩小，仅在北部风沙区沿线一带有分布。据图4-5（f）分析县（市）单元特征可知，高值区县（市）数量增加到3个，分别是安塞区、宝塔区和子长市，次高值与向东与向西扩展，包括志丹、延川县和清涧县等。而南部的次高值区县（市）均变为次低值区，低值区依旧聚集在北部，但数量有所减少。

据图4-5（g）可知，2020年陕北土壤保持服务需求明显增加，主要表现在高值区数量的进一步增加，尤其在东南部与西南部以及黄河沿岸区域，高值区覆盖范围达到甚至超过了2010年水平，但低值区范围无明显变化。分析乡镇单元的空间分布特征［见图4-5（h）］可知，高值区乡镇数量进一步增加，在2015年的基础上向东和向西扩展明显，此外东部黄河沿岸及东南部区域高值乡镇也明显恢复甚至超过2010年数量。而北部低值与次低值区无明显变化。据图4-5（i）分析2020年县（市）单元陕北土壤保持服务的空间分布特征可知，高值区县（市）数量进一步增加，在中部连绵成片，横跨东西，南部次高值区数量也明显增加。低值依旧分布在北部，县（市）范围与数量无明显变化。

分析2010—2020年陕北土壤保持服务需求变化的空间分布特征，由图4-5（j）可知，绝大多数区域变化值较小，变化值为正即高值区域集中在中部区域，北部与东部也有大量分布，变化值为负即负值区域集中分布在西南部，其余区域负值覆盖较少。分析乡镇单元变化特征可知，乡镇单元需求量均为正值，且南部变化值高于北部，说明变化值为负的区域高值区乡镇数量聚集

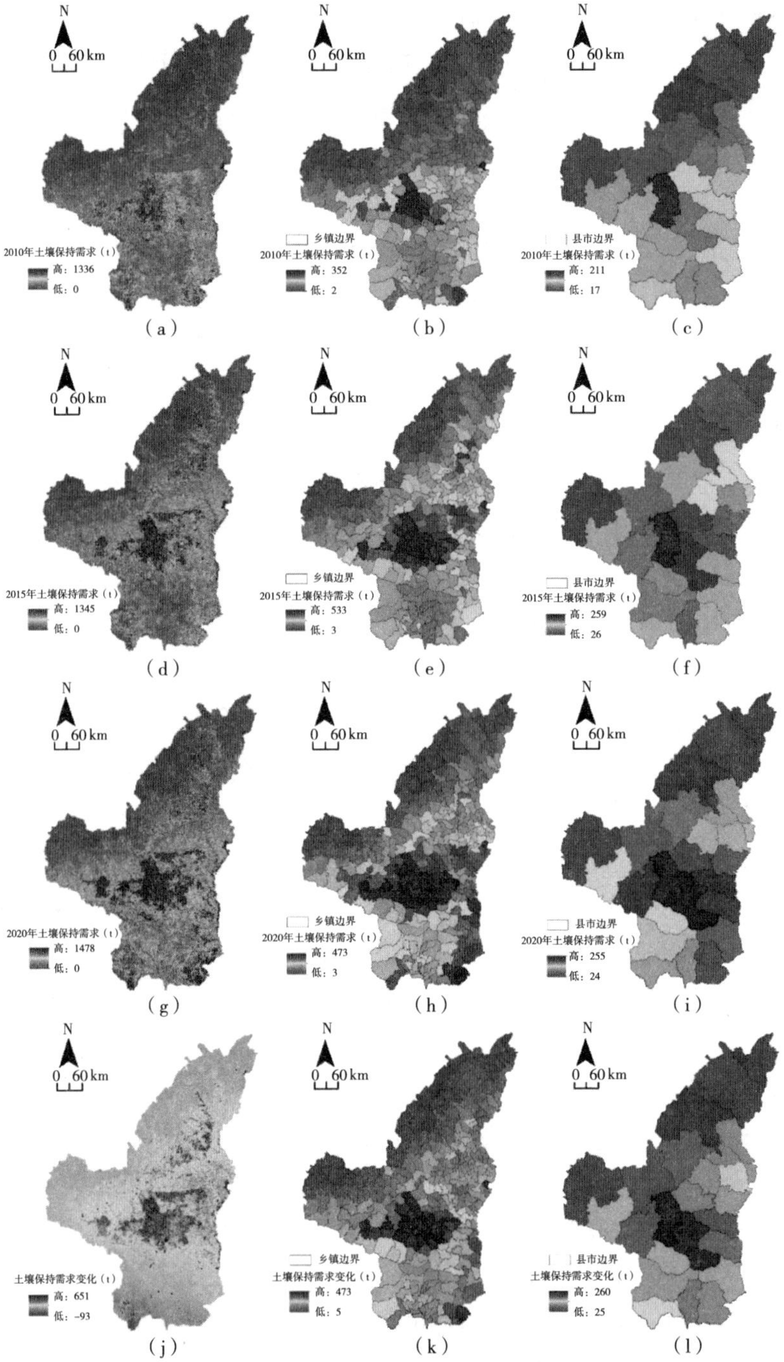

图 4-5　2010—2020 年土壤保持服务需求总量空间特征

注：a/b/c 分别表示 2010 年栅格、乡镇及县市统计单元上土壤保持服务需求空间特征，d/e/f、g/h/i、j/k/l 分别为 2015 年、2020 年、2010—2020 年变化量的空间特征。

在中部区域，次高值区沿东部，东南部黄河一线分布。低值乡镇主要分布在北部与西北部区域。分析县（市）单元的变化特征可知，增加值最高的县（市）有2个，分别是安塞区与宝塔区，增加值较高的区域分布于东西两侧，分别是志丹县、子长市和清涧县等。增加值较低的县（市）主要分布在北部，具体包括了府谷县、神木市和榆阳区等。

综上所述，2010—2020年陕北土壤保持服务需求呈先增长后下降，研究期末需求量高于研究期初的特征。但不同区域具体变化过程不同，其中榆林市呈先猛增后骤减的特征，变化幅度较大，而延安市需求量始终呈稳定缓慢增长的特征，但延安市需求量约占陕北总需求的70%。空间上呈中间高、南北低、南比北高和东比西高的分布特征。分析其变化过程，高值区域表现出逐渐向南和向东扩展的过程，低值区分布在北部，总体呈带状特征，且其空间覆盖范围历年变化均不大。

四、碳固持服务需求变化过程

（一）时间特征

据前述研究方法计算得到陕北2010—2020年各市碳固持服务的需求量，并将其分为两个时段分别观察（见表4－6），据此分析研究时段内陕北、榆林市以及延安市碳固持服务需求的时间演变特征。

表4－6　2010—2020年陕北地区碳固持服务需求　单位：万吨

时间	榆林	延安	陕北
2010年	10.92－81%	2.39－19%	13.31
2015年	22.10－89%	2.59－11%	24.69
2020年	29.53－85%	5.32－15%	34.85
2010—2015年变化	11.18（102%）	0.19（8%）	11.38（85%）
2015—2020年变化	7.42（33%）	2.74（105%）	11.16（45%）
2010—2020年变化	18.60（170%）	2.93（100%）	22.54（169%）

注：括弧“（）”内百分比表示研究时段内碳固持服务需求量的变化率，短线“－”后百分比分别表示榆林市、延安市碳固持服务需求占陕北总需求的比重。

据表4－6分析可知，2010—2020年榆林市碳固持服务需求整体呈持续迅速增长的特征，但增长速度有逐渐放缓的趋势。研究时段内榆林市碳固持服务需求最高值出现在2020年为2953万吨，最低值为2010年的1092万吨，与2010年相比，2020年碳固持需求量增加了1860万吨，增长率达到了170%。分析历年占陕北碳固持服务需求总量的比重可知，历年比重均超过80%，2015年甚至达到了89%。分时段观察，2010—2015年增加量为1118万吨，增长率为102%，2015—2020年增加量为742万吨，增长率为33%。说明两个时段内增加都较为迅速，但与2010—2015年时段相比，2015—2020年时段速度明显放缓。

据表4－6分析延安市碳固持服务需求的时间演变特征，由表可知，整体上10年间延安市碳固持服务需求呈稳步增长的特征，且增加速度有加快的趋势。研究时段内的最低值出现在2010年的239万吨，最高值出现在2020年的532万吨，与2010年相比，2020年增加量为293万吨，增长率为100%。分析历年占陕北需求总量的比重，2010年占比最高为19%，2015年最低为11%。分时段观察，2010—2015年增加量仅为19万吨，增长率为8%，2015—2020年增加量为274万吨，增长率为105%。与榆林市相比，延安市碳固持需求数量较少，且需求的变化量也较少。

据表4－6分析陕北2010—2015年碳固持服务的时间变化特征可知，10年间陕北碳固持需求总体呈稳定增长的特征。研究时段内最高值为研究期末的2020年3485万吨，最低值为2010年的1332万吨，与2010年相比，增加量达到了2253万吨，增长率达到169%，说明研究时段内需求迅猛增加。分时段观察2010—2015年由于榆林市需求增加明显，因此该时段内陕北的增加量达到了1137万吨，增长率为85%，2015—2020年增加量轻微下降，为1116万吨。

综上所述，研究时段内，陕北碳固持服务需求呈高速增长的特征，其中榆林市需求量与增加量远高于延安市，此外，2010—2015年榆林市及2015—2020年延安市的增长率均超过100%，由此也导致了陕北在两个观察时段内增长率都较高。

（二）空间特征

据前述研究方法计算陕北碳固持服务的需求，并借助ArcGIS实现可视化，结果如图4－6所示，据此分析2010—2020年陕北碳固持服务需求的空间演变特征。

如图4－6（a）所示，2010年栅格单元上碳固持服务需求整体呈北高南低的特征，绝大多数区域被低值区覆盖，且多位于南部，南部高值区呈明显的点状分布。北部高值区呈点状+带状分布的整体特征，其中西北部和东北部呈不连续的带状特征，北部偏东区域呈点状+带状共同组成的高值区分布。分析乡镇单元2015年碳固持服务需求的空间特征［见图4-6（b）］，高值乡镇数量较少，仅在20个左右，其中大多数分布于北部及北部偏东区域，尤其在北部偏东区域，高值区乡镇与次高值区共同组成了一个覆盖范围较广的高值区，而高值区在南部仅有零星分布。低值区乡镇在南部、西部及东北部广泛分布。进一步由图4-6（c）识别各县（市）的空间分布特征，高低值分布特征与乡镇单元相同，南部与西部的大片区域均为低值区，高值区县（市）包括米脂县、吴堡县和绥德县，次高值区域高值区紧密相邻，具体包括榆阳区、佳县和子洲县等。

由图4-6（d）分析栅格单元上2015年陕北碳固持服务需求，由图可知，与2010年相比，需求的高值区范围明显扩大，尤其是北部偏东区域，在2010年带状+点状分布的基础上，高值区与次高值区数量明显增加，形成了一个范围更广高值带。此外北部和西北部的点状高值带分布范围也有所增加，而该时段南部需求量的空间分布则无明显变化。分析乡镇单元的分布特征［见图4-6（e）］可知，高值区乡镇数量增加迅速，但南北呈现不同的特征。南部高值区乡镇仅有5个左右，依然呈零星分布，未形成高值区域。而北部高值乡镇增加明显，不仅表现在数量增加，也表现在空间范围的进一步扩大，尤其北部偏东区域，基本被高值乡镇覆盖，且该高值区有进一步向北，向西扩散的趋势。识别县（市）单元的特征可知［见图4-6（f）］，高值区县（市）增加到5个，次高值区增加到了6个，高值区与次高值将东北部与北部的大部全部覆盖，由此也使2015年碳固持服务需求的空间差异极为明显。此外，观察上述三图数值可知，需求量迅速增加，这与前述结论是一致的。

分析2020年碳固持服务需求的空间特征，与2015年相比，2020年栅格单元上［见图4-6（d）］高值区范围进一步增加，增加的区域依然集中在北部与北部偏东。分析乡镇单元的特征［见图4-6（e）］，北部绝大多数乡镇属于高值区与次高值区，北部基本没有低值乡镇，与2015年相比，西北部与东北部增加数量最多，由此也使整个北部高值区连绵成片。低值区依然以南部为主，但在南部的中间区域发现有数10个次高值乡镇组成的高值区，这在2010年与2015年是没有的。识别县（市）单元的特征可知，空间差异更加

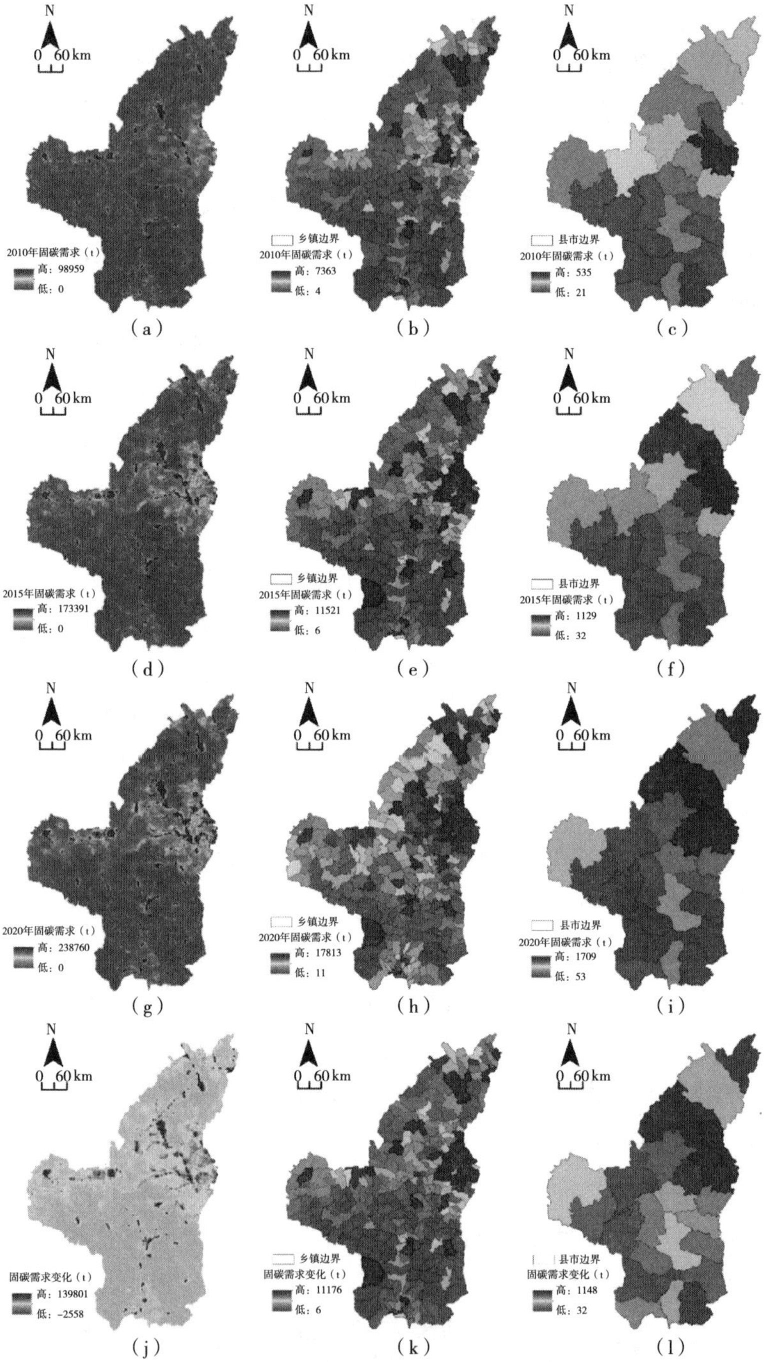

图 4-6　2010—2020 年碳固持服务需求总量空间特征

注：a/b/c 分别表示 2010 年栅格、乡镇及县市统计单元上碳固持服务需求空间特征，d/e/f、g/h/i、j/k/l 分别为 2015 年、2020 年、2010—2020 年变化量的空间特征。

明显，高值区覆盖县（市）与2015年基本相同，东北部与北部的大部县（市）均为高值区，具体包括府谷县、神木市、榆阳区、佳县、吴堡县、米脂县、绥德县、子洲县、横山区和靖边县。延安市全部县（市）依然为低值区，如安塞区、黄龙县、黄陵县、甘泉县和富县等。

分析2010—2020年碳固持服务需求量变化的空间分布特征可知，在栅格单元上［见图4－6（j）］，几乎所有区域变化值均为正值，变化值为负即低值区域在空间上几乎没有。变化值为正即高值区域依然集中在北部，包括西北部、北部、北部偏东以及东北部的大片趋势，而在南部多呈点状分布的特征。乡镇单元上的分布特征［见图4－6（k）］，与2015年碳固持服务需求的空间分布特征相似，南部只有少量的高值区，大多数高值区聚集在北部偏东的区域。在县（市）单元上［见图4－7（l）］，增加值最高的县（市）包括府谷县、榆阳区、佳县、吴堡县、米脂县、绥德县、子洲县、横山区以及靖边县，全部位于北部属于榆林市。而低值区包括志丹县、富县、黄龙县、宜川县和延长县等，以延安市为主。

综上所述，2010—2020年陕北碳固持服务需求呈持续高速增长的特征，其中榆林市需求量与增加量远高于延安市，榆林市需求占陕北总需求超过80%。空间上呈北高南低的特征，高值区在北部聚集，且空间范围不断向北，向西扩散，低值区在南部聚集，历年空间范围无明显变化。研究时段内所有乡镇及县（市）需求均呈增长的特征，空间上呈北高南低的特征，尤其在北部与东北部，高值区聚集特征明显。

五、休闲游憩服务需求变化过程

（一）时间特征

据前述研究方法计算得到陕北2010—2020年各市休闲游憩服务需求量，制得表4－7，据表分析研究时段内各区域休闲游憩服务需求的时间演变特征。

表4－7　2010—2020年陕北地区休闲游憩服务需求　单位：平方千米

时间	榆林市	延安市	陕北
2010年	201－61%	130－39%	331
2015年	204－61%	132－39%	336

续表

时间	榆林市	延安市	陕北
2020 年	207 -60%	136 -40%	343
2010—2015 年变化	3（1.49%）	2（1.53%）	5（1.51%）
2015—2020 年变化	3（1.47%）	4（3.07%）	7（2.07%）
2010—2020 年变化	6（2.98%）	6（4.61%）	12（3.62%）

注：括弧“()”内百分比表示研究时段内休闲游憩服务需求量的变化率，短线“-”后百分比分别表示榆林市、延安市休闲游憩服务需求占陕北总需求的比重。

据表4-7可知，2010—2020年榆林市休闲游憩服务需求整体呈缓慢增长的特征，研究时段内最高值出现在2020年为207平方千米，最低值为2010年的201平方千米，与2010年相比，增加量为6平方千米。且观察榆林历年休闲游憩服务占陕北休闲游憩服务需求的比重可知，占比从61%下降到60%，变化幅度较小，且其所占比重与历年榆林市人口占陕北总人口的比重相同，这也是由于本书在计算休闲游憩服务需求时，参考已有文献，按人口数量进行计算。分时段观察可知，两个研究时段变化量均为3平方千米，说明了2010—2020年榆林市休闲游憩服务需求呈匀速缓慢稳定增长的特征。

据表4-7分析延安市休闲游憩服务需求的变化特征。由表4-7可知，延安市整体也呈缓慢稳步增长的特征，研究时段内最低值出现在2010年为130平方千米，最高值出现在2020年为136平方千米，与2010年相比，增加量为6平方千米，增长率为4.61%。与榆林市相比，增加量相同，但增长率略高。前面已述，延安市历年休闲游憩服务需求所占陕北总需求的比重未发生明显变化。分时段观察可知，2010—2015年延安市需求增加量为2平方千米，增长率为1.53%，而2015—2020年增加量为4平方千米，增长率为3.07%，与2010—2015年比，2015—2020年增长率与增加量均有所加快。

据表4-7分析陕北2010—2020年休闲游憩服务需求的变化过程可知，研究时段内整体呈稳步增长的特征，研究时段内最低值出现在2010年为331平方千米，最高值出现在2020年为343平方千米，增加量为12平方千米，增长率为3.62%，增长率高于榆林市而小于延安市。分时段观察可知，2015—2020年增加量与增长率均高于2010—2015年，与延安市特征相同，这是由于榆林市在两个时间段内均呈匀速增长的特征，而延安市后一时间段增加量高于前一时间段，因此造成了上述现象。

（二）空间特征

图4-7所示为2010—2020年陕北休闲游憩服务需求的空间分布特征。前面已述，本书在参考已有研究的基础上，采用国家规定标准与人口密度计算区域的休闲游憩服务需求，因此休闲游憩服务需求的空间分布特征与前面中的食物供给需求分布特征类似，尤其是随着国家标准的提高，人均休闲面积也有显著提高，这与粮食需求相反，而与果蔬需求、肉类需求以及食物总需求相同。因此休闲游憩需求的空间特征及2010—2020年需求的变化特征与上述三类服务基本相同。

如图4-7（a）—图4-7（c）所示，2010年休闲游憩服务需求总体呈东高西低、北高南低的特征。栅格单元上基本呈点状+带状结合分布的特征，乡镇单元上高值区乡镇数量零散分布于区域内，绝大多数区域与低值区乡镇为主。而在县（市）单元上，高值区与次高值区基本集中在北部区域，南部仅有洛川县与宝塔区为高值区。

如图4-7（d）—图4-7（f）所示为2015年休闲游憩服务需求的空间特征，与2010年相比，高值区明显扩大，特别是在乡镇和县（市）单元上，形成了一条横跨南北的高值带。分析2020年休闲游憩服务需求特征，高值区进一步增加，尤其在北部区域，高值区明显增加，连绵成片，县（市）覆盖范围基本与果蔬需求、肉类需求和食物需求相同，因此本书不再赘述。

分析2010—2020年陕北休闲游憩服务需求变化的空间特征，南部多为增加的高值区，而北部为需求减少的低值区，数值特征与空间特征与食物需求和肉类需求相同，而果蔬需求由于研究时段内个体摄入量明显增加，因此全境范围内均为正值。

综上所述，2010—2020年陕北休闲游憩服务需求呈缓慢增加的特征，榆林市与延安市变化过程与陕北整体特征相似。空间上呈北高南低的特征，高值区由中部向南北两侧扩散，最终形成了一条横跨南北的高值带，尤其在北部区域，高值区进一步扩散，连绵成片，分布范围较广。不同区域休闲游憩服务变化量差异显著，高值区与低值区分别在南部与北部聚集分布。

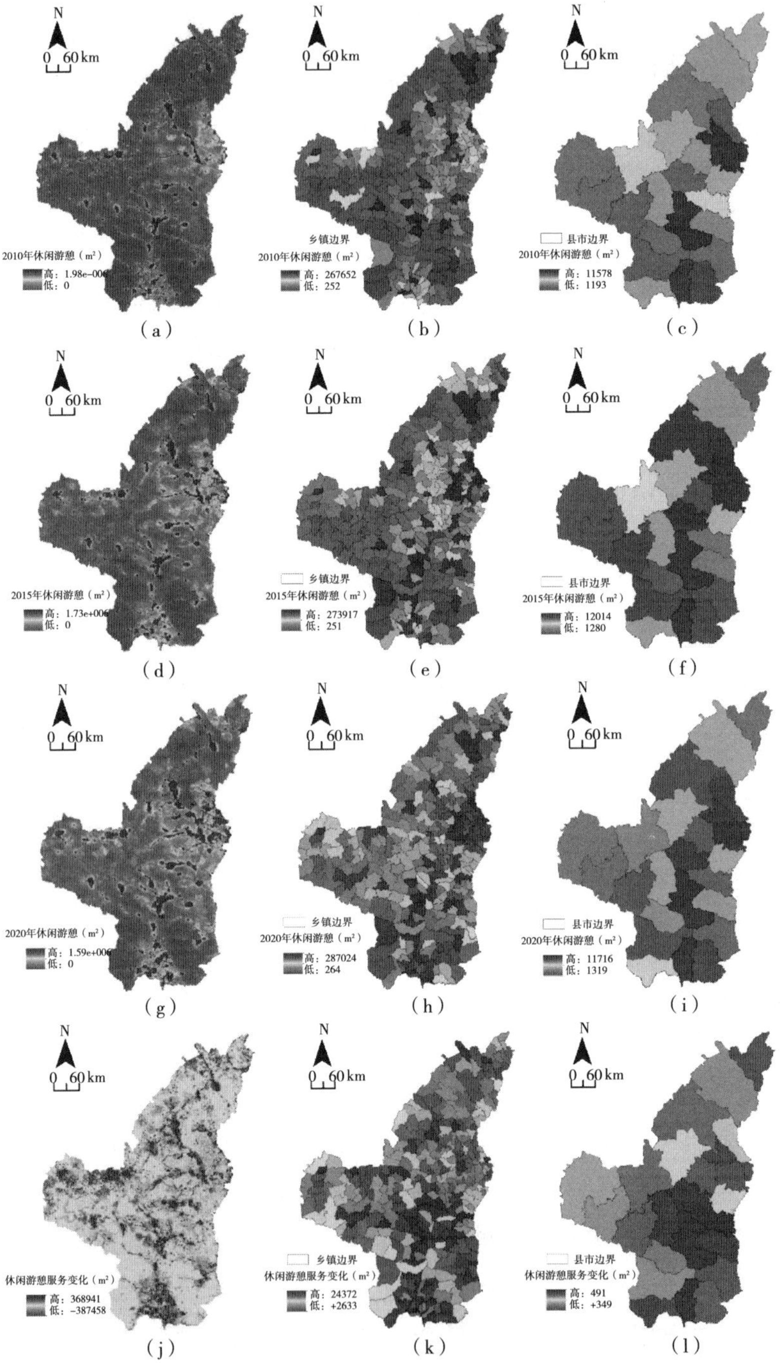

图 4-7　2010—2020 年休闲游憩服务需求空间特征

注：a/b/c 分别表示 2010 年栅格、乡镇及县市统计单元上休闲游憩服务需求空间特征，d/e/f、g/h/i、j/k/l 分别为 2015 年、2020 年、2010—2020 年变化量的空间特征。

第三节 本章小结

本章基于七类生态系统服务，分别选取适用的方法与模型，分析了各类服务需求的时空变化特征，主要结论如下：

（1）基于人口变化过程，结合《中国食物与营养发展纲要》中对粮食需求，果蔬需求及肉类需求的规定不同，因此三类供给服务需求的时间特征不同，其中粮食需求持续下降，肉类需求缓步增长，果蔬需求变化量最大，呈持续快速提高的特征。空间上，三类需求均呈北高南低和东高西低的特征，高值区不断扩大，并在东北部形成了由高值区与次高值区组成的高值带。但2010—2020年需求变化的空间特征不同，其中果蔬需求与肉类需求相似，高值区集中在中部，而粮食需求的高值区则在南部聚集，这种差异主要是由于不同区域的人口基数与变化过程，以及各类供给服务需求的变化造成的。

（2）研究时段内陕北水源涵养服务需求呈倒“U”形，即先上升后下降，研究期末需求高于研究期初，榆林市与延安市变化过程相同，但榆林市水源涵养服务需求远高于延安市，占陕北总需求的75%。空间上整体呈北高南低和东高西低的分布特征，高值区经历了先扩大后缩小的过程。从需求变化量分析，北部水源涵养服务需求的增加值高于南部及西部，空间分布也呈北高南低和东高西低的特征，高值区在东北部聚集，低值区在西南部聚集。

（3）2010—2020年陕北土壤保持服务需求呈先增长后下降，研究期末需求量高于研究期初的特征。但不同区域具体变化过程不同，其中榆林市呈先猛增后骤减的特征，变化幅度较大，而延安市需求量始终呈稳定缓慢增长的特征，但延安市需求量约占陕北总需求的70%。空间上呈中间高、南北低、南比北高和东比西高的分布特征。分析其变化过程，高值区域表现出逐渐向南，向东扩展的过程，低值区分布在北部，总体呈带状特征，且其空间覆盖范围历年变化均不大。

（4）10年间陕北碳固持服务需求呈持续高速增长的特征，其中榆林市需求量与增加量远高于延安市，榆林市需求占陕北总需求超过80%。空间上呈北高南低的特征，高值区在北部聚集，且空间范围不断向北，向西扩散，低值区在南部聚集，历年空间范围无明显变化。研究时段内所有乡镇及县

（市）需求均呈增长的特征，空间上呈北高南低的特征，尤其在北部与东北部，高值区聚集特征明显。

（5）2010—2020 年陕北休闲游憩服务需求呈缓慢增加的特征，榆林市与延安市变化过程与陕北整体特征相似。空间上呈北高南低的特征，高值区由中部向南北两侧扩散，最终形成了一条横跨南北的高值带，尤其在北部区域，高值区进一步扩散，连绵成片，分布范围较广。不同区域休闲游憩服务变化量差异显著，高值区与低值区分别在南部与北部聚集分布。

第五章

生态系统流时空变化特征

受到自然条件和社会因素的双重影响，生态系统服务供给与需求均有明显的空间异质性特征，进而造成了生态系统服务供需的空间错配和数量不匹配的问题。为满足各区域的生态系统服务需求，在人力和自然的共同作用下，生态系统服务从供给区向受益区的流动，发生的时空过程称为生态系统服务流（Ecosystem Services Flow，ESF）。一般来讲，ESF 的供给区主要是生物和非生物成分相互作用形成的生态系统，受益区多为人口密集、社会经济发展水平高的城市化地区（Locatelli et al.，2011；Sharps et al.，2017；陈骏宇等，2019）。因此 ESF 是连接提供各种生态系统服务与产品的自然生态系统与具有生态系统服务消费需求的人类社会的重要纽带（张欣蓉等，2021）。我们关注生态系统服务流关键不仅在于揭示流量，即区域生态系统服务的供需关系和供需匹配程度，也要分析流向，即在供需关系的基础上，分析不同类型生态系统服务流的流动方向与路径。只有明晰了上述两个问题，才能厘清生态系统服务的生产、流动和使用的全过程，进而为生态补偿和政策制定等提供参考。

本章在前两章基础上，首先基于供需关系计算并分析了各类生态系统服务流量的时空变化特征；其次根据供需关系将区域划分为高/低供给区和高/低受益区，阐述了各类型区转化数量与过程；再次结合不同的生态系统服务类型的特征，模拟了各生态系统服务的流向特征；最后基于流向与流量特征实现对研究区空间类型划分。因此揭示各类服务的流量、流向时空变化过程及在此基础上实现空间类型划分是本章拟解决的主要问题，同时本章类型划分结果也是下述调节机制分析的重要参考依据。

第一节 研究方法

一、流量时空特征分析

参考已有研究，本书中生态系统服务流量的计算基于供需关系视角，计算方法如下：

$$ESFN_{ij} = \sum ES_{ij} - \sum ED_{ij}$$

式中，$ESFN_{ij}$ 表示区域 j 的第 i 类生态系统服务流量，为满足本地消耗后向外输出的净流量，ES_{ij} 表示栅格单元上区域 j 的第 i 类生态系统服务供给量，ED_{ij} 表示区域 j 的第 i 类生态系统服务需求量。若 $ESF_{ij}>0$，则区域 j 为 i 类生态系统服务的供给区，若 $ESF_{ij}<0$，则区域 j 为 i 类生态系统服务的受益区（Schirpke et al.，2019；Xu et al.，2019；张欣蓉等，2021）。最后分别统计历年陕北、榆林市、延安市及各乡镇各县（市）不同生态系统服务流量，借助 ArcGIS 实现可视化，分析 2010—2020 年生态系统服务流量的时空变化特征。

在分析流量与识别区域供给区受益区的基础上，结合供需比值特征，将研究区划分为高供给区、低供给区、高受益区与低受益区四类，计算方法及划分标准如下：

$$ESFS_{ij}=\frac{\sum ES_{ij}-\sum ED_{ij}}{\sum ES_{ij}+\sum ED_{ij}}$$

式中，$ESFS_{ij}$表示区域 j 的第 i 类生态系统服务供需比，参考已有研究，本书设定 0.4 作为分界值，若 $ESFS_{ij}\geqslant 0.4$，说明区域 j 的第 i 类生态系统服务的高供给区，若 $0.4>ESFS_{ij}\geqslant 0$，说明区域 j 的第 i 类生态系统服务的低供给区，若 $0>ESFS_{ij}\geqslant -0.4$，说明区域 j 的第 i 类生态系统服务的低受益区，若 $-0.4>ESFS_{ij}$，说明区域 j 的第 i 类生态系统服务的高受益区（张蓬涛等，2021）。在分别识别了各区域历年的生态系统服务供给区与受益区特征后，进一步分析了各区域的转移特征。

二、流向时空特征模拟

目前有关生态系统服务流向的研究逐渐增加，很多学者基于具体的生态系统服务类型探讨其流动过程，研究取得了丰硕的成果，但尚未有统一的方法分析其流动特征。最主要的原因就是生态系统服务本身是一个复杂的包含各种要素的生态产品，不同的服务内容在其流动过程中涉及的要素多种多样各不相同，在目前的研究框架和技术手段下难以对生态系统服务流进行精准测算，因此很多研究方法多为定性方法，其内容也多是探索性分析，本书在借鉴了诸多成果，整体归纳了针对不同的类型的生态系统服务流研究方法，研究方法在定量的分析上稍作改进，力图更加精确地模拟生态系统服务流向特征。

（一）研究假设

在进行流向模拟尤其是供给服务流向模拟时，本书提出如下假设：（1）所有服务均在研究区域内流动，尚不考虑与区域外的互动关系；（2）当某个研究单元生态系统服务不足时，按照就近原则，优先从紧邻的研究单元获取。研究假设的提出是基于理论的必要性与现实依据两方面考量的：

（1）理论的必要性。生态系统服务类型多样，属性各不相同，服务流动过程受生物及非生物因子影响，在人力或自然条件推动下，搭载或依靠工具从供给区向受益区流动，不同服务流动路径、流动范围和流动规律等各不相同（王嘉丽等，2018）。如授粉服务流动多基于生物载体实现，流动范围往往局限在较小的自然单元中，如森林和小山等；水源涵养服务流过路径多为河网，受地形及坡度影响，其本身即服务内容也是流动载体，流动范围多是流域或区域尺度；气体调节及气候调节等服务受大气环流及盛行风向影响，流动范围较大，甚至以全球为尺度流动；还有部分服务基于人类活动过程实现流动，如景观美学和休闲游憩（Palomo et al.，2013；刘慧敏等，2017）。

前述服务中有些服务流动过程较为清晰，如水源涵养、产水服务和候鸟迁徙等，这些服务也是当前生态系统服务流向研究的热点领域（李晶等，2021；Zhang et al.，2021；Cheng et al.，2021），但这些服务仅能实现对流过轨迹的大致模拟，其精确性还有待检验。还有部分服务流动过程可通过详细数据收集分析，如景观美学，相关研究虽鲜见报道，但已有学者开始尝试将地理学和旅游学研究范式与方法应用到文化服务研究中（杨丽雯等，2019），但这些服务仅能通过抽样调查的方式获取数据，样本的数量与质量对整体结果影响较大，同样其精确性有待检验。而还有部分服务流动过程需要结合复杂的地理学、生态学、气象学和地质学等学科模型模拟，如气体调节和碳固持服务，但在现有的技术手段下还难以实现综合多种模型对前述服务流过轨迹的模拟，因此结合其中主要影响因素模拟流向成为该类研究的主要内容（Xu et al.，2018；肖玉等，2018；Su et al.，2020；张彪等，2020）。而还有部分服务其流动过程充斥着不可控甚至未知因素，如授粉服务，由于其载体多为蜜蜂等生物因子，难以预测其具体流动轨迹，再如气候调节服务，在蝴蝶效应影响下，某个区域的活动有可能造成全球范围其他区域气候调节服务的显著变化，而这一过程在现有的技术手段和知识体系下还难以模拟预测。

综上所述，由于生态系统服务流动过程极其复杂，基于现阶段研究人员的数据收集方法、分析计算过程以及模拟预测手段都难以准确定量分析生态系统服务流向特征。因此提出研究假设以限定其他因素影响，建立理想的分析环境，分析主导因素影响下各类服务的流过轨迹就成为当前揭示生态系统服务流向的重要途径。

（2）现实依据。在说明研究假设必要性提出的必要性基础上，本书分别就各类具体服务说明其研究假设的现实依据及可信度。

供给服务中多数服务符合该假设，现阶段食物流动多属于经济行为，当运输距离过远时就会造成成本增加、利润减少，进而导致流动的频次或意愿显著减少。如位于陕北南部的洛川县，居民日常生活中食用的猪肉产地大都来自陕北北部的府谷县。供给服务中仅有玉米和红薯等流动范围稍大，对于水果、蔬菜、肉类等新鲜食物其流动半径更小，因而可以认为供给服务整体上是符合研究假设的。当然也存在特殊情况，以洛川苹果为例，陕北仅是其需求区中极小的范围，其流向多为西安、上海、广州、南京、深圳和福州等城市，很明显洛川苹果不符合前述假设。但是需要说明的是，洛川苹果在全国范围内均享有盛誉，且已经形成了完整的产业链，在当地提供了较为齐全的保鲜、储存、运输等功能，但这种服务类型所占陕北整体比重较少，且当地的基础设施在其余县域几乎是不可能提供的，因此洛川苹果仅是陕北供给服务中的个例，不具有区域代表性。

土壤保持服务与水源涵养服务流动范围可大可小，其范围多依据所在的流域范围确定，但总体来说流动过程多以地形和河网为主，因此当划定研究区域后，上述两种服务的流动路径会更加清晰。同时已有研究已经说明，以河网为路径模拟水源涵养及土壤保持流向已经成为一种较为成熟的方法，并广泛得到学界认同（李晶等，2021；Zhang et al. ，2021；张欣蓉等，2021）。

碳固持服务流动与其他服务相比，由于其流动依赖气场因此流动范围较大，但一方面本书研究区域较广，另一方面陕北位于西北内部，日常多以4/5 级风力为主，风力极端天气罕见，因此研究区范围也可包含大部分碳固持服务流动的空间范围。

而针对休闲游憩服务，前述需求的计算过程中就有提及，设定 50 千米为消费半径，本研究区基本上可以覆盖所有居民点的出行范围。相较于跨省及跨市流动来说，县域或市域往往是居民选择休闲游憩服务的出行范围，跨省或跨市的文化服务通常将其归为旅行观光或外域旅游，而不属于休闲游憩服务。

综上所述，本书提出的流向模拟的研究假设具有一定的现实依据。最后需要说明的是，由于在县（市）单元上，很多服务类型在研究范围内均为供给区，受益区数量极少，因此流向分析以乡镇单元为主。

（二）供给服务模拟方法

生态系统服务流的流动方向是从供给区向受益区，流动路径则根据不同类型的生态系统服务分别确定。供给服务与休闲游憩服务的流动路径基本与交通干线一致，这是由于食物供给服务与休闲游憩服务的流动本质上是人力推动或人力自行移动的过程，现阶段人员的流动基本是通过搭载各类交通工具实现的，因此在计算供给区与受益区两两流动强度的基础上，借助历年交通干线实现流动路径的可视化。此外，需要说明的是，前述研究结论已知，休闲游憩服务无论在乡镇还是县（市）单元上，其供给均高于需求，因而就本地消费的视角来说，不存在供给区与受益区，但往往休闲游憩服务多表现为异地消费，但该情况不在本书讨论之中。因此，本书在分析生态系统服务流向时就不再讨论休闲游憩服务。

在地理学的相关研究中，很多学者常常使用引力模型计算信息流、物流和人口流等，以此来表征城市与城市、区域与区域之间的联系强度（周圆等，2021）。与生态系统服务流相比，信息流、物流和人口流等有相似之处也有不同之处。相同点在于它们都是用以表征区域与区域之间的联系强度，且载体或主体多为人力作用，但不同点在于生态系统服务流是单向的，是由供给区向受益区的流动过程，而人口流和信息流等是双向流动，此外生态系统服务流涉及复杂的生物物理过程，在当前的新技术手段下往往很难精准刻画流动过程。但借鉴上述几种流的研究方法即引力模型，分析区域之间的生态系统服务流仍然不失为一种科学的方法，尤其是将其引用到食物供给服务中时，因为食物供给服务与物流，人口流等有诸多相像的共同点，只是其运输内容稍有不同，并且已经有学者验证了将相关方法引用到生态系统服务流研究中的科学性（章维鑫，2019）。计算方法如下所示：

$$ESFD_{ij} = ESR_i \times ESR_j / D_{ij}^r$$

式中，$ESFD_{ij}$表示两两区域之间的联系强度，ESR_i、ESR_j 分别表示两城市的生态系统服务供需比，D_{ij}表示两两区域之间的通行距离，参考相关学者的成果，本书中采用两两区域之间的公路自驾时间表示，r 表示摩擦系数，取值范围在［1，2］，由于研究区多是黄土丘陵沟壑区，交通不便，故 r 值选为 2（李杰等，2021）。另外需要说明的是，粮食供给服务并不会在区域范围内广泛流动，如陕北最南端的黄陵县几乎没有可能购买陕北最北端的府谷县的粮食，因为本质上粮食流动是一种经济行为，只有成本小于收益时，该行为才会发生，故在结合参考相关研究及课题组实地调研的基础上，D_{ij} 选取最大值为 2（李杰等，2021）。

供给服务流向分析单元为乡镇，分析单元数量高达 297 个，在基于前述方法测算各供给乡镇与受益乡镇的强度后，发现一个供给区乡镇往往与多个受益区乡镇产生联系，且联系强度均不同，这给流向绘图带来不便，为清晰展示各乡镇服务的主导流向，本书选取每个乡镇的最大强度值作为该镇的主导流向。由于流向强度是相对指标，而非绝对指标，因此本书根据 Jenks 自然断点法将流向强度划分为四个等级，Jenks 自然断点通过计算将相似性最大的数据分在同一级，差异性最大的数据分在不同级，可以保持数据的统计特征。

（三）水源涵养服务模拟方法

水源涵养服务不同于食物供给服务，其流动路径受重力与地形共同影响，人力改变作用较小。在地势高低起伏造成的重力差异下，水流会产生由高向低流动的过程，首先在河道内汇集，然后从上游地区向下游地区流动，并在途中不断接收来自其他区域的水量（Pei et al.，2019；陈登帅等，2020；张欣蓉等，2021）。因此水源涵养服务流向依据高程与地形确定，而河道与河网走向就是水源涵养服务的流动路径。

基于上述水源涵养服务的流动特征，本书首先根据研究区流量数据，识别乡镇尺度上的供给区与受益区，而后分别计算各乡镇的高差，然后分别将各乡镇的流量与高差作标准化处理，最后根据各乡镇的流量高差组合关系，以 0.5 分分界值，将乡镇划分为四种强度类型，依次为一级强度（高流量—高高差）、二级强度（高流量—低高差）、三级强度（低流量—高高差）和四级强度（低流量—低高差）。

$$ESFD_{ij} = \left(\frac{x_i - \min x_j}{\max x_i - \min x_i}, \frac{y_i - \min y_j}{\max y_i - \min y_i}\right)$$

式中，$ESFD$ 表示某乡镇的生态系统服务流强度，x_i 和 y_j 分别表示乡镇的水源涵养服务流量及高差，通过对乡镇流量与高差组合结果，识别各乡镇的流向及强度。

（四）土壤保持服务模拟方法

土壤保持服务流与水源涵养服务流相似，在土壤保持服务从供给区到需求区的流动过程中，人力作用很小，基本以自然作用为主（张欣蓉等，2021）。在降水等的作用下，土壤脱离原有状态与空间，在水流和重力的双重影响下，从地势较高的地方流动到地势较低的地方，或者沉积，或者又一次在水流和重力的影响下流动。因此土壤保持服务的流动路径与水源涵养服务相同，都以河流和水网为主。

因此土壤保持服务流向的分析与水源涵养服务相似，首先分别计算了各乡镇的生态系统服务流量，再次识别供给区与受益区，最后依据前述本章第二节的研究方法计算各乡镇域之间的土壤保持服务流方向与强度。

（五）碳固持服务模拟方法

碳固持服务与其余服务不同，其余服务的流动载体或路径都在地表，而碳固持则是一种依赖空气流动的生态系统服务。碳固持服务供给区基本多为植被覆盖较高的区域，而受益区多为人口密集和产业发达的城市化地区。供给区与受益区通过大气环流联结，因此本书对碳固持服务流向的分析基于区域盛行风向确定。基本过程是：首先基于各县（市）碳固持流量，利用 GIS 的自然断点法将区域划分为四大类，然后分别查询 2010 年以来各县（市）的盛行风向，最后依据风向与流量绘制碳固持服务的流向及强度。需要说明的是通过对陕北所有县（市）2010 年、2015 年、2020 年逐日盛行风向的统计发现，各县（市）风力等级相差不大，因此碳固持服务流向强度以流量大小为标准，盛行风向仅影响流向方向，对强度属性影响不大（Su et al.，2020；张欣蓉等，2021）。

三、空间类型划分

本书综合各类生态系统服务流量与流向实现对陕北各县空间类型的划分，首先使用高斯混合模型分析各类生态系统服务流量，识别区域生态系统服务流量簇，而后基于流向分布及变化特征实现对区域空间类型的划分。生态系统服务簇是指共现于某一时空单元上的多类 ES 的组合，使用生态系统服务簇可以识别具有相同或相似生态系统服务类型与数量的研究单元。生态系统服务流受到自然环境与社会经济的共同作用，基于流量分析识别生态系统服务簇，能够将不同人地耦合复杂系统区分开来，从而能够有针对性地识别不同簇类型下存在的优势生态系统服务或生态环境问题，从而实现区域类型划分及治理。

高斯混合模型用来表示 k 个高斯分布函数的一种线性组合，是目前学习速度最快的概率模型之一。GMM 的聚类原理是将每个样本划分到不同高斯分布中获取概率值，选择概率值最大类别作为聚类结果。k 个高斯分布对应 k 个集群，因此计算 GMM 的概率分布即可求得样本所属聚类。与 K－均值聚类为代表的硬聚类相比，GMM 依据概率得到的聚类在信息完整性、聚类准确性方面优势明显，尤其提高了在类别重叠时聚类的科学性（申犁帆等，2019）。设 d 维随机变量 $\boldsymbol{x} = (x^1, x^2, \cdots, x^d)^{\mathrm{T}}$，则 k 个高斯分布的 GMM 公式如下：

$$N\left(x \mid \mu_k, \sum_k\right) = \frac{1}{\sqrt{\left|\sum_k\right|(2\pi)^{d/2}}}\exp\left\{-\frac{1}{2}(x-\mu_k)^T \sum_k^{-1}(x-\mu_k)\right\}$$

$$p(x) = \sum_{k=1}^{k}\omega_k N\left(x \middle| \mu_k, \sum_k\right)$$

$$\sum_{k=1}^{k}\omega_k = 1, 0 \leqslant \omega_k \leqslant 1$$

式中，$N\left(x \mid \mu_k, \sum_k\right)$ 为高斯概率密度函数；ω_k，μ_k，$\sum_k$ 分别为 GMM 中第 k 个组件的权重、均值、协方差矩阵；$p(x)$ 为 GMM 的概率密度函数。

根据历年各县生态系统服务流量数据，基于 GMM 识别区域生态系统服务簇，通过期望最大化（EM）估计模型参数，基于贝叶斯信息准则（BIC）确定最佳生态系统服务簇数量。

第二节　生态系统服务流时空变化特征

一、粮食供给服务流

（一）流量时间特征

（1）流量变化过程。表 5－1 所示为 2010—2020 年陕北粮食供给服务流量统计，由表可知，榆林市粮食供给服务流量呈快速稳步增长的特征。2020

年与2010年相比，流量增长率达到了59%，且在两个研究时段内都保持快速增长的特征。观察历年榆林市流量占比可知，其所占陕北粮食供给服务流的比重约为64%，2020年小幅提升至65%，变化较小。

表5-1　2010—2020年陕北地区粮食供给服务流量统计　单位：十万亿千卡

时间	榆林市	延安市	陕北
2010年	8.49-64%	4.77-36%	13.26
2015年	10.48-64%	5.81-36%	16.29
2020年	13.51-65%	7.38-35%	20.89
2010—2015年变化	1.99（23%）	1.04（22%）	3.03（23%）
2015—2020年变化	3.03（29%）	1.57（27%）	4.6（28%）
2010—2020年变化	5.02（59%）	2.61（55%）	7.63（57%）

注：括弧“()”内百分比表示研究时段内粮食供给服务流量的变化率，短线“-”后百分比分别表示榆林市、延安市粮食供给服务流量占陕北总流量的比重。

由表5-1可知，延安市2010—2020年粮食供给服务流量也呈快速增长的特征，与2010年相比，2020年食物供给流量增长率达到了55%，且与榆林市变化过程相似，但其增长率要略低于榆林市。同时延安市粮食供给服务流量较少，仅占陕北整体的36%。

综上所述，由于延安市与榆林市粮食供给服务流量均呈快速稳定增长的特征，因此陕北粮食供给服务流量整体也呈快速稳定增长的趋势，其两个观察时段内均保持稳步增长。

（2）供给区与受益区变化特征。表5-2所示为陕北2010—2020年粮食供给服务在县（市）单元和乡镇单元上供给区与受益区数量的变化过程。由表可知在两个单元上粮食供给服务流表现出显著区别，在县（市）单元上，2010—2020年所有县（市）均为供给区，说明以县（市）为单位粮食供给均高于需求。而在乡镇单元上，供给区数量占有绝对优势，历年所占乡镇数量比重均超过了90%。出现上述现象的原因在于，农业生产是陕北的重要支柱产业，且陕北一直以来就是陕西省重要的粮食主产区，常住人口不多，供给远高于需求，因此无论在县（市）单元或是乡镇单元其供给区数量均占有绝对优势。在乡镇单元上其受益区多是各个县（市）的主城区或经济较发达的区域，这些区域耕地面积较少，人口集中，因此其所占比重较少。受益区数量与供给区相反，本书不再赘述。

表 5－2　　陕北粮食供给服务供给区与受益区数量变化

时间	供给区		受益区	
	县（市）	乡镇	县（市）	乡镇
2010 年	25－100%	270－91%	0	26－9%
2015 年	25－100%	270－91%	0	26－9%
2020 年	25－100%	276－93%	0	20－7%
2010—2015 年变化	0	0	0	0
2015—2020 年变化	0	6（2%）	0	－6（－2%）
2010—2020 年变化	0	6（2%）	0	－6（－2%）

注：括弧“( )”内百分比表示研究时段内供给区/受益区的变化率，短线“－”后百分比分别表示供给区/受益区数量占陕北县市总数量的比重。

据前述研究方法分别得到陕北各市生态系统服务供需比，将研究区域划分为高供给、低供给、低受益、高受益四种类型，并依次分析研究时段内各食物供给服务类型的变化，结果如图 5－1 所示。

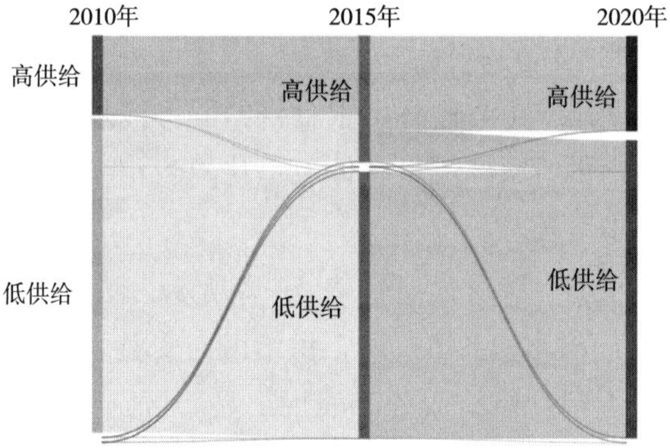

图 5－1　粮食供给服务供给区与受益区变化过程

据图 5－1 分析，2010—2020 年陕北粮食供给服务经历了高供给区增加又减少的过程，2010—2015 年，除由低供给区向低供给区的变化外，低供给区—高供给区变化使 2015 年高供给区数量显著增加，但 2015—2020 年出现高供给区—低供给区的转移，因此 2020 年供给区受益区特征基本与 2010 年一致。

（二）流量空间特征

如图5－2所示为2010—2020年粮食供给服务流空间变化特征。据图5－2（a）可知，2010年粮食供给服务流空间分布多以高值区为主，低值区在全境范围内呈零散分布的特征。分析乡镇单元的分布特征［见图5－2（b）］可知，整体而言，粮食供给服务流量呈北高南低的特征，高值区乡镇集中在中部与西北部，尤其在西北部形成了高值带，并且基本覆盖了西北部区域。低值区乡镇数量较少，且分布零散。识别县（市）的分布特征可知，高值区有4个，分别是靖边县、米脂县、横山区和子洲县，次高值区也集中分布在北部，具体包括佳县、清涧县和吴起县。低值区县（市）主要分布在东北部与南部。

据图5－2（d）分析2015年粮食供给服务流空间分布特征，与2010年相比，高值区范围明显缩小，尤其在东南部、西南部，以及北部区域出现了范围较大的低值区。分析乡镇单元的分布特征，西北部高值区域次高值区数量显著增加，中部高值区乡镇也有增加，由此形成了两个高值区，此外在南部的区域也形成了高值区，总体而言，与2010年相比，高值区乡镇数量无明显变化。识别2020年粮食供给服务流高低值县（市）分布特征可知，高值区县（市）数量明显增加，达到了8个，且都分布在北部，具体包括靖边县和吴起县等。低值区分布在南部与东北部，具体包括榆阳区、宝塔区和黄龙县等。

据图5－2（g）分析2020年粮食供给服务流空间分布特征，与2010年与2015年相比，低值区明显增加，高值区范围缩小，在西北部与东部偏北区域有高值分布，分析乡镇单元的分布特征可知［见图5－2（h）］，高值区范围进一步扩大，在西北部和东部地区形成了极为明显的高值带，而低值区依旧集聚在东南部与西南部，与2010年和2015年相比，高低值区域都明显增加，也使区域间差异显著扩大。进一步识别县（市）的分布特征可知［见图5－2（i）］，高值区范围有所减小，但依然集中在西北部与北部区域。具体包括定边县、米脂县、横山区和佳县等，而2015年时为高值的绥德县、清涧县和吴起县变为了次高值。低值区分布范围无明显变化。

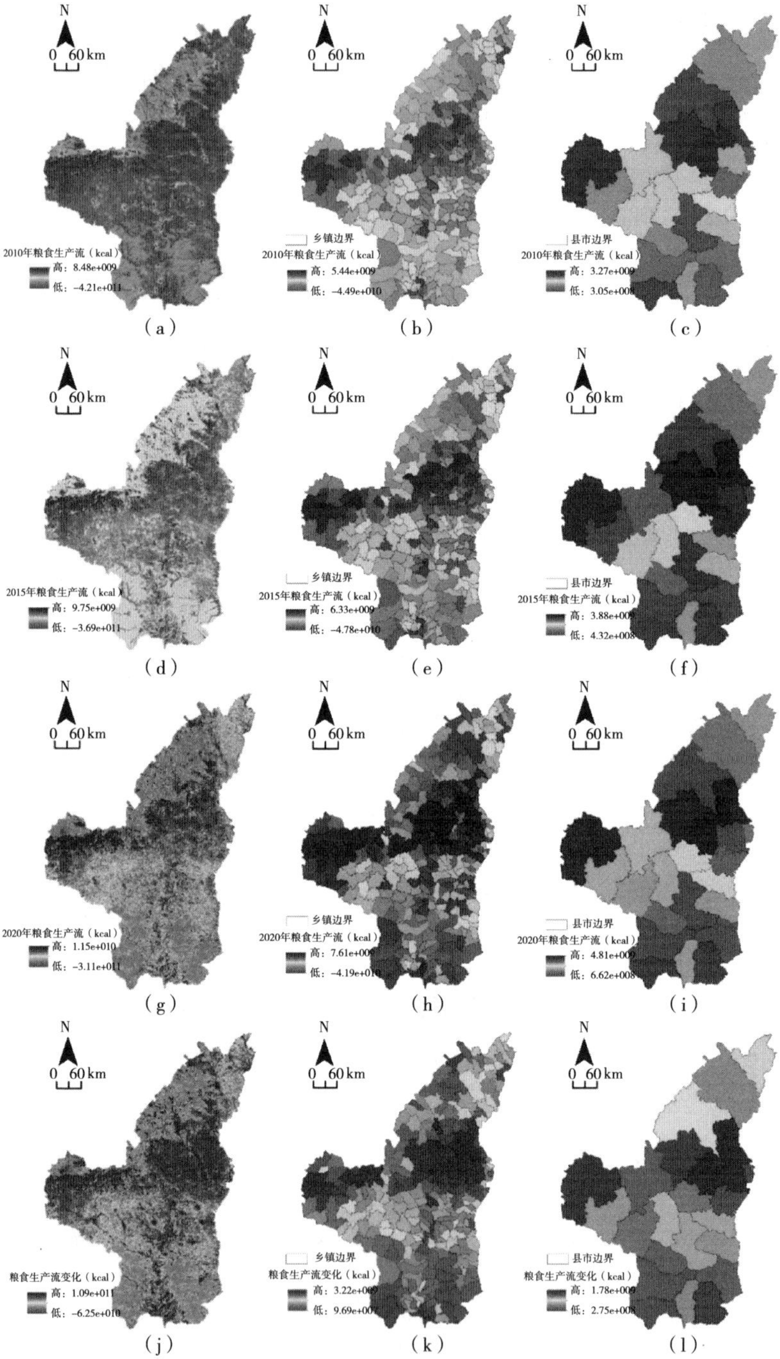

图 5-2　2010—2020 年陕北粮食供给服务流空间特征

注：a/b/c 分别表示 2010 年栅格、乡镇及县市统计单元上粮食供给服务流量空间特征，d/e/f、g/h/i、j/k/l 分别为 2015 年、2020 年、2010—2020 年变化量的空间特征。

分析2010—2020年粮食供给服务流量变化的空间分布特征，据图5-2（j）可知，整体而言，区域内变化多为正值，且集中在中部及北部区域，南部也有高值区聚集，但东南部与西南部低值分布范围较广。在乡镇单元上分析［见图5-2（k）］可知，形成了较为明显的三个高值带，分别位于西部、北部及南部区域。但北部区域高值乡镇数量最多，分布范围也最广，西北部次之，南部最小。低值区依然集中在东南部与西南部。识别县（市）单元上流变化的分布特征可知，高值区聚集在北部，并形成了一条横跨东西的高值带，具体包括定边县、靖边县横山区、米脂县、子洲县、绥德县、吴堡县和佳县等。北部的府谷县与南部的洛川县变化值也较高。低值区聚集在南部，以延安县（市）为主，具体包括黄龙县、黄陵县、富县和宜川县等。

（三）流向时空特征模拟

据前述方法，计算模拟并绘制陕北2010年—2020年粮食供给服务流向的时空特征，如图5-3所示，并以乡镇为单位统计历年粮食供给服务强度特征，如表5-3所示。需要说明的是，由于粮食供给服务流向依据交通路网与供给区受益区的空间位置进行模拟，因此其流向路径数量与走向不仅受供给区受益区空间位置的影响，也与路网密切相关。因此2010—2020年随着路网密度的不断增加，本书模拟的流向数量也呈增加的趋势。

具体分析，首先据表5-3可知，2010年陕北一级强度区数量最多，且多集中在榆林市，而二级、三级和四级强度区榆林市与延安市分布数量基本相当。因此使整体上陕北流特征呈北高南低的特征［见图5-3（a）］，一级强度区在北部聚集，二级在中部聚集，三级和四级强度区在南部聚集。前述已述，陕北粮食供给服务流呈北高南低的特征，北部流量更多，强度也更大。

表5-3　　2010—2020年陕北粮食供给服务流向强度特征

时间	榆林市				延安市			
	一级强度	二级强度	三级强度	四级强度	一级强度	二级强度	三级强度	四级强度
2010年	23	15	8	4	2	17	6	6
2015年	27	22	18	9	13	20	18	16
2020年	34	34	29	23	21	17	23	25

据表5-3及图5-3（b）分析2015年陕北粮食供给服务流向的特征可知，与2010年相比，由于路网密度的增加导致模拟流向路径显著增加，且原有各级强度区变化不大。但在新增的路网区域，多为三级强度，尤其在北部，

三级强度区增加极为明显。这一特征在表5－3中也较为明显，2015年陕北三级强度区增加最为明显。这是由于随着交通的改善，区域间联系日益密切，各乡镇之间粮食供给服务流也逐渐密切，但根据前述计算方法，流向的强度与研究单元之间的空间距离呈负相关，距离越远，强度越低。因此在北部区域，虽然研究单元之间的流向联系逐渐增加，但强度不高，而这一特征在南部也较为明显，距离受益区越近，其强度越高。此外在中部区域，2010年该区域的交通路网不发达，且流向较小，因此多为二级强度区，但2015年随着路网的密集，粮食流量的增加，该区域一级强度取代二级强度，且分布范围较广。

进一步分析2020年粮食供给服务流向的特征可知，首先无论榆林市或延安市各级强度区均大幅增加，这也是由于路网的建设导致模拟流向增加。尤其榆林市四级强度区与延安市一级强度区增加较为明显。同时据图5－3（c）可知，2020年流向更加复杂，尤其表现在延安市。此外还可发现在北部2015年为三级强度区的区域2020年多为一级强度区，变化极为明显，这是由于粮食供给服务流量在研究时段内呈不断增加的趋势，虽然北部各乡镇之间的距离较远，但是由于粮食流量的增加，因此其流向强度也随之增加。此外在东北区域可以发现，由于受益区的减少，供给区受益区相较于2015年发生变化，由此也改变了该区域的流向强度特征。

综上所述，粮食供给服务流向整体呈北高南低，高强度区域分布范围不断扩大的特征，且由于供给区受益区的空间位置，流向强度也发生明显变化。同时为更加明晰流向强度与方向的变化过程，本节选取了两个典型区域（如图5－3区域Ⅰ和区域Ⅱ），用以说明供给区和受益区的空间关系对粮食供给服务流向的影响。

如图5－3所示，区域Ⅰ位于陕北东北部，覆盖区域以神木市为主，观察其2010—2020年流向特征可知，2010年以一级强度和二级强度为主，粮食供给服务从四周的供给区向该受益区流动，2015年该趋势进一步加强，并且随着路网的增加及流量的增加，一级强度覆盖路径也显著增加，而2020年时，由于该区域内的受益区变为供给区，由此造成了该区域的粮食供给向南北两侧的受益区流动，但该区域距离南北两侧的受益区均有较长距离，因此造成了该区域2020年流向以三级强度与四级强度为主。

区域Ⅱ位于陕北南部，主要区域包括了洛川县、黄龙县及黄陵县。观察该区域流向特征可知，虽然研究时段内随着路网的建设，模拟流向数量显著

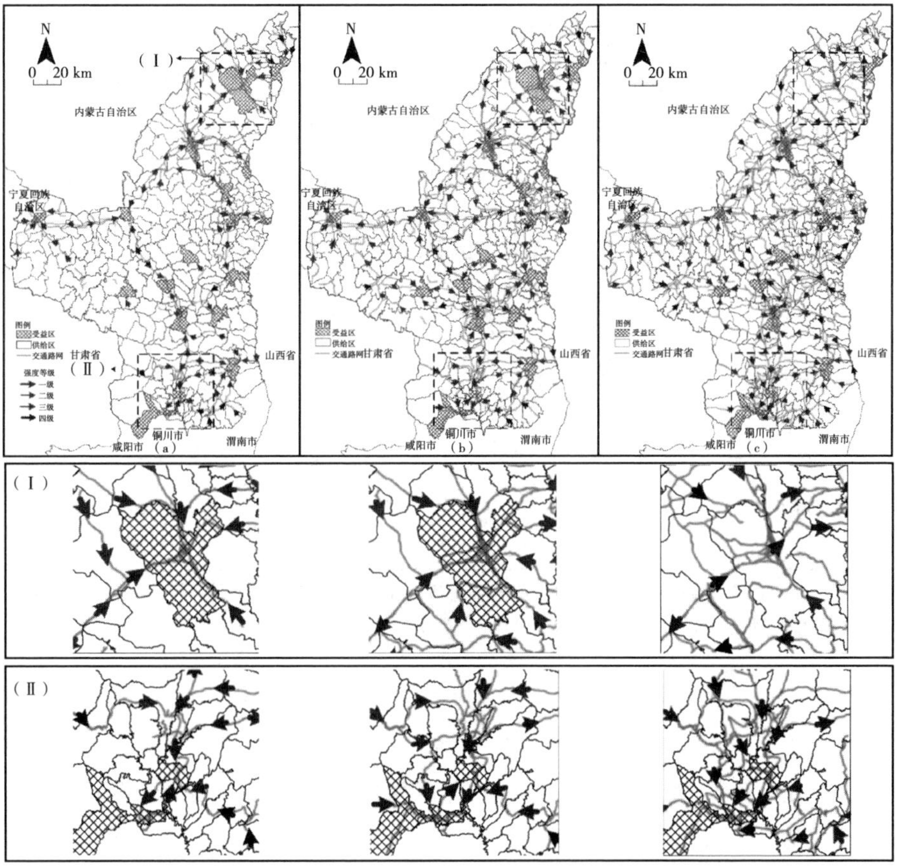

图 5-3 陕北 2010—2020 年粮食供给服务流向模拟特征

增加，但整体的流向特征却无明显变化。受益区乡镇位于南部，且 10 年间供给区受益区空间位置无变化，前面已述在距离的影响下，流向强度会遵循距离衰减，由受益区向外流向强度呈梯次衰减的特征，这一特征在区域Ⅱ表现较为明显，由于该区域受益区无变化，因此历年强度都表现出该特征，但随着路网的建设，模拟流向数量也明显增加，因而强度随距离衰减特征更加明显。

二、果蔬供给服务流

（一）流量时间特征

（1）流量变化过程。陕北 2010—2020 年果蔬供给服务流量统计如表 5-4

所示，由表可知，研究时段内榆林市果蔬供给服务呈持续快速增长的趋势，与2010年相比，2020年果蔬流量增长率超过400%，且在两个时段内增长率均超过100%，说明了10年间榆林市果蔬供给服务流持续迅速增长。但与粮食供给服务流量不同，果蔬供给服务榆林市所占陕北比重较低，但在研究时段内变化明显，所占比重从2010年的17%持续提高到2020年的31%。

表5－4　2010—2020年陕北地区果蔬供给服务流量统计　单位：十万亿千卡

时间	榆林市	延安市	陕北
2010年	1.17－17%	5.59－83%	6.76
2015年	2.93－26%	8.38－74%	11.31
2020年	5.96－31%	12.86－69%	18.82
2010—2015年变化	1.76（150%）	2.79（49%）	4.55（67%）
2015—2020年变化	3.03（103%）	4.48（53%）	7.51（67%）
2010—2020年变化	4.79（410%）	7.27（130%）	12.06（178%）

注：括弧“()”内百分比表示研究时段内果蔬供给服务流量的变化率，短线“－”后百分比分别表示榆林市、延安市果蔬供给服务流量占陕北总流量的比重。

延安市果蔬供给服务流在研究时段内也呈现持续稳定增长的特征，与2010年相比，果蔬流增长率达到了130%，且两个观察时段内增长率都较高且较为稳定，在50%左右，但是与榆林市相比，其增长率较低。两市不同的增长速度使延安市所占陕北果蔬供给服务流的比重从83%下降到2020年的69%。

由表5－4可知，陕北2010—2020年果蔬供给服务流量整体呈持续快速且稳定增长的特征，与2010年相比，2020年增长率达到了178%，且两个观察时段的增长率基本相同，均为67%，这一特征与粮食供给服务流量变化特征基本相似，但果蔬供给服务的增长率与增加量更高。

（2）供给区受益区变化特征。进一步分析各县（市）与乡镇供给区与受益区数量变化过程（见表5－5），由表可知，整体上无论县（市）单元或乡镇单元供给区数量都呈增长的趋势。其中县（市）单元上，供给区由2010年的16个增加到2020年的22个，增长率达到了24%，所占比重从64%增加到88%，说明了陕北大多数县（市）果蔬供给服务供大于求，整体供需状况良好，但两个观察时段内增长特征不同，2010—2015年增长率高于2015—2020年。乡镇单元上供给区数量变化过程与县（市）变化过程相似，2010—

2015年增长数量与增长率均高于2015—2020年，供给区数量县（市）单元的比重也高于乡镇单元。但不同点在于无论县（市）单元或乡镇单元，果蔬供给服务的供给区数量均小于粮食供给服务，尤其是在乡镇单元上，2010年供给区数量仅占整体数量的52%，2020年也仅提升到60%，说明很多乡镇果蔬产量供不应求。造成这种现象的主要原因在于陕北北部的大片县（市），受自然条件限制，难以大规模种植蔬菜与果园，前述分析也知，陕北的果蔬供给服务主要集中在中部与南部的延安市。因此使整体上果蔬供给服务的供给区数量较少。

表5-5　　陕北果蔬供给服务供给区与受益区变化

时间	供给区		受益区	
	县（市）	乡镇	县（市）	乡镇
2010年	16-64%	156-52%	9-36%	140-48%
2015年	21-84%	172-58%	4-16%	124-42%
2020年	22-88%	179-60%	3-12%	117-40%
2010—2015年变化	5（20%）	16（5%）	-5（-20%）	-16（-5%）
2015—2020年变化	1（4%）	7（2%）	-1（-4%）	-7（-2%）
2010—2020年变化	6（24%）	23（7%）	-6（-24%）	-23（-7%）

注：括弧“()”内百分比表示研究时段内供给区/受益区的变化率，短线“-”后百分比分别表示供给区/受益区数量占陕北县市总数量的比重。

图5-4所示为2010—2020年果蔬供给服务的供给区与受益区特征。根据2010年陕北果蔬供给服务供给区受益区类型特征排序，低供给区数量最多，其余依次为高受益区、高供给区、低受益区，2015年为低供给区、高供给区、高受益区、低受益区，2020年依次为低供给区、高供给区、高受益区，2020年未出现低受益区。分析其变化过程可知，2010—2015年主要转移过程包括低供给区—低供给区，高供给区—高供给区，低供给区—高供给区，高受益区—低供给区，低受益区—高供给区。由图可知，2015—2020年的转移过程比2010—2015年转移过程更加简单，主要转移路径为高供给区—高供给区，高受益区—高受益区，低受益区—低供给区。因此，10年间随着低供给区与高供给县（市）的显著增加，低受益县的消失，高受益县的骤减，陕北果蔬供给服务供需关系整体趋好。

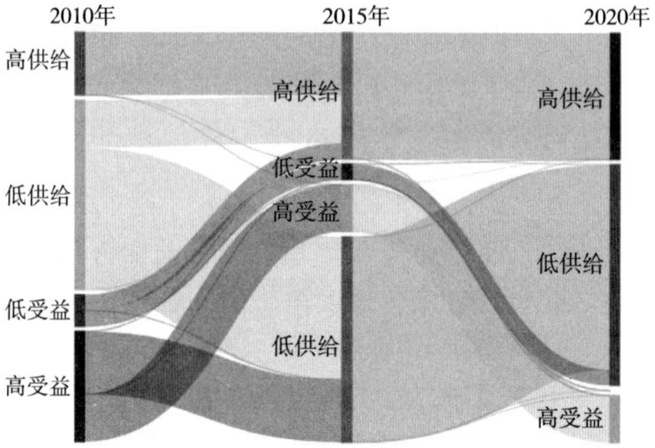

图5-4　果蔬供给服务供给区与受益区变化过程

(二) 流量空间特征

据前面研究方法计算并借助 ArcGIS 可视化，得到陕北 2010—2020 年果蔬供给服务流空间演变特征（见图5-5）。据图5-5（a）—图5-5（c）分析 2020 年陕北果蔬供给服务流的空间特征。由图5-5（a）可知，栅格单元上，绝大多数区域为不显著区，高值区即供给区集中在中部区域，在东北及西北部也有分布，低值区从南到北呈点状均匀分布。分析乡镇单元 2015 年果蔬供给服务流空间特征［见图5-5（b）］，高值区在中部聚集，形成了一条东西走向的高值带，此外在北部、东部和东北部也有零星的高值乡镇分布。识别县（市）单元流特征可知，高值区仅有 3 个，分布在中部地区，具体包括安塞区、子长市和延长县，次高值区也基本以中部区域为主，如吴起县、清涧县、延川县和吴堡县等，低值区在南北两侧均有大片分布。

据图5-5（d）分析 2015 年栅格单元上果蔬供给服务流空间特征可知，与 2010 年相比，高低值分布范围无明显变化，但在乡镇单元上则变化明显［见图5-5（e）］，首先中部的高值区明显扩大，呈向东南和向西南扩散的趋势，北部和东北部依然零散分布着高值区，未形成明显的聚集区。此外在南部出现了数个次高值区组成的高值区。识别县（市）单元上的分布特征可知，高值区向东及向东南延伸，高值区明显扩大，具体包括吴起县、安塞区、子长市、延长县、清涧县和延川县。

分析 2020 年的空间分布特征，栅格单元上可知［见图5-5（g）］，高值区在中部无明显变化，但在北部及东北部增加明显，但变化最为显著的是低值

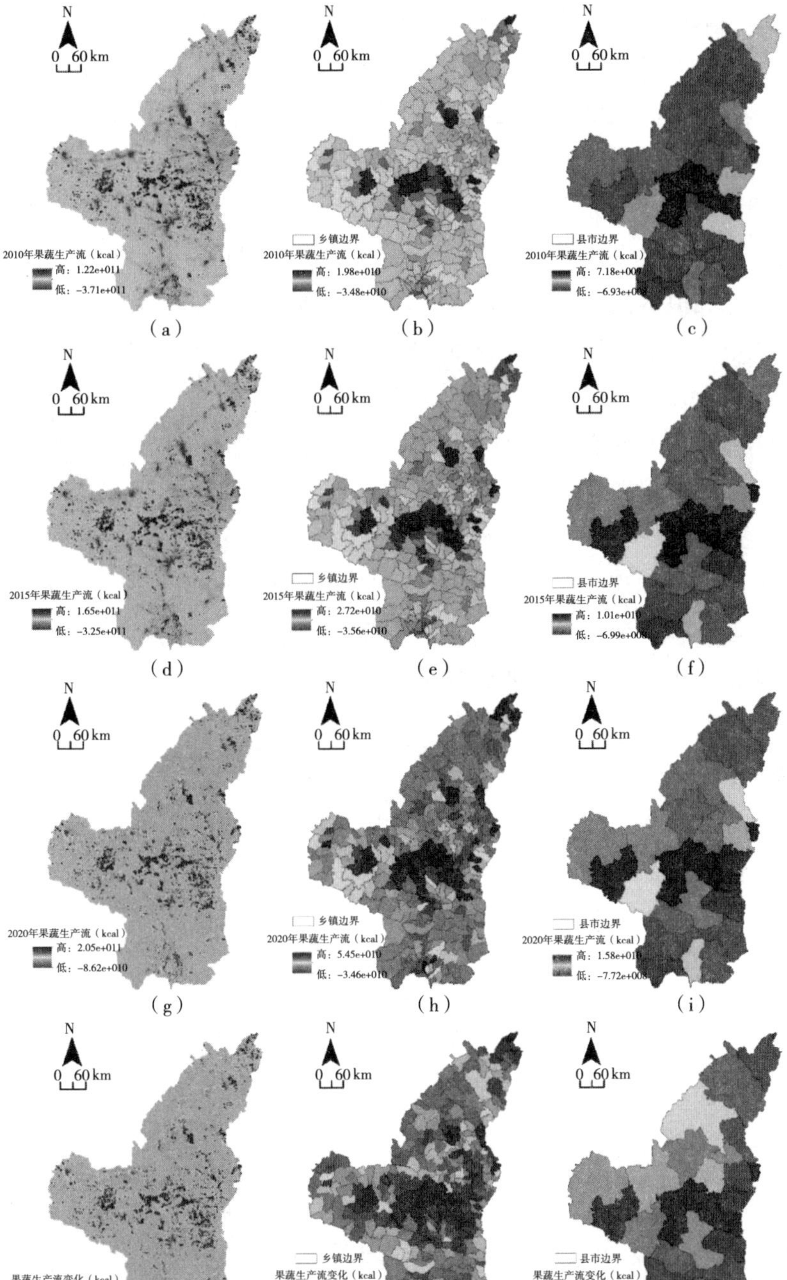

图 5－5　2010—2020 年陕北果蔬供给服务流空间特征

注：a/b/c 分别表示 2010 年栅格、乡镇及县市统计单元上果蔬供给服务流量空间特征，d/e/f、/h/i、/k/l 分别为 2015 年、2020 年、2010—2020 年变化量的空间特征。

区的单位明显缩小。分析乡镇单元上的空间分布特征［见图5－5（h）］可知，中部的高值区范围进一步扩大，延伸方向依旧以东南和西南为主，同时在东北部和西部高值乡镇明显增加，且与2010年和2015年相比，次高值在中部明显增加，且低值区分布范围也明显扩大。识别县（市）单元的特征可知，2020年整体高低值分布特征与2015年基本相同，未发生明显变化。

分析2010—2020年陕北果蔬供给服务流变化空间分布特征可知，栅格单元上依然以高值区集中在中部、南部和东北部为主，低值区分布范围较小。分析乡镇单元的变化特征［见图5－5（k）］可知，高值区在中部聚集明显，分布范围较广，西北部有大量的次高值区分布，此外在东北部及南部也有数10个由高值区与低值区组成的高值带。低值区主要分布在东南部、西南部以及北部风沙区。识别县（市）单元的变化特征可知，流变化的高值县（市）集中在中部，并形成了一条横跨东西的高值带且东部也形成了沿黄河一线的高值区，具体县（市）包括吴起县、志丹县、安塞区、子长市、清涧县、延长县、吴堡县、绥德县、佳县和宝塔区等。东北部的府谷县与南部的洛川县也成为流量变化的高值区，低值区集中在东南部的黄龙县、宜川县以及西南部的富县、黄陵县和甘泉县。

综上所述，2010—2020年陕北果蔬供给服务流量空间分布基本呈中间高，南北低，且高值县（市）集中在延安市内，并不断向东南方向扩散，低值区历年都集中在东南部，西南部与北部，未发现明显变化。流变化空间特征表现为中部高、东部高的特征，形成了横跨东西和与黄河走向基本一致的高值带。

（三）流向时空特征模拟

据前面所述研究方法，计算模拟并绘制了果蔬供给服务流向的时空变化特征，如图5－6所示，表5－6所示为榆林市，延安市历年各强度乡镇统计情况。

结合表5－6与图5－6（a）可知，与粮食供给服务流向不同，2010年陕北果蔬供给服务流向强度以一级和三级为主，其中一级强度在陕北中部即延安市集中，三级强度在南北两侧集中，如东北部、西北部与南部，主要分布集中在榆林市。二级强度与四级强度数量较少，在区域内零星分布。且由于供给区在中部聚集，因此中部地区流向呈由中部向南北两侧流动的特征，且流动范围较大，而在南北两侧受益区密集分布，供给区零散分布，因此在这些区域流向多为区域性流动。

表 5 - 6　　2010—2020 年陕北果蔬供给服务流向强度特征

时间	榆林市				延安市			
	一级强度	二级强度	三级强度	四级强度	一级强度	二级强度	三级强度	四级强度
2010 年	7	8	11	2	14	3	3	1
2015 年	15	12	18	13	30	12	7	—
2020 年	37	13	15	7	33	7	8	—

2015 年与 2010 年相比，受路网影响模拟流向数量明显增加，2010 年榆林市延安市模拟流向分别为 28 条、21 条，而 2015 年分别达到了 58 条与 49 条。需要说明的是果蔬供给服务流向数量与粮食供给不同，这是由于两类供给服务供给区与受益区空间位置相差较大，因此路网建设及流向模拟情况也各不相同。

由表 5 - 6 可知，2015 年两市果蔬供给服务强度特征基本与 2010 年相似，不同之处在于各强度区模拟数量明显增加。从空间分布特征来看，首先一级强度区域和三级强度区聚集区域无明显变化，但分布范围显著扩大，其中一级强度区在中部聚集向东部蔓延，四级强度区在南北两侧聚集，并在区域范围内蔓延。二级强度区分布范围也有所增加，但未形成空间聚集特征。四级强度区增加也较为明显，尤其在北部区域，分布数量较多（见图 5 - 6）。2020 年与 2015 年相比，两市一级强度区增加幅度最高，而其余强度区大都呈不同程度的下降特征。空间特征上，2020 年与 2015 年整体分布较为相似，主要表现为一级强度区分布范围的进一步扩大。

而出现上述流向特征及变化过程的主要原因在于陕北果蔬供给流量呈现中间高、南北低的特征，流量高的区域在中部聚集，因此使中部成为一级强度区聚集的区域，且随着路网的加设，一级强度区不断扩大。而流量较低的区域在南北两侧聚集，且受供给区与受益区的空间位置影响，该区域流向都呈小范围流动，因此南北两侧多为低强度区域，但 2010—2020 年果蔬供给流量总体呈增加的趋势，因此上述区域的低强度也逐渐被高强度替代。

如图 5 - 6 所示，与粮食供给服务相似，果蔬供给服务选择区域Ⅰ与区域Ⅱ详细分析，区域Ⅰ位于北部偏东，所属区域为米脂县与绥德县大部，区域Ⅱ相较于区域Ⅰ范围较大，位于陕北中部，具体包括安塞区、宝塔区、延川县和延长县等，上述两个区域在研究时段内都表现出一级强度区覆盖范围不断扩大的特征，但引起上述变化的原因不同，其中区域Ⅱ的果蔬流量始终较高，一级强度区扩大受路网密度的增加和流向的增加双重影响，而区域Ⅰ 2020 年一级强度区扩大的主要原因在于果蔬供给流量的增加。

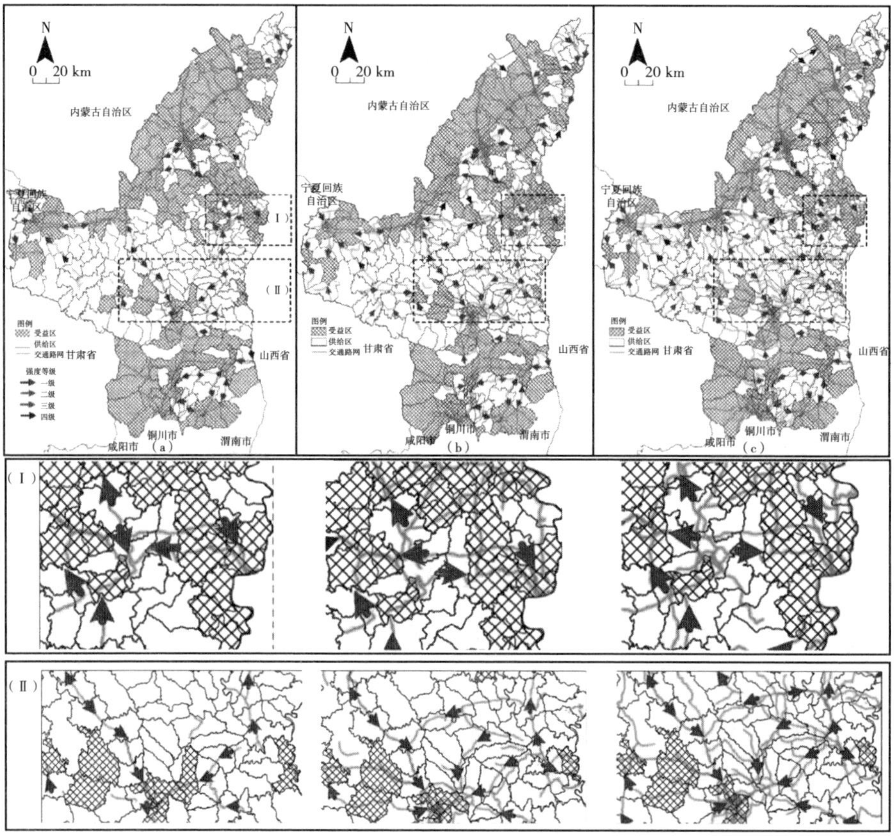

图 5－6　陕北 2010—2020 年果蔬供给服务流向模拟特征

综上所述，2010—2020 年果蔬供给服务流向整体以一级强度区为主，广泛分布于中部、北部及南部的大片范围，且覆盖空间不断扩大，低强度区主要在边缘区分布，随着路网的建设及果蔬供给流量的增加，模拟流向数量逐渐增加，尤其是高强度区域受前述两因素影响，增加最为明显。

三、肉类供给服务流

（一）流量时间特征

（1）流量变化过程。如表 5－7 所示为陕北肉类供给服务流量统计，由表可知，肉类供给服务流量与粮食供给，果蔬供给相比，流量更低，这主要是由于肉类产量较低造成的。具体分析，榆林市肉类供给服务流量呈持续增长的特征，2020 年为研究时段内最高值，2010 年为最低值，肉类供给服务流量增长率达到了 35%。其中 2010—2015 年，肉类供给服务流增长率较低，2015—2020 年增速略有上涨。与粮食供给服务相似，榆林市肉类供给服务占比高于延安市，历年占比均超过 70%，2020 年占比最高达到了 77%，2010 年最低为 73%。

表 5－7　2010—2020 年陕北肉类供给服务流量统计　单位：万亿千卡

时间	榆林	延安	陕北
2010 年	11.95－73%	4.32－27%	16.27
2015 年	13.33－74%	4.75－26%	18.08
2020 年	16.07－77%	4.82－23%	20.89
2010—2015 年变化	1.38（11%）	0.43（10%）	1.81（11%）
2015—2020 年变化	2.74（21%）	0.07（2%）	2.81（15%）
2010—2020 年变化	4.12（35%）	0.5（12%）	4.62（28%）

注：括弧“（）”内百分比表示研究时段内肉类供给服务流量的变化率，短线“－”后百分比分别表示榆林市、延安市肉类供给服务流量占陕北总流量的比重。

延安市肉类供给服务流量总体变化过程与榆林市相同，肉类供给服务流量最高值也为 2020 年，与榆林市相比，延安市肉类供给服务流量增速较低，研究时段内仅增长了 12%。且分时段观察，延安市流量变化与榆林市恰好相反，榆林市增速明显加快，但延安市增速明显回落，无论榆林市或延安市，肉类供给服务变化幅度最小。

（2）供给区受益区变化特征。表 5－8 所示为 2010—2020 年县（市）与乡镇单元上肉类供给服务的受益区与供给区数量统计。由表可知，供给区数量的变化过程与流量变化过程相似，特别在乡镇单元上，2010—2015 年供给区数量增长较多，2015—2020 年供给区数量减少，因此使研究时段内肉类供给服务受益区变化较小，县（市）单元上供给区增长了 2 个，乡镇单元上仅增长了 6 个，增长率仅为 2%。同时与粮食供给服务和果蔬供给服务相比，肉类供给服务的供给区数量介于二者之间，供给区占比在 80% 左右。

表 5 -8　　陕北肉类供给服务供给区与受益区变化

时间	供给区		受益区	
	县（市）	乡镇	县（市）	乡镇
2010 年	18 -72%	228 -77%	7 -28%	68 -23%
2015 年	20 -80%	244 -82%	5 -20%	52 -18%
2020 年	20 -80%	234 -79%	5 -20%	62 -21%
2010—2015 年变化	2（8%）	16（5%）	-2（-8%）	-16（-5%）
2015—2020 年变化	0	-10（-3%）	0	10（3%）
2010—2020 年变化	2（8%）	6（2%）	-2（-8%）	-6（-2%）

注：括弧“( )”内百分比表示研究时段内供给区/受益区的变化率，短线“ - ”后百分比分别表示供给区/受益区数量占陕北县市总数量的比重。

据图 5 -7 分析研究时段内肉类供给服务供给区与受益区变化特征。由图可知，2010 年陕北肉类供给类型数量最多的为低供给区，其次为高供给区、低受益区、高受益区，2015 年依次为低供给区、高供给区、低受益区、高受益区，2020 年未出现低受益区，高供给区数量剧增，仅次于低供给区。分析其变化过程，2010—2015 年变化过程以低供给区—低供给区，高供给区—高供给区，低受益区—低供给区，高受益区—低受益区为主。2015—2020 年变化过程较为复杂，但主要变化过程为低供给区—高供给区，高受益区—高受益区。综上所述，2010—2020 年，肉类供给服务高供给区与低供给区显著增加，低受益区数量明显减少，整体供需关系趋好的同时，区域间差异逐渐扩大。

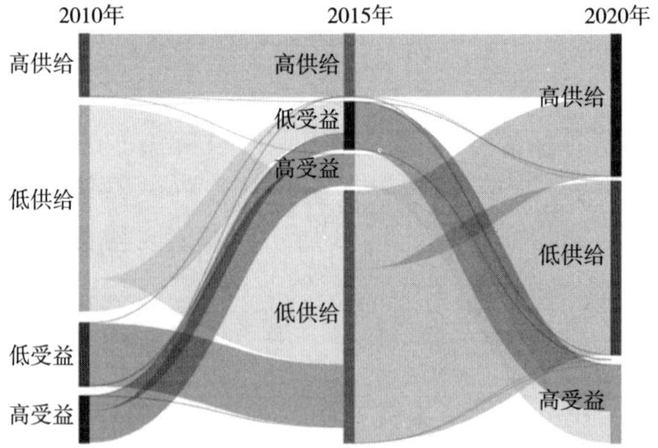

图 5 -7　肉类供给服务供给区与受益区变化过程

（二）流量空间特征

图 5－8 所示为 2010—2020 年陕北肉类供给服务流量空间分布特征。由图可知，整体上 2010 年陕北肉类供给服务流呈北高南低和西高东低的特征，高值区在西北部和北部聚集，低值区呈点状分布于整个区域。分析乡镇单元分布特征［见图 5－8（b）］，区域内低值乡镇数量较少，且从北到南零散分布，高值区在西北部与北部聚集。识别县（市）单元的分布特征，高值区县（市）包括定边县和吴起县等北部县（市），低值区包括榆阳区、宝塔区和吴堡县，次低值区包括了洛川县和黄陵县。

据图 5－8（d）分析栅格单元上 2010 年肉类供给服务流量的空间分布特征，由图可知，与 2010 年相比，高值区明显扩大，但空间上依然呈现出西北部和北部聚集的特征。低值区域 2010 年相比，无明显变化。分析乡镇单元的分布特征［见图 5－8（e）］可知，与 2010 年相比，低值区数量明显增加，空间分布上南部略多于北部，但总体特征依旧呈现出全境范围内零散分布的特征。高值区与 2010 年相比，无论是高值区乡镇数量或是分布范围都明显减少，高值区乡镇仅在西北部形成了聚集区，中部聚集区范围明显减少。这一特征在县（市）单元上也较为明显［见图 5－8（f）］，2015 年高值区县（市）仅有定边县、横山区和子洲县等，数量较少，次高值虽然依然多分布于北部，但数量与范围也明显减少。低值区域 2010 年相比，数量与空间分布范围无明显变化。

分析 2020 年栅格单元上陕北肉类供给服务流量的空间分布特征［见图 5－8（d）］，与 2015 年相比，高值区明显增加，但空间分布范围依然集中在西北部与北部区域。低值区范围也明显增加，在北部部分区域呈带状特征分布。分析乡镇单元的变化特征［见图 5－8（h）］，高值区乡镇数量明显增加，空间分布上，除了西北部和北部聚集外，也表现出向东部与东北部蔓延的特征。但与此同时，低值区数量也明显增加，尤其在南部区域，基本被低值区与次低值区覆盖。说明了 2020 年与 2010 年和 2015 年相比，区域差异明显扩大。识别县（市）单元的空间分布特征，如图 5－8 所示，高值区县（市）数量 2020 年最多，达到了 5 个，分别是定边县、吴起县、横山区、子洲县和清涧县，次高值区县（市）也集中在北部与西北部区域，具体包括靖边县、志丹县、米脂县与佳县。低值区除了在南部聚集外，2020 年北部部分县（市）肉类供给服务流量数值也较低。因此，2020 年与 2015 年和 2010 年相比，高值区明显扩大，但同时低值区数量也显著增加，区域间肉类供给服务流差异有扩大的趋势。

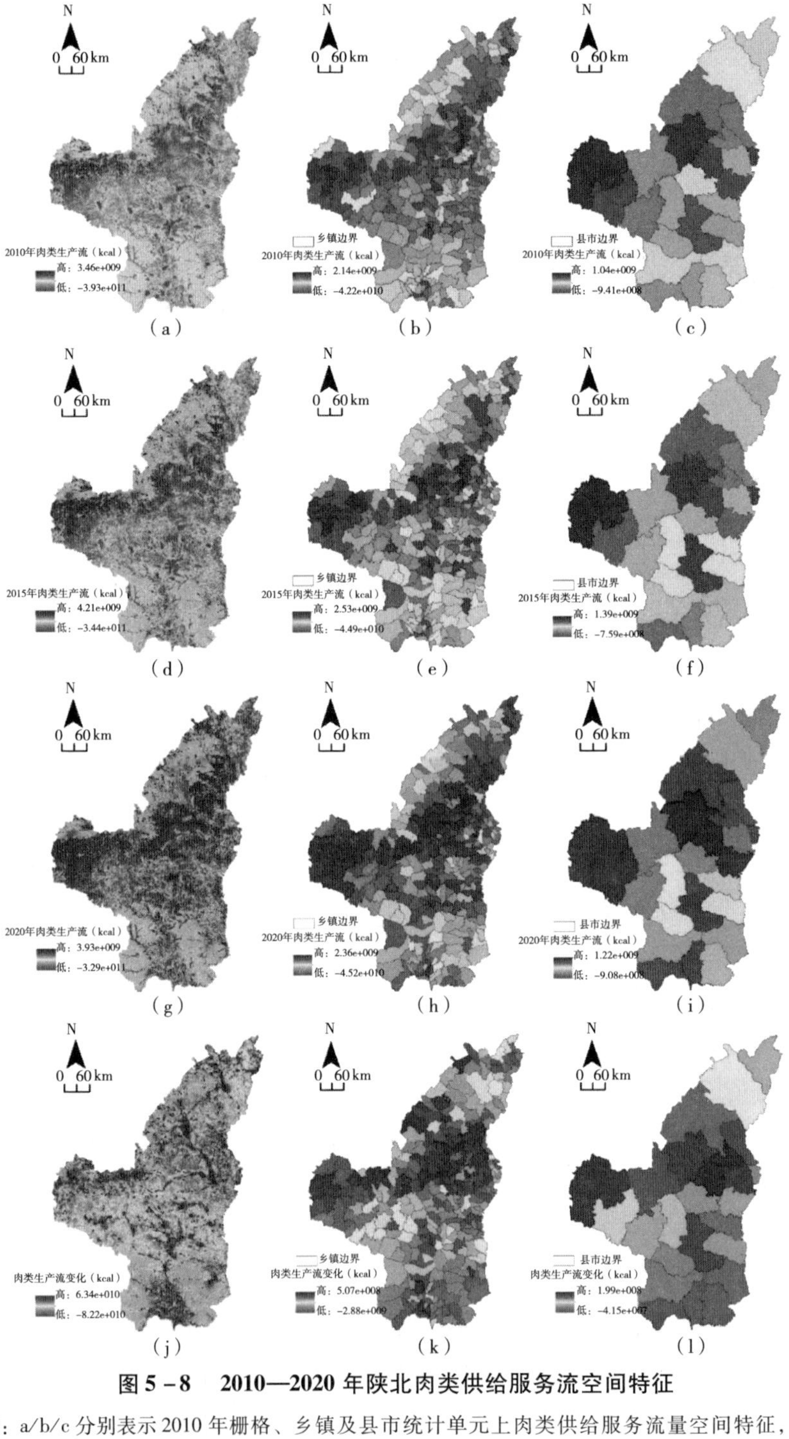

图 5-8　2010—2020 年陕北肉类供给服务流空间特征

注：a/b/c 分别表示 2010 年栅格、乡镇及县市统计单元上肉类供给服务流量空间特征，d/e/f、g/h/i、j/k/l 分别为 2015 年、2020 年、2010—2020 年变化量的空间特征。

分析2010—2020年肉类供给服务流量变化的空间分布特征。由图5-8（j）可知，整体上呈北高南低的特征，同时可以发现高值区与低值区基本呈共现的特征，即高值区周边往往也出现低值区，这一特征在南部及中部表现得尤其明显。分析乡镇单元变化的空间分布特征［见图5-8（k）］可知，高值区集中在北部和北部区域，尤其在北部，形成了数10个高值区乡镇组成的高值带，南部的部分区域也形成了高值带，但其分布范围较小。此外，由图可以看出，北部区域基本被高值区与次高值区覆盖，而南部基本被低值区与低值区覆盖，空间高低值的分布特征较为明显。识别县（市）单元的分布特征可知，基本上与乡镇单元类似，高值区聚集在北部，以榆林市为主，低值区聚集在南部，以延安市为主。说明了在研究时段内榆林市肉类供给服务流增长远高于延安市。

（三）流向时空特征模拟

表5-9为两市各乡镇模拟流向强度特征统计，图5-9为2010—2020年陕北肉类供给服务流向特征。

由表5-9可知，2010年两市肉类供给服务流向强度特征差异较大，其中榆林市为一级，二级强度数量最多，而延安市为二级强度和三级强度区数量最多。分析空间分布特征可知［见图5-9（a）］，2010年肉类供给服务的受益区空间分布较为均匀，流向也较为清晰，空间分异明显，北部基本被一级强度区覆盖，从东北部至北部—西北部一线大量区域均为一级强度区，少量区域为二级强度区，中部多为三级强度区，二级强度区在南部聚集。

表5-9　　2010—2020年陕北肉类供给服务流向强度特征

时间	榆林市				延安市			
	一级强度	二级强度	三级强度	四级强度	一级强度	二级强度	三级强度	四级强度
2010年	21	17	10	3	3	21	15	11
2015年	39	21	19	8	15	33	19	8
2020年	47	17	8	9	22	35	19	10

与前述果蔬服务与粮食服务相同，随着路网密度的增加，2015年肉类供给服务流向模拟路径也明显增加，两市各级强度区数量均有显著增加，但整体数量与空间分布特征与2010年基本一致［见图5-9（b）］。北部区域依然多为一级强度区，但东北部偏西地区路网增加后出现了三级强度区，该区域属于风沙区，故流量较低。二级强度区依然在中部地区聚集，且出现了数量

不少的一级强度区。变化最为明显的是南部地区，该区域由 2010 年的二级强度区为主变为了三级强度、二级强度与一级强度交叉分布的特征，说明了该区域 2015 年流量差异较大。结合前述流量的分析结果可知，2015 年整个陕北地区肉类供给服务流量区域间差异呈扩大的趋势，而在南部地区表现为洛川县流量明显小于周边县（市），因此也造成了 2015 年洛川县流向强度较低。

由表 5 -9 可知，2020 年肉类供给服务流向变化特征与果蔬供给服务相似，即一级强度区持续增加，但其余强度区增速变缓甚至出现下降的特征。分析空间特征可知［见图 5 -9（c）］，随着路网的进一步增加，整体流向也逐渐复杂，但 2020 年分布特征基本与 2015 年相似，陕北的中北部多为一级强度区与二级强度区，该区域一直以来就是肉类供给服务流量较高的区域。而三级强度区在中南部与南部分布，与 2015 相比，分布范围有所扩大，这主要是由于路网增加造成的。而四级强度区分布区域依然较小。

前述中根据果蔬流向与粮食流向的特征，分别选取了典型区域说明了路网与流向、供给区受益区的空间位置关系对流向及强度的影响。在本节中，依据肉类服务流向的特征，本书选取了如图 5 -9 所示的两个区域以分析受益区供给区空间位置及路网密度变化较小的情况下，流量对流向强度的影响。

如图 5 -9 所示，区域Ⅰ位于北部偏东，包括区域如米脂县、吴堡县和清涧县等，区域Ⅱ位于南部，包括县（市）如洛川县和黄龙县等。上述两个区域受益区与供给区交错分布，但基本上受益区分布于东西两侧，供给区位于中部。2010—2020 年 10 年间，路网均有所增加，其中区域Ⅰ的东部地区增加较为明显，而区域Ⅱ在整体范围内呈均匀增加，因此两个区域的流向走向特征较为相似，从中部向东西两侧流动，且由于路网复杂，流动途径也较为复杂。但据图 5 -9 还可发现，上述两区域的流向强度表现出了较大差异。

其中区域Ⅰ多数流向均为一级强度，而区域Ⅱ一级、二级、三级强度均有覆盖，而当受益区供给区位置相似，路网变化基本同步时，流向强度呈截然不同的特征主要是由于上述两区域的流量不同。前面已述，区域Ⅰ一直以来就是陕北肉类服务流量较高的区域，且在研究时段内增长量也较高，而区域Ⅱ的肉类供给服务流始终较低，且在该区域西部的三级强度区流量较小，东部及中部流量较高，因此在流量的影响在造成了两个区域不同的流向强度特征。

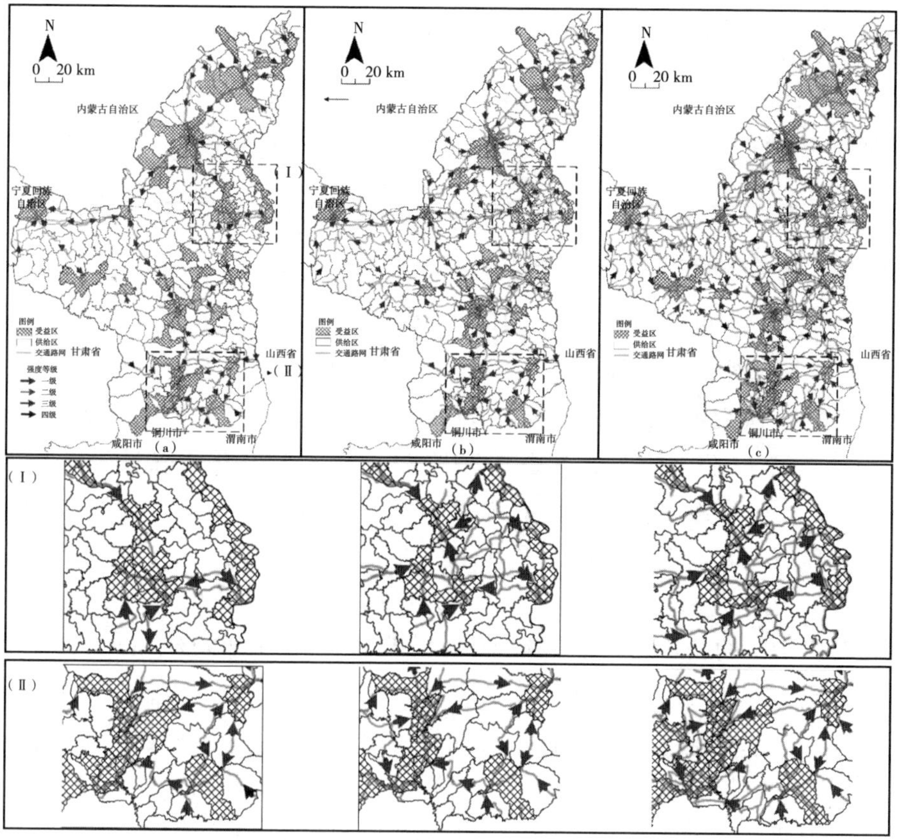

图 5-9　陕北 2010—2020 年肉类供给服务流向模拟特征

四、水源涵养服务流

(一) 流量时间特征

(1) 流量变化过程。据前述研究方法计算得到陕北地区、榆林市、延安市 2010—2020 年水源涵养服务流量数据，整理制得表 5-10，据此分析 2010—2020 年陕北水源涵养服务流量变化的时间演变特征。

表 5-10　2010—2020 年陕北地区水源涵养服务流量统计　单位：亿立方米

时间	榆林市	延安市	陕北
2010 年	0.31 -7%	4.11 -93%	4.42
2015 年	-2.64	1.75	-0.89
2020 年	0.13 -3%	4.65 -97%	4.78

续表

时间	榆林市	延安市	陕北
2010—2015 年变化	-2.95（-951%）	-2.36（-57%）	-5.31（-120%）
2015—2020 年变化	2.77（204%）	2.90（168%）	5.67（637%）
2010—2020 年变化	-0.18（-58%）	0.54（13%）	0.36（8%）

注：括弧“()”内百分比表示研究时段内水源涵养服务流量的变化率，短线“-”后百分比分别表示榆林市、延安市水源涵养服务流量占陕北总流量的比重。

由表5-10可知，榆林市2010—2020年水源涵养服务流量变化幅度较大，整体呈先剧降后骤增的特征，研究期末水源涵养服务流量低于研究期初的特征。研究时段内最低值为2015年的-2.64亿立方米，最高值为2010年的0.31亿立方米，其中与2010年相比，2020年下降量为0.18亿立方米，下降率为58%，但各时段变化特征迥异。2010—2015年，榆林市水源涵养服务流量剧烈下降，2015年数值为-2.64亿立方米，变化量达到了-2.95亿立方米，变化率达到了-951%，而2015—2020年水源涵养服务流量骤增，增长量达到了2.77亿立方米，增长率为204%，以2015年作为分割点，榆林市水源涵养服务流量发生了显著变化。分析各研究节点所占陕北水源涵养服务流量的比重可知，2020年与2010年相比，所占比重进一步下降，从7%下降到3%，而2015年榆林市水源涵养服务流量为负值，并因此也导致了2015年陕北水源涵养服务流为负值，且榆林市数值为陕北的接近3倍。据上说明了研究时段内榆林市水源涵养服务流量变化极不稳定，供需状态不容乐观。

据表5-10分析延安市水源涵养服务流量变化的时间特征，由表可知，研究时段内延安市水源涵养服务流整体呈先下降后上升，研究期末数值高于研究期初的特征。流量最低值出现在2015年，为1.75亿立方米，最高值出现在2020年为4.65亿立方米，与2010年相比，变化量为4.65亿立方米，变化率为13%。观察各年延安市水源涵养服务流量占陕北的比重可知，2010年与2020年占比均超过90%。分时段观察可知，与榆林市变化过程相似，2010—2015年延安市水源涵养服务流量也剧烈下降，下降量达到了2.36亿立方米，下降率为57%，而2015—2020年水源涵养服务流量骤增，增加量达到了2.90亿立方米，增长率为168%。据上说明了延安市水源涵养服务总体供需状态较为良好，延安市成为陕北最主要的水源涵养服务供给区。

据表 5 - 10 综合分析陕北在研究时段内水源涵养服务流量的变化特征，由表可知，研究时段内陕北水源涵养服务变化较为剧烈，总体呈先下降后上升、研究期末数值略高于研究期初的特征。研究时段内最高值为 2020 年的 4.78 亿立方米，最低值为 2015 年的 -0.89 亿立方米，与 2010 年相比，2020 年水源涵养服务流量增加了 0.36 亿立方米，增长率为 8%。分时段观察可知，2010—2015 年陕北水源涵养服务剧烈下降，下降量达到了 5.32 亿立方米，下降率为 120%，而 2015—2020 年水源涵养服务又骤增，增长量为 5.67 亿立方米，增长率达到了 637%。

综上所述，研究时段内陕北水源涵养服务变化波动较大，呈先下降后上升，研究期末数值略高于研究期初的特征，同时发现 2015 年数值为负，说明 2015 年供给小于需求。延安市与榆林市的变化过程与陕北变化过程相同，但榆林市 2020 年水源涵养服务流量要低于 2010 年，且其所占陕北水源涵养服务的比重呈下降的趋势，而延安市特征则与之相反，2020 年数值高于 2010 年，且所占陕北水源涵养服务的比重呈上升的趋势。

（2）供给区与受益区变化特征。进一步在乡镇与县（市）单元上分析供给区与受益区的变化过程，如表 5 - 11 所示。据表 5 - 11 分析水源涵养服务供给区的变化过程，由表可知，研究时段内无论是县（市）单元或乡镇单元，供给区数量都呈现下降后上升的特征，这与前述结论是一致的。

进一步分析可知，水源涵养服务县（市）单元与乡镇单元的变化幅度基本是同步的，两个单元上供给区所占比重均从 2010 年的 76% 增加到 2020 年的 80%，说明了陕北水源涵养服务总体上依然以供给区为主。研究时段内 2015 年供给区数量最少，其县（市）与乡镇单元上供给区占比分别为 44% 和 56%，但 2020 年与 2010 年相比，供给区数量明显恢复，且数量有所增加。分时段观察可知，两个单元上，2010—2015 年与 2015—2020 年变化幅度基本相同，尤其在县（市）单元上，2010—2015 年下供给区数量下降了 8 个，但 2015—2020 年增加了 9 个，但乡镇单元上变化数量高于县（市）单元，变化率从 2010—2015 年的下降 19%，变化为 2015—2020 年的增加 23%。由于根据流量将其分为供给区与受益区，因此受益区的变化过程恰与供给区相反，即数量呈先增加后下降的特征，乡镇与县（市）变化过程与幅度均相反，故本书不再赘述。

表 5－11　陕北水源涵养服务供给区域受益区变化过程

时间	供给区		受益区	
	县（市）	乡镇	县（市）	乡镇
2010 年	19－76%	225－76%	6－24%	71－24%
2015 年	11－44%	168－56%	14－56%	128－44%
2020 年	20－80%	239－80%	5－20%	57－20%
2010—2015 年变化	－8（－32%）	－57（－19%）	8（32%）	57（19%）
2015—2020 年变化	9（36%）	71（23%）	－9（－36%）	－71（－23%）
2010—2020 年变化	1（4%）	14（4%）	－1（－4%）	－14（－4%）

注：括弧“()”内百分比表示研究时段内供给区/受益区的变化率，短线“－”后百分比分别表示供给区/受益区数量占陕北县市总数量的比重。

综上所述，2010—2020 年无论在县（市）或乡镇单元，供给区均呈先下降后上升，研究期末供给区数量高于期初的特征，这与前述结论是一致的，说明了整体上陕北水源涵养服务依然供给量大于需求量，区域也以供给区为主。

进一步分析各县（市）供给区受益区类型的变化过程（见图5－10），据图可知，根据各县（市）2010 年水源涵养服务供给区受益区类型数量进行排序为，低供给区、低受益区、高供给区、高受益区，2015 年为高供给区、高受益区、低受益区、低供给区，2020 年为低供给区、低受益区、高供给区、高受益区。且由图可知，研究时段内，陕北水源涵养服务整体变化过程较为复杂，与 2010 年相比，2020 年低供给县（市）数量显著增加，高供给与高受益区数量显著减少，低受益区数量变化不明显。分时段观察，2010—2015 年主要变化特征为低供给区—低收益区、低供给区—高供给区、低受益区—高受益区。随着 2015 年高受益县（市）的增加及低供给县（市）的减少，整体供需状态恶化。分析 2015—2020 年的变化特征主要为低受益区—低供给区、高受益区—低供给区、高受益区—低受益区，该时段内，随着高受益县（市）数量的锐减，及低供给数量的暴增，虽然高供给县（市）有所减少，但整体区域水源涵养服务供需状态明显趋好。

综上所述，研究时段内陕北水源涵养服务以低供给区和低受益区为主，整体变化过程较为复杂，但随着 2020 年低供给区的显著增加及高收益区的减少，整体状态稍有好转。

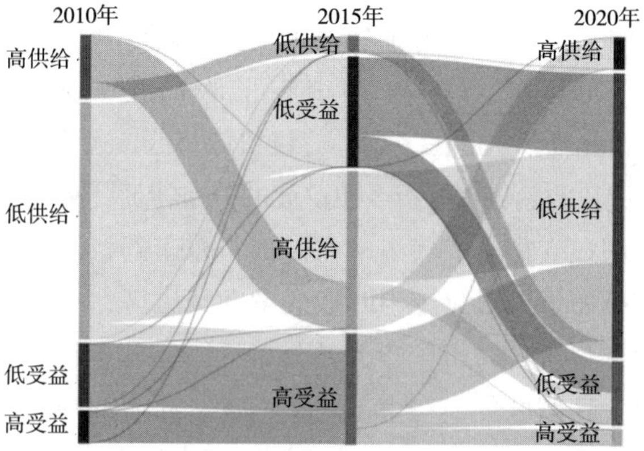

图 5－10 水源涵养服务供给区与受益区变化过程

（二）流量空间特征

据前述研究方法并借助 ArcGIS，得到 2010 年、2015 年、2020 年水源涵养服务流量空间分布特征以及 2010—2020 年水源涵养服务流量变化的空间分布特征，结果如图 5－11 所示。据图分析水源涵养服务的时空演变特征。

据图 5－11（a）分析 2010 年栅格单元上陕北水源涵养服务的空间分布特征，由图可知，整体上绝大多数区域数值为高值与次高值区，尤其在南部区域，高值范围分布较广，而北部基本为次高值取值。低值区总体呈北部线状南部点状的分布特征，且可明显看出北部低值区分布范围高于南部。进一步从乡镇单元进行分析［见图 5－11（b）］可知，高值区乡镇数量较少，仅有 6 个，且都位于南部区域。低值区乡镇数量也较少，不超过 5 个，但大都位于北部区域。而除此外的绝大多数区域均为次高值，次低值在北部偏东有大量分布，据图可知，2010 年各区域水源涵养服务流差异较小。识别县（市）单元的特征可知，高值区即流量为正的县（市）多位于南部，最高值为富县，其次黄龙县、宜川县、甘泉县、志丹县和黄陵县等延安其他县（市）流量数值也都较高。而低值区即流量为负值的区域大都位于北部尤其是东北部区域，具体包括榆阳区、绥德县、佳县、吴堡县和米脂县等。而次低值与次高值区分布在中部、北部及西北部区域。综上所述，2010 年陕北水源涵养服务流量呈西南高，东北低渐次分布的空间特征。

据图 5－11（d）分析 2015 年栅格单元上水源涵养服务流量的空间分布特征，首先与 2010 年水源涵养服务进行数值对比，可发现 2015 年无论是栅格或县（市）、乡镇单元，流量数值空间明显下滑，高值与低值均出现较大程度的下降，这说明了2015年流量显著减少，这与前文结论一致。而在空间分布特征上，低值区分布范围明显扩大，尤其在北部及北部偏东的区域，点状低值区不断扩大，而在北部偏东的区域点状与线状低值区覆盖空间均有不同程度的增加进而有连绵成片的趋势。分析乡镇单元的分布特征［见图5－11（e）］，高值区乡镇数量无明显变化，依然集中在南部与东南部，但低值区乡镇数量明显增加，其空间分布上未形成较为明显的空间聚集区，总体上均匀地分布在整个区域范围内。分析县（市）单元的分布特征［见图5－11（f）］，整体空间特征极为明显，高值区集中在南部与东南部、西南部的大片区域，而低值区集中在北部与东北部，空间界限极为明显，且不同区域的差距与2010年相比明显扩大。但与2010年整体特征相似，均为西南高、东北低。

继续分析2020年水源涵养服务流的空间分布特征，由图5－11（g）可知，2020年分布特征与2010年相似，与2015年相比，高值区变化不大，但低值区覆盖范围明显缩小。且观察其数值，比2015年数值空间显著提高，基本与2010年为同一水平。分析乡镇单元的分布特征可知［见图5－11（h）］，高值区数量与2010年，2015年相比明显增加，除分布在东南部和西南部的区域外，也呈现出向北扩散的特征。低值区乡镇数量也明显增加，且空间聚集也比较明显，分别在中部偏北及东北部区域集聚。识别县（市）单元的特征，总体特征变为南高北低的特征，且高值区覆盖范围明显增加，虽然高值县（市）仅有富县和宜川县等少量几个，但其次高值县（市）数量增加，且有向北延伸的趋势。低值区也明显减少，仅有东北部的榆阳区和绥德县等少数几个县（市）。

分析2010—2020年水源涵养服务流量变化的空间分布特征，由图5－11（j）可知，整体变化以高值和中间值为主。低值区呈线状分布在北部区域，南部变化则不显著。分析乡镇单元的变化特征，高值区乡镇集中在东南部的区域，且相互紧邻形成了高值区，变化的低值区则集中在西南部与东北部。县（市）单元的空间特征基本与乡镇单元相同，但其表现出明显的梯次分布的特征，高值县（市）集中在东部，次高值县（市）围绕高值县（市），在西部呈圈层分布，具体包括绥德县、子洲县和宝塔区，次低值则在次高值区西部圈层分布，变化值为负，即量减少的区域集中在东北部的3个县（市）。

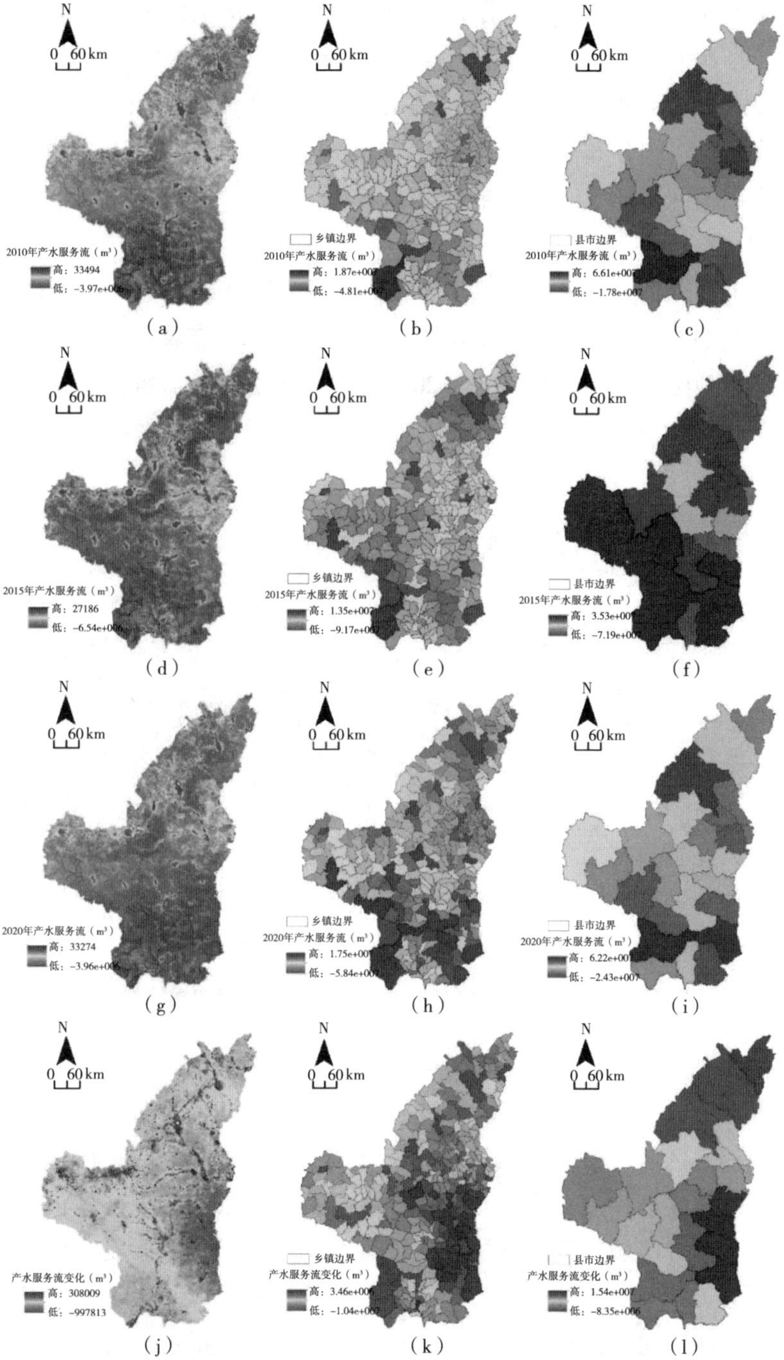

图 5－11　2010—2020 年陕北水源涵养服务流空间特征

注：a/b/c 分别表示 2010 年栅格、乡镇及县市统计单元上水源涵养服务流量空间特征，d/e/f、g/h/i、j/k/l 分别为 2015 年、2020 年、2010—2020 年变化量的空间特征。

综上所述，2010—2020 年陕北水源涵养服务流量空间分布基本呈西南高东北低，渐次分布的特征，且高值区有逐渐向北延伸的趋势，高低值区除 2015 年表现出明显的空间界限外，其余年份空间界限均不明显。2010—2020 年流量变化的空间分布呈现由东向西梯次分布的特征，高值区集中在东部、中部为次高值区，低值区集中在东北部分布。

（三）流向时空特征模拟

依据前述分析方法模拟水源涵养服务流向，并得到图 5 – 12。如图 5 – 12 所示，（a）（b）（c）分别为 2010 年、2015 年、2020 年陕北水源涵养服务流向及强度模拟图，据图分析 2010—2020 年陕北水源涵养服务流向的时空变化特征。

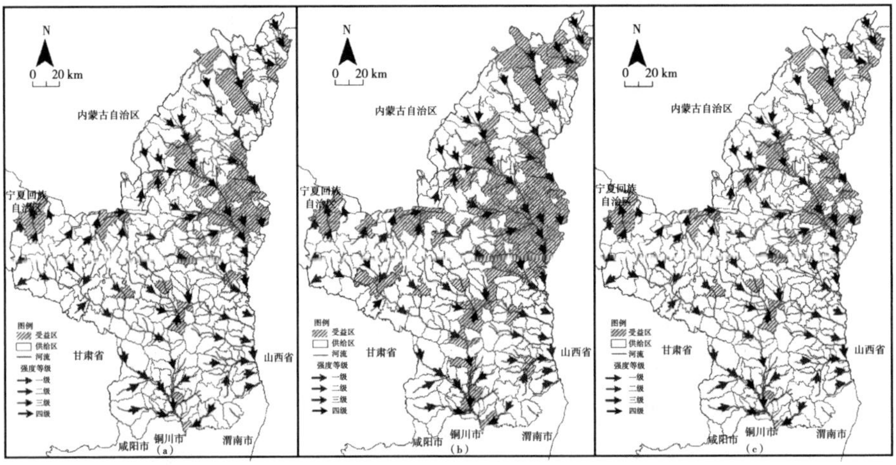

图 5 – 12　2010—2020 年陕北水源涵养服务流向模拟特征

如图 5 – 12 所示，基于高差模拟的陕北水源涵养服务流向特征较为复杂，空间上并未形成明显统一的流动方向与路径，根据模拟流向路径大致可将陕北划分为四大区域，第一是位于陕北南部偏中区域，其流向路径基本为北—南向，具体覆盖县域包括洛川县大部、富县及甘泉县的部分区域；第二陕北东南部的大部分区域，该区域主要流向为西—东向，具体覆盖县域包括黄龙县、宜川县大部及延长县、宝塔区两县东南部区域；第三位于正北及西北部区域，该区域流向以南—北向为主，具体覆盖县域包括定边县、靖边县、横山区和榆阳区的北部区域；第四为陕北中部偏东及东北部区域，该区域覆盖面积最广，整体流向以西北—东南向为主，具体包含县域如米脂县、佳县、绥德县、神木市、府谷县等县市。此外在西北部等部分区域也有少量的东北—西南向路径，但整体分布范围与模拟数量较少。

据图继续分析2010年水源涵养服务流向的强度特征可知，整体呈南高北低、西高东低的特征。一级强度区基本覆盖了南部及中部的大部分区域，在东北部也有少量分布，但在东南部、西南部及中部区域组团聚集特征较为明显。由于一级强度区覆盖范围较广，因此不同区域主要流向也各不相同，其中东南部为西—东向，西南部为西北—东南向，中部及东北部为西北—东南向。二级强度区主要在北部风沙区沿线一带分布，流向特征各不相同，其中东北部为西北—东南向，西北部为南—北向。此外在中部地区也有少量二级强度分布，主要流向为北—南向。三级强度区主要在中部偏东区域分布，且空间聚集特征较为明显，主要方向为西—东向及西北—东南向。四级强度区零散且广泛分布于陕北整个区域，空间聚集特征不明显。

据图5－12（b）分析2015年陕北水源涵养服务流向特征可知，与2010年相比，受益区范围明显增加，尤其在东部及中部，但流向特征整体变化较小。首先在地形与河网的影响下，各区域流向基本没有变化，不同强度的覆盖区稍有变化。其中一级强度区无明显变化，依旧广泛分布在中部与东南部的大片区域。二级强度区变化较大，南部及西北部很多乡镇均由2010年的二级区域变为2015年的三级强度或四级强度区域，三级强度区在北部增加明显。而四级强度区变化最大，在中部和东部大片范围内模拟数量显著增加。造成2015年流向变化的主要原因是随着流量的下降，区域间流量强度差异更加突出，由此导致流向空间异质性特征显著。

分析2020年陕北水源涵养服务流向的特征可知，与2015年和2010年相比，受益区数量明显减少，这与前述结论一致。流向强度的空间分布特征与2015年相比稍有变化，主要表现在北部二级强度区覆盖范围的增加，及三级强度、四级强度区范围的缩小。整体而言，2020年水源涵养服务流向特征与2010年较为相似，这主要是由于2020年流量基本恢复至2010年水平，甚至小幅上升。

综上所述，2010—2020年陕北水源涵养服务总体流向为西北—东南，各级强度区空间分布范围变化较小，其中一级强度区分布范围最广，集中在中部与东南部，二级强度区基本沿风沙区走向分布，三级强度区在东部聚集，四级强度区无明显空间聚集特征。根据其各强度空间覆盖范围的变化可以发现，流向强度与流量大小密切相关。当区域受益区数量增加时，区域间流量差异扩大，流向空间异质性特征也更加明显，反之则不明显。

五、土壤保持服务流

（一）流量时间特征

（1）流量变化过程。据前述研究方法计算得到陕北地区、榆林市以及延安市2010—2020年土壤保持服务流量，整理并制得表5－12，据此分析2010—2020年陕北及榆林市，延安市土壤保持服务流的时间演变特征。

表5－12　2010—2020年陕北地区土壤保持流统计　单位：亿吨

时间	榆林市	延安市	陕北
2010年	－0.23	0.50	0.27
2015年	－0.38	0.14	－0.24
2020年	0.58	0.33	0.91
2010—2015年变化	－0.15（－65%）	－0.36（－72%）	－0.51（－188%）
2015—2020年变化	0.96（352%）	0.19（135%）	1.15（579%）
2010—2020年变化	0.81（452%）	－0.17（－66%）	0.64（237%）

注：括弧"（）"内百分比表示研究时段内土壤保持服务流量的变化率，短线"－"后百分比分别表示榆林市、延安市土壤保持服务流量占陕北总流量的比重。

据表5－12可知，2010—2020年榆林市土壤保持服务流量呈先下降后增长，研究期初流量为负值，研究期末为正值的总体特征，研究时段内最低值出现在2015年，流量为－0.38亿吨，2010年也为负值，说明了该时段内土壤保持服务供不应求，2020年为研究时段内的最高值，达到了0.58亿吨，扭亏为盈，与2010年相比，增加量为0.81亿吨，增长率达到了452%，说明了榆林市土壤保持服务供需关系得到了极大的改善。分时段观察可知，2010—2020年，榆林市土壤保持服务流量进一步下滑，下降到－0.38亿吨，下降量为65%，但2015—2020年，土壤保持服务流量迅速增加，增加量达到了0.96亿吨，增长率为352%。因此虽然2010—2015年榆林市土壤保持呈下降趋势，但由于2015—2020年增长迅猛，使整个时段内土壤保持服务流呈增加的特征。

据表5－12分析延安市研究时段内土壤保持流的时间演变特征，由表可知，与榆林市相比，延安市历年土壤保持服务流量均为正值，说明延安市土壤保持服务供大于需，整体供需关系良好，其变化特征也呈现先下降后上升的趋势，但2020年数值要低于2010年。研究时段内最低值为2015年的0.14亿吨，最高值为2010年的0.50亿吨，与2010年相比，2020年土壤保持服务减少了0.17亿吨，下降率为66%。分时段观察，2010—2015年下降量为0.36亿吨，下降率为-72%，2015—2020年增加量为0.19亿吨，增长率为135%，虽然2015—2020年增长率较高，但由于2010—2015年下降量过多，导致研究时段内延安市整体呈下降的趋势。

据表5-12分析2010—2020年陕北土壤保持服务流量的时间变化特征可知，整体上陕北也呈现先下降后上升，研究期末数值高于研究期初的特征。研究时段内最高值出现在2020年为0.91亿吨，最低值出现在2015年为-0.24亿吨。分时段观察，2010—2015年土壤保持服务流量下降了0.51亿吨，下降率为188%，但2015—2020年显著增加，增加量达到了1.15亿吨，增长率为579%，也正是由于2015—2020年陕北土壤保持服务流量的暴增，使陕北在研究时段内整体呈上升的趋势。

综上所述，2010—2020年陕北土壤保持服务流量呈先下降后上升，研究期末数值高于研究期初，整体供需关系趋好的特征。榆林市与延安市与陕北的整体变化过程相同，但不同点在于榆林市2020年土壤保持服务流量高于2010年，而延安市2020年数值低于2010年。

（2）供给区与受益区变化特征。在分析区域整体土壤保持服务流量时间演变的基础上，进一步根据各乡镇及各县（市）流数值特征，分析陕北供给区与受益区变化的时间过程（见表5-13）。

表5-13　陕北土壤保持服务供给区域受益区变化过程

时间	供给区		受益区	
	县（市）	乡镇	县（市）	乡镇
2010年	14-56%	164-55%	11-44%	132-45%
2015年	11-44%	119-40%	14-56%	177-60%
2020年	18-72%	193-65%	7-28%	103-35%
2010—2015年变化	-3（-21%）	-45（27%）	3（27%）	45（33%）
2015—2020年变化	7（63%）	74（62%）	-7（70%）	-74（42%）
2010—2020年变化	4（28%）	29（17%）	-4（36%）	-29（22%）

注：括弧“（）”内百分比表示研究时段内供给区/受益区的变化率，短线“-”后百分比分别表示供给区/受益区数量占陕北县市总数量的比重。

表5-13所示为陕北土壤保持服务供给区与受益区在县（市）和乡镇两个统计单元数量的变化过程。首先分析供给区的变化特征，县（市）单元上整体呈先减少后增加的特征，2015年供给区数量最少，为11个，占比为44%，2020年数量最多达到了18个，占比为72%，说明2020年时多数县（市）已经成为土壤保持服务的供给区。分时段观察可知，2010—2015年供给区减少了3个县（市），2015—2020年增加了7个，与2010年相比整体供需关系趋好。供给区乡镇单元的变化过程与县（市）单元相同，整体趋势也相同，但就2020年供给区占比而言，乡镇单元数量低于县（市）单元。受益区的变化过程与供给区则恰好相反，呈先增加后下降，受益区县（市）与乡镇与2010年相比都呈下降的趋势，本书不再赘述。

如图5-13所示为2010—2020年陕北各县供给区与受益区变化特征。据图可知，根据历年各县土壤保持服务供给区受益区类型数量进行排序，2010年数量最多的县（市）为低供给区，其余依次为低受益区、高供给区、高受益区；2015年为低受益区、低供给区、高受益区、高供给区；2020年为低供给区、低受益区、高供给区、高受益区。总体来说，在研究时段内，随着低供给区数量的显著增加，低受益区与高受益区，特别是高受益区数量的大幅减少，整体供需状态趋好。分时段观察可知，2010—2015年主要变化特征为低供给区—低受益区，低受益区—高受益区。2015—2020年主要变化特征为低受益区—低供给区，高受益区—低供给区。

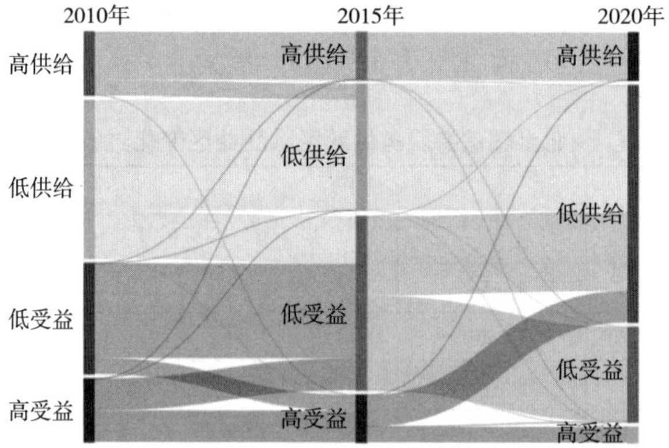

图5-13　土壤保持服务供给区与受益区变化过程

（二）流量空间特征

据前述研究方法并借助ArcGIS实现可视化（见图5-14），据此分析

2010—2020年陕北土壤保持服务流空间演变特征。

据图5-14（a）分析栅格单元上2010年陕北土壤保持服务流量空间特征可知，整体上呈中部低、东西高、北部低和南部高的特征。高值区及流量为正的区域聚集在南部的大片区域，低值区即流量为负的区域在中部聚集，在北部的大片区域也有分布。这一特征在乡镇单元上更加明显［见图5-14（b）］，高值区在东南部与西南部呈长条状分布，此外在西部区域也有少量的高值区乡镇，但分布空间较小。低值区在中部大量聚集，并向北延伸，呈东北—西南走向。识别县（市）单元的空间分布特征［见图5-14（c）］，高值县（市）包括了最南部的6个县，如富县、宜川县、洛川县、黄龙县、黄陵县和延长县等。西部也有定边县和吴起县为次高值区，低值区在中部和北部分布。

分析2015年陕北土壤保持服务流量空间分布特征，栅格单元上［见图5-14（d）］与2010年相比，高值区域明显减少，尤其在南部区域，低值区范围也稍有缩小，依然在中部和北部聚集。在乡镇单元上观察，2010年与2015年对比更加明显，高值区乡镇仅剩西南部的部分区域，东南部及西部的高值区变为次高值区或不显著区。低值区范围与2010年相比，明显减少，尤其在中部区域，低值区乡镇数量明显减少。县（市）单元上，高低值区县（市）无明显变化，基本与2010年分布特征相同。

分析2020年土壤保持服务流量空间分布特征可知，虽然与2010年和2015年相比，空间分布特征整体相似，尤其在县（市）单元上，高低值县（市）基本吻合，高值县（市）依然以南部六县为主，但次高值区明显增加，在北部、西部和东部的大片区域分布明显，低值区依然在中部和北部。但在栅格和乡镇单元上可以发现，与2010年和2015年相比，无论高值或低值，其分布范围进一步缩小，说明了区域间差异呈缩小的趋势。

分析2010—2020年陕北土壤保持服务流量变化的空间分布特征，由图5-14（j）可知，低值区在中部集中，高值区在东西两侧聚集，南部与北部的大片区域则以不显著区为主。在乡镇单元上分析［见图5-14（k）］，变化值为负，即土壤保持服务流减少的区域在中部和北部分布数量最多，此外西南部也有少量分布。而变化为正的区域集中在中部偏东与中部偏西的区域，整体空间分布特征较为明显。在县（市）单元上［见图5-14（l）］，流减少的区域包括安塞区、宝塔区、横山区、榆阳区以及黄陵县，增加值最高的分布在东西两侧，此外其余县（市）基本为次高值区，说明研究时段内土壤保持服务流均呈增加的趋势。

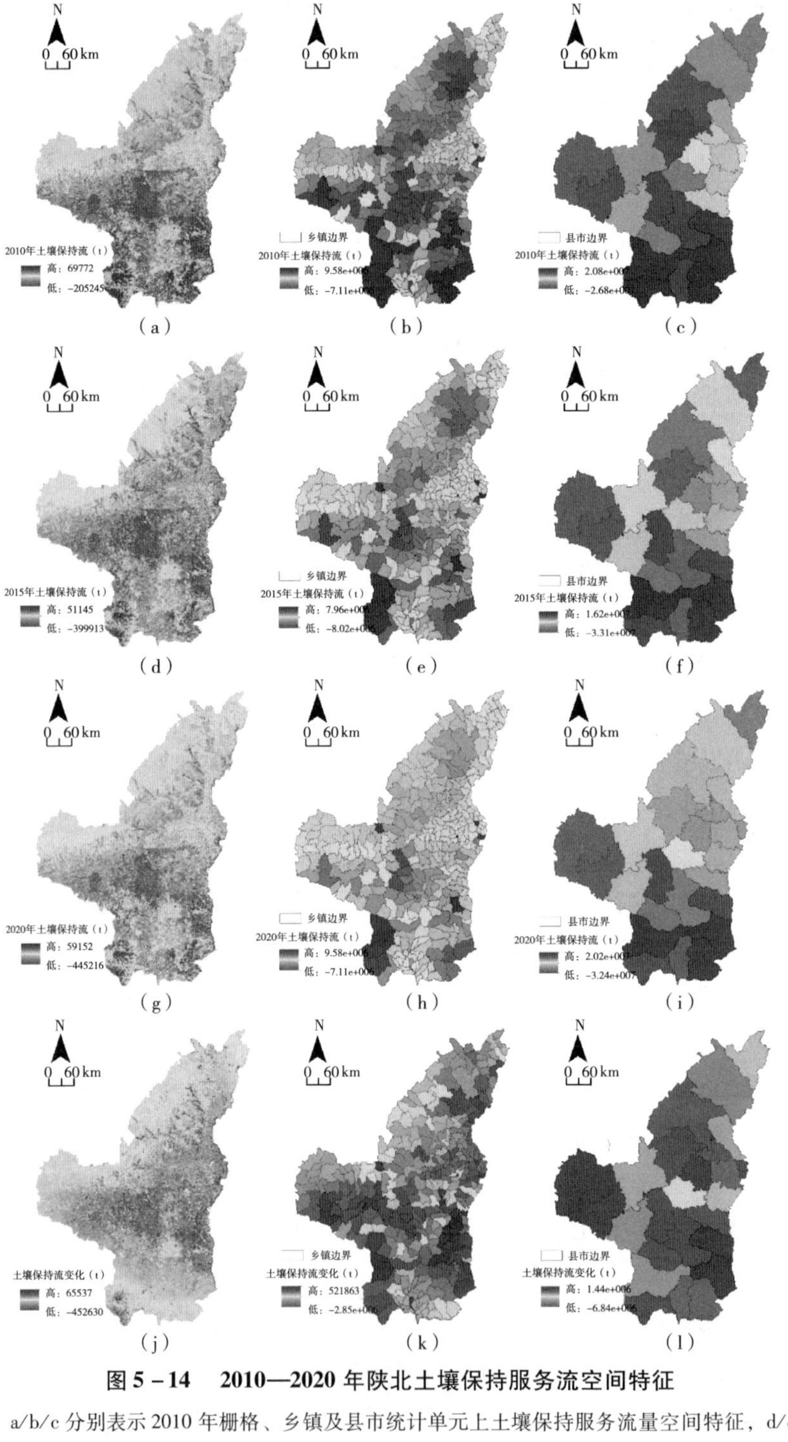

图 5-14　2010—2020 年陕北土壤保持服务流空间特征

注：a/b/c 分别表示 2010 年栅格、乡镇及县市统计单元上土壤保持服务流量空间特征，d/e/f、g/h/i、j/k/l 分别为 2015 年、2020 年、2010—2020 年变化量的空间特征。

综上所述，2010—2020 年，陕北土壤保持服务流整体呈中部低、东西两侧高、北部低和南部高的分布特征。高低值的空间分布特征无明显变化，但高值区与低值区分布数量都呈减少的特征，说明区域间差异呈缩小的趋势。研究时段内土壤保持服务流量变化的空间分布特征呈中部低，四周高，低值区数量较小，从北到南呈间隔分布，高值区集中在东西两侧，而次高值区域广泛分布的特征。

（三）流向时空特征模拟

依据前述分析方法模拟土壤保持服务流向，并得到图 5 - 15。如图 5 - 15 所示，（a）（b）（c）分别为 2010 年、2015 年、2020 年陕北土壤保持服务流向及强度模拟图，据图分析 2010—2020 年陕北土壤保持服务流向的时空变化过程。

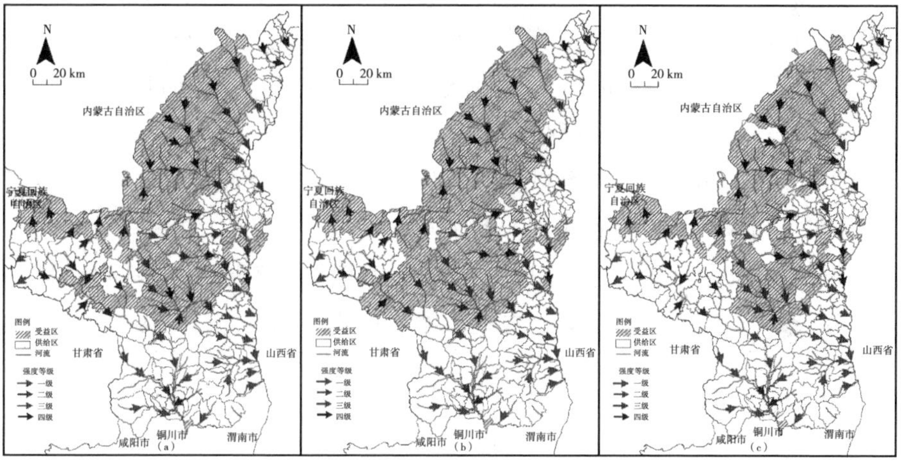

图 5 - 15　2010—2020 年陕北土壤保持服务流向模拟特征

由图 5 - 15a 可知，2010 年陕北土壤保持服务流向特征与水源涵养服务相同，依然大致上可划分为四个区域，总体流向以西北—东南为主，但与水源涵养服务相比，土壤保持服务流向特征呈明显的不同等级强度区组团聚集且间隔分布的特征。具体来说，一级强度区在中部及南部聚集，其中东南部主要流向为西—东向，中部及西南部为北—南向和西北—东南向，具体包含县域如黄陵县、富县、黄龙县、宜川县、延长县和宝塔区等。二级强度区覆盖范围较小，仅在西北部和南部有零散分布，流向特征受地形影响差异也较大，主要包含县域如洛川县及吴起县、志丹县部分区域。三级强度区分布范围较广，尤其在中部及中部偏东区域聚集，主要流向为北—南及西北—东南向，包含县域如安塞区、子长市、绥德县、米脂县和佳县等。四级强度区分布范围也较广，主要在北部风沙区一线及中部区域，其中东北部主要流向为北—南向，西北部为南—北向，中部则较为复杂，包含多种路径，包含县域如府谷县、神木市、榆阳区、横山区、靖边县和定边县等。

据图5-15（b）分析2015年陕北土壤保持服务流特征可知，首先与2010年相比，土壤保持服务受益区数量明显增加，尤其在中部区域，这主要是由于流量的减少导致的，这与前述结论相符。总体来说，土壤保持服务流向强度的空间分布特征变化较小，主要是四级强度区范围的缩小，如西北部区域从四级强度区变为二级，中部则变为三级强度区，因此导致2015年三级强度区在中部形成了较为明显的聚集区，而除此外的其余强度区均没有明显变化。

据图5-15（c）分析2020年陕北土壤保持服务流特征可知，随着2020年土壤保持流量的显著增加，受益区乡镇也明显减少，尤其与2015相比，下降极为明显，与2010年相比，受益区范围也显著缩小。但流向强度的空间分布特征变化较小，依然呈不同强度组团聚集分布的特征。

综上所述，2010—2020年陕北土壤保持服务流向特征受地形与河网双重影响，基本与水源涵养服务相同，整个陕北大致呈西北—东南向，部分区域呈南—北向和北—南向。但不同之处在于土壤保持服务流强度空间分异特征显著，一级强度区在南部聚集，二级强度区在西北部聚集，三级强度区在中部聚集，四级强度区在北部及东北部聚集。

六、碳固持服务流

（一）流量时间特征

（1）流量变化过程。据前述研究方法分别计算得到陕北地区、榆林市以及延安市2010—2020年碳固持服务的流量，整理得到表5-14，据此分析碳固持服务的时间演变特征。

据表5-14可知，2010—2020年榆林市碳固持服务流量呈持续下降的趋势，研究时段内最高值为2010年，此后持续下降，2020年为研究时段的最低值，下降率达到了655%。据上说明该时段内榆林市碳固持服务供需关系逐渐恶化。分时段观察可知，2010—2015年下降率为434%，2015—2020年下降率为 194%，虽然 2015—2020 年与前一时段相比，下降量与下降率有所减缓，但总体供需状态依然不容乐观。

表 5－14　　2010—2020 年陕北地区碳固持服务流量统计　　单位：万吨

时间	榆林市	延安市	陕北
2010 年	3.37	15.88	19.25
2015 年	－7.89	16.09	8.2
2020 年	－15.36	13.8	－1.56
2010—2015 年变化	－11.25（－434%）	0.22（1%）	－11.47（－59%）
2015—2020 年变化	－7.42（－194%）	－2.29（－14%）	－10.12（－130%）
2010—2020 年变化	－18.67（－655%）	－2.92（－18%）	－21.59（－112%）

注：括弧“（）”内百分比表示研究时段内碳固持服务流量的变化率，短线“－”后百分比分别表示榆林市、延安市碳固持服务流量占陕北总流量的比重。

据表 5－14 分析，延安市碳固持服务流量整体变化呈先上升后下降的特征，但延安市流量始终为正值，说明其供给大于需求，供需状态良好。研究时段内最低值出现在 2020 年，最高值为 2015 年，与 2010 年相比，2020 年流量下降了 292 万吨。其中 2010—2015 年增加率仅为 1%，但 2015—2020 年下降量达到了 229 万吨，下降量为 14%，说明随着时间的推移，延安市流量有下降的趋势。但与榆林市相比，下降量与下降率还较小。

据表 5－14 分析 2010—2020 年陕北碳固持服务的时间演变特征可知，总体上陕北不仅变现出碳固持服务流量持续下降的趋势，同时也经历由正值到负值的变化过程，说明了陕北碳固持服务从供大于需，逐渐变为供不应求，供需关系逐渐紧张并恶化。研究时段内最高值为 2010 年的 1925 万吨，最低值为 2020 年的 156 万吨，下降量达到了 2159 万吨。分时段观察可知，陕北变化特征与延安市相同，下降速度呈不断加快的趋势。

综上所述，2010—2020 年陕北碳固持服务流量呈持续下降的特征，且下降速度有进一步加快的趋势，其数值也经历由正值到负值的变化，说明了在研究时段内陕北碳固持服务供需关系逐渐紧张并恶化。延安市与榆林市变化特征基本与陕北一致，但榆林市下降量与下降速度均较快，而延安市碳固持服务流量虽然也呈持续下降的特征，但其历年流量数值均为正，说明了其供给关系良好。

（2）供给区与受益区变化特征。据表 5－15 分析不同统计单元上供给区数量的变化过程可知，无论乡镇或是县（市），在研究时段内都呈持续下降的趋势。县（市）单元上供给区数量最多的为2010年的21个，此后持续下降，2020年时，仅有13个县（市）为供给区。而供给区乡镇数量也呈下降的特征，但其占比略高于县（市）单元，2010年时供给区乡镇达到了255个占比为86%，2020年下降到159个。分时段观察可知，县（市）单元上2010—2015年下降了6个，2015—2020年下降了2个，乡镇单元上变化过程也与县（市）单元上相同，2015—2020年下降数量高于2010—2015年。这与前文分析结果稍有不同，前述流量分析结果表明在2015—2020年陕北流量下降趋势相较于2010—2015年更快，但在乡镇或县（市）单元上并未表现出该特征，究其原因可能是随着社会经济快速发展，城市化进程加快，经济发展高值区呈点状分布，而非面状分布。

表5－15　　陕北固碳服务供给区域受益区变化过程

时间	供给区		受益区	
	县（市）	乡镇	县（市）	乡镇
2010年	21－84%	255－86%	4－16%	41－14%
2015年	15　60%	191－64%	10－40%	105－36%
2020年	13－52%	159－53%	12－48%	137－47%
2010—2015年变化	－6（－28%）	－64（－25%）	6（150%）	64（156%）
2015—2020年变化	－2（－13%）	－32（－16%）	2（20%）	32（30%）
2010—2020年变化	－8（－38%）	－96（－37%）	8（200%）	96（70%）

注：括弧“()”内百分比表示研究时段内供给区/受益区的变化率，“短线－”后百分比分别表示供给区/受益区数量占陕北县市总数量的比重。

碳固持服务需求的高值区往往为人口和产业集中的区域，而对于自然资源稀缺，交通闭塞的区域，其发展潜力与后劲均不足。2010—2015年陕北经济快速发展，该时段内大片区域碳固持需求增加导致流量为负值，但2015—2020年经济发展高值区依然集中于前一时间段发展起来的区域，且这些区域需求进一步增加，导致流量也呈下降的特征。而经济发展不可能实现整个区域无差别发展，因此有条件的区域迅速发展，而条件较差的区域发展缓慢，加之陕北部分区域其主体功能区定位不同，因此虽然流量下降速度呈不断加快的特征，但供给区的数量却并未表现出该特征。

如图 5 - 16 所示，根据历年各县（市）供需比值将其进行排序，2010 年低供给区数量最多，其余依次为高供给区、低受益区、高收益区，2015 年为低供给区、低受益区、高供给区、高受益区，2020 年为低受益区、低供给区、高供给区、高受益区。总体而言，随着高供给区与低供给区县（市）的持续减少以及低受益区和高受益区数量的持续增加，整体供需状态趋差。分时段观察 2010—2015 年主要变化特征为低供给区—低受益区，高供给区—低供给区，低受益区—高受益区，2015—2020 年，主要变化特征为低供给区—低受益区，低受益区—高受益区。

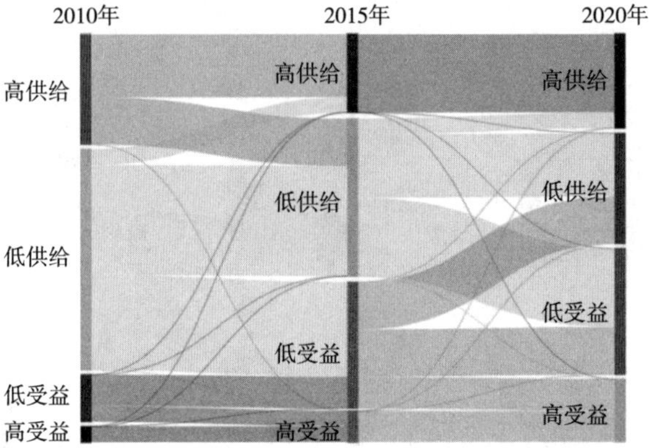

图 5 - 16　碳固持服务供给区与受益区变化过程

（二）流量空间特征

据前述研究方法得到陕北 2010—2020 年碳固持服务流空间分布特征，如图 5 - 17 所示，据此分析研究时段内陕北碳固持服务流量的空间演变特征。

如图 5 - 17（a）所示为栅格单元上 2010 年陕北碳固持服务流量空间分布特征，如图所示，绝大多数区域碳固持服务流为正值即高值，尤其在南部区域，高值范围分布较广。低值区呈点状分布的特征，同时可以发现南部低值区数量较少，且点状覆盖范围也较小，低值区大都分布在北部区域。分析乡镇单元分布特征可知，2010 年仅有少数几个乡镇为负值，其他区域均为正值，高值区集中在南部。识别县（市）单元的分布特征，高值区县（市）集中在南部与西北，具体包括富县、黄龙县、黄陵县、宜川县、吴起县、志丹县和定边县，低值区集中在东北部及北部，具体包括榆阳区、米脂县、佳县、吴堡县和子洲县等。

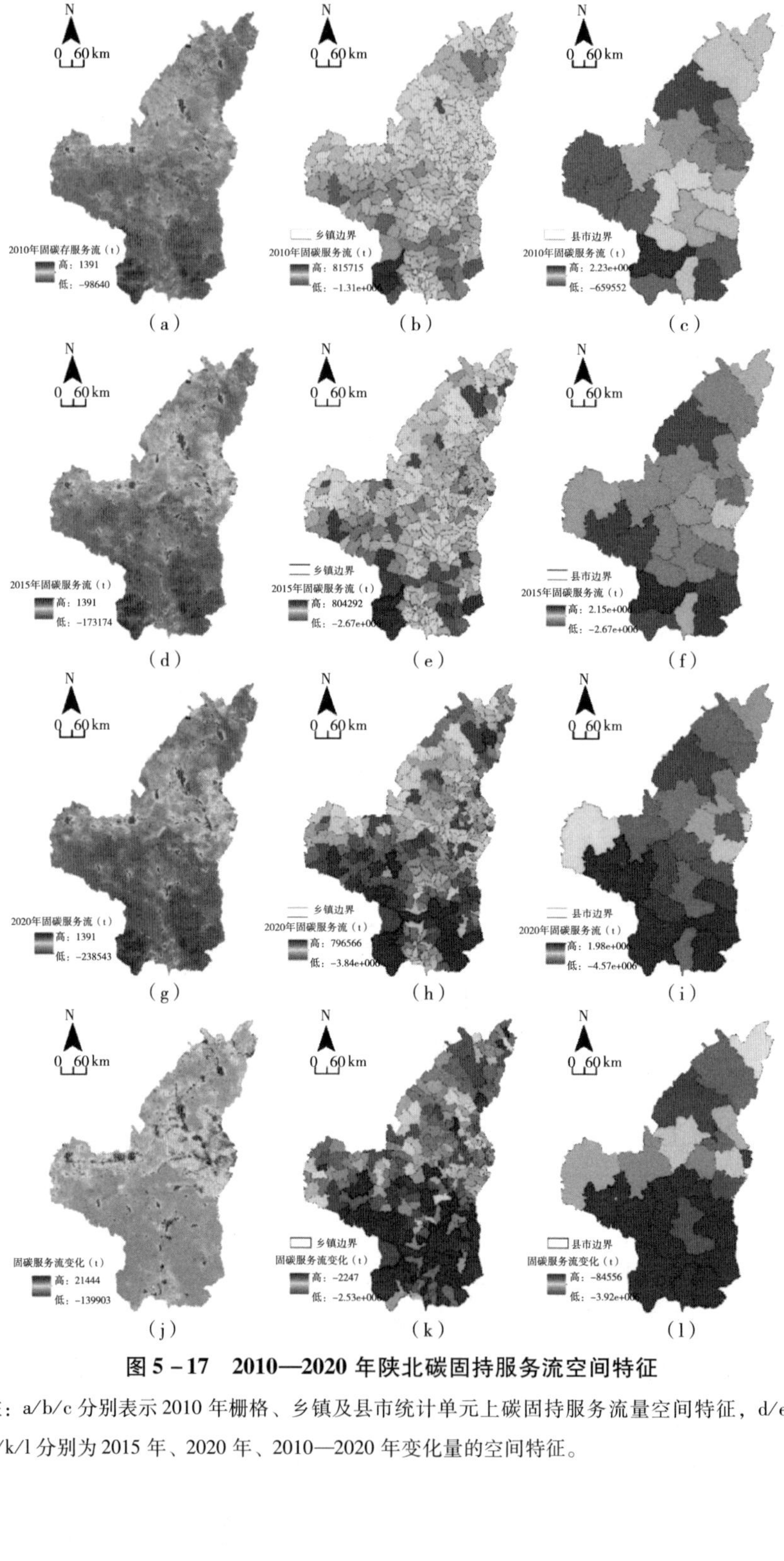

图 5－17　2010—2020 年陕北碳固持服务流空间特征

注：a/b/c 分别表示 2010 年栅格、乡镇及县市统计单元上碳固持服务流量空间特征，d/e/f、g/h/i、j/k/l 分别为 2015 年、2020 年、2010—2020 年变化量的空间特征。

据图5－17（b）分析2015年碳固持服务流量的空间分布特征，与2010年相比，南部变化不大，依然被高值区覆盖，低值区呈点状分布且范围较小，但北部低值区范围明显扩大，尤其是北部、西北部及北部偏东区域。这一特征在乡镇单元上表现得极为明显，低值区乡镇与2010年相比，明显增加，尤其在北部区域，低值区域次低值区乡镇增加明显。而南部仅有极少数乡镇变为负值［见图5－17（e）］。识别县（市）单元的特征可知，西北部的定边县由高值区变为次高值区，且东北部的府谷县与神木市也变为低值区，低值区县（市）范围明显扩大，且对比南北高低值分布范围可知，与2010年相比，高低值空间界限逐渐清晰，且区域间碳固持服务流差距有逐渐扩大的趋势［见图5－17（h）］。

分析2020年碳固持服务流量的空间分布特征可知［见图5－17（c）］，栅格单元上南部低值区范围也开始扩大，但大多数区域依然为高值区，北部低值区继续扩大覆盖范围，尤其在北部偏东区域，有连绵成片的趋势。在乡镇单元上，北部低值区乡镇数量持续增加，仅在东北部及西部地区有少数高值乡镇，其余北部区域基本为低值区与次低值区。南部高值区乡镇明显增加，空间范围扩大。识别县（市）单元特征可知，延安市基本为高值区，榆林市基本为负值区，对比数值可知，2020年数值要远低于2015年，但出现了数量较多的高值区主要是由区域间的差异逐渐扩大造成的。

分析2010—2020年碳固持服务流量变化的空间分布特征，栅格单元低值区即流减少区集中分布在北部及北部偏东的区域，南部低值区分布较少。乡镇单元上空间分布特征更加明显，北部基本没有高值区乡镇，仅在北部及东北部边缘有少量的次高值区乡镇分布。南部大多数乡镇为高值区，低值区零散分布。且需要注意的是，观察图5－17（k）和图5－17（l）可知，所有县（市）与乡镇的变化值均为负，说明研究时段内流量均呈下降的趋势。县（市）单元上，高低值分布范围极为清晰，低值在北部聚集，呈带状分布，高值区县（市）在南部聚集，呈片状分布。

综上所述，2010—2020年陕北碳固持服务流量呈南高北低，高值区在南部聚集，低值区在北部聚集，空间界限明显，区域间差异逐渐扩大的特征，且高值区范围逐渐缩小，低值区不断扩大，且表现出逐渐向南延伸的趋势。而2010—2020年碳固持服务流变化特征表现为所有研究单位的流数值均呈下降趋势，且下降量较多的区域集中在北部，呈带状分布，基本与风沙区走向和行政边界一致，高值区在南部呈片状分布。

（三）流向时空特征模拟

基于前述研究方法计算并绘制得到图 5－18，据此分析陕北 2010—2020 年陕北碳固持服务流向的时空演变特征。

由图 5－18 可知，研究时段内固碳服务流向时空特征变化较大，与前述结论相似，10 年间受益区范围不断扩大，且流向强度表现出一级、二级不断向北覆盖，三级、四级范围不断缩小的特征，主导流向也发生明显变化，受盛行风向影响，主要流向有以西—东向为主，变为东南—西北向，东北—西南向交叉分布的特征。

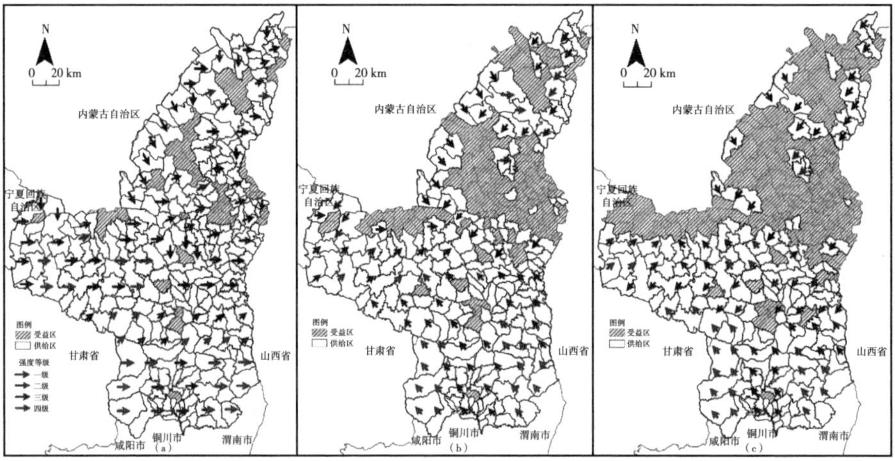

图 5－18　2010—2020 年陕北固碳服务流向模拟特征

其中 2010 年流向强度以一级、二级、三级为主，四级强度仅在东北部部分区域有分布，流向以西南—东北为主［见图 5－18（a）］。一级强度覆盖区以东南部和西南部为主，在西部也有少量分布，其流向以西—东为主，也有少量区域为西南—东北向。二级强度分布范围以中北部及西北部为主，流向以西—东为主，也有部分区域如西北部、东北部和东部表现出北—南的流向。三级强度区域分布范围较广，陕北除南部没有分布外，基本覆盖陕北的中部和北部区域，其中中部和中东部覆盖范围最广，主要方向为西—东向。总体而言，2010 年陕北碳固持服务流以西—东向为主，有少量区域为西南—东北向，不同强度空间聚集特征明显。

由图5-18（b）可知，2015年与2010年相比，首先主要流向发生了明显变化，2010年以西向—东向为主，2015年盛行风向以东南—西北向为主，尤其在中部及南部的大片区域，北部及东北部则以东北—西南向为主。分析强度变化特征可知，一级强度覆盖范围无明显变化，依然以东南部和西南部为主。二级强度区域则明显向南蔓延，分布范围横跨中部地区，流向与一级相同，为东南—西北向。三级强度区域变化最为明显，表现出南部缩小和向北延伸的特征，且流向也表现出不同区域主导方向不同的特征，东北部以东北—西南向为主，西部则以西—东向为主，南部部分区域有少量的东南—西北向。且观察2010年与2015年流向分布图可发现，基本上2015年二级强度与三级强度空间分布范围与2010年分布范围相互调换。四级强度分布范围依旧集中在东北部，在盛行风向的影响下，主要流向为西—东向及东北—西南向。

由图5-18（c）可知，2020年固碳服务需求区显著增加，这与前述结论一致，从整体强度分布区域来看，与2015年相比，三级强度与四级强度分布范围集中分布在北部及东北部区域，且其空间范围明显缩小，而造成这种现象的主要原因是受益区数量在北部与东北部聚集，连绵成片，在北部供给区数量显著减少，且其主导流向均为东北—西南向。2020年一级强度区域与2015年相比，其空间范围与主导方向无明显变化。但二级强度区域与2010年相比，空间范围也无明显变化，但其主导流向在盛行风向的作用下，不同区域表现出不同的特征。其中南部区域为东南—西北向，中部偏南为东北—西南向，中部偏北为东南—西北向。

综上所述，2010—2020年随着陕北碳固持服务受益区的持续增加，并在盛行风向的影响下，陕北碳固持服务流向整体呈现以一级强度和二级强度为主，覆盖范围不断向北延伸，三级强度和四级强度范围持续缩小的特征，且在盛行风向的影响下主导方向由以西—东向为主变为东南—西北向，东北—西南向交叉分布的特征。

七、休闲游憩服务流

（一）流量时间特征

（1）流量变化过程。据前述研究方法计算得到陕北、榆林市和延安市

2010—2020 年休闲游憩服务流量，整理制得表 5 - 16，据此分析陕北地区休闲游憩服务的时间演变特征。

表 5 - 16　2010—2020 年陕北地区休闲游憩服务流统计　单位：平方千米

时间	榆林市	延安市	陕北
2010 年	13590 - 36%	23256 - 64%	36846
2015 年	13417 - 36%	23200 - 64%	36617
2020 年	13505 - 36%	23447 - 64%	36952
2010—2015 年变化	-173（-1.27%）	-56（-0.24%）	-229（-0.62%）
2015—2020 年变化	88（0.65%）	247（1.06%）	335（0.91%）
2010—2020 年变化	-85（-0.62%）	191（0.82%）	106（0.28%）

注：括弧"（）"内百分比表示研究时段内休闲游憩服务流量的变化率，短线"-"后百分比分别表示榆林市、延安市休闲游憩服务流量占陕北总流量的比重。

据表 5 - 16 分析榆林市 2010—2020 年休闲游憩服务流的时间变化特征，由表可知 10 年间呈上下降后上升，研究期末比研究期初略有下降的特征，但整体变化幅度较小。研究时段内最低值出现在 2015 年的 13417 平方千米，最高值为 2010 年的 13950 平方千米，与 2010 年相比，下降了 85 平方千米，下降率为 0.62%。分析历年所占陕北休闲游憩服务流的比重可知，2010—2020 年均为 64%，无变化。分时段观察，2010—2015 年呈下降特征，下降量为 173 平方千米，下降量为 1.27%。2015—2020 年呈上升特征，增加量为 88 平方千米，增长率为 0.65。虽然两个时间段变化特征不同，但其变化幅度均较小。

据表 5 - 16 分析延安市研究时段内休闲游憩服务流变化的时间特征可知，2010—2020 年整体上延安市呈先下降后上升的特征，与榆林市变化特征相似。研究时段内最低值也出现在 2015 年，为 23200 平方千米，最高值出现在 2020 年，为 23447 平方千米，与 2010 年相比，增加量为 1919 平方千米，增长率为 0.82%。与榆林市相同，延安市休闲游憩服务流所占陕北休闲游憩服务流的比重均为 64%，也无变化。分时段观察可知，两个观察时段内的变化特征与榆林市相同，但不同点在于延安市 2015—2020 年增加量高于 2010—2015 年，由此也导致了延安市研究时段内整体休闲游憩服务流呈增长的特征。

据表 5 - 16 分析陕北 2010—2020 年休闲游憩服务流的时间变化特征，由表可知整体上陕北休闲游憩服务流也呈先下降后上升的特征，与榆林市和延安市相同。研究时段内最低也为 2015 年，其值为 36617 平方千米，最高值为 2020 年的 36952 平方千米，与 2010 年相比，增加量为 106 平方千米，增长率为 0.28%。分时段观察可知，与延安市变化过程相同，2010—2015 年休闲游憩服务流有所下降，2015—2020 年则呈上升的趋势，但 2015—2020 年增加量高于 2010—2015 年，故整体呈上升的趋势。

综上所述，研究时段内陕北休闲游憩服务流均为正值，呈先下降后上升，研究期末数值高于研究期初的特征，但总体变化幅度与变化量均较小。榆林市与延安市变化趋势相同，但由于各时段变化量不同导致榆林市休闲游憩服务流略有下降，而延安市则小幅上升。

（2）供给区与受益区变化特征。在分析区域流量变化过程的基础上，进一步在县（市）和乡镇两个单元上分析供给区与受益区的变化过程。由表 5 - 17 可知，与其余服务类型在供给区、受益区不同单元上变化不同相比，休闲游憩服务整体无变化，所有乡镇与县（市）均为供给区，供给均高于需求，说明了该服务整体供需关系极好，供给远高于需求。

表 5 - 17　　2010—2020 年陕北休闲游憩供给区与受益区统计

时间	供给区		受益区	
	县（市）	乡镇	县（市）	乡镇
2010 年	25 - 100%	296 - 100%	0	0
2015 年	25 - 100%	296 - 100%	0	0
2020 年	25 - 100%	296 - 100%	0	0

注：括弧“（）”内百分比表示研究时段内供给区/受益区的变化率，短线“ - ”后百分比分别表示供给区/受益区数量占陕北县市总数量的比重。

基于前述研究方法，制得图 5 - 19 分析陕北，榆林市以及延安市研究时段内休闲游憩服务供给区与受益区类型变化特征。分析县（市）单元变化过程可知，首先研究时段内所有县（市）均为供给区，但随着时间的推移，低供给区数量逐渐减少，高供给区数量逐渐增多，整体变化过程均为低供给区—高供给区。随着高供给数量的增加，整体供需关系日渐趋好。

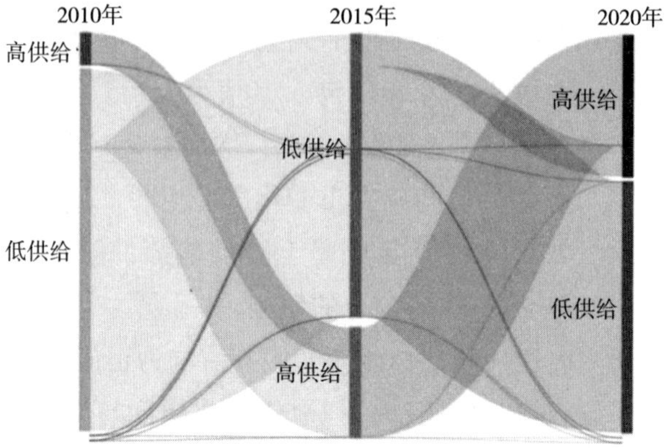

图 5－19　休闲游憩服务供给区与受益区变化过程

（二）流量空间特征

据前述研究方法制得图 5－20，据此分析陕北 2010—2020 年休闲游憩服务流空间演变过程。由图可知，2010—2020 年陕北休闲游憩服务流量空间分布特征整体变化不大，由前文可知，研究时段内，流变化量仅占总体量的不到 1%，这一特征也在空间上得以显示，由于变化量较小，因此历年的高低值分布特征基本相同。

总体上呈现南北高中间低和西高东低的特征。南部与西部高值区范围较广且在空间上接壤，具体包括定边县、吴起县、志丹县、富县、黄陵县、宜川县和黄龙县等，北部的府谷县和神木市也是高值区。低值区集中在北部偏东的区域，且连绵成片，分布较广，具体包括了米脂县、吴堡县、佳县和横山区等。据图 5－20（i）—图 5－20（l）分析 2010—2020 年休闲游憩服务流变化的空间分布特征可知，高值区即增加的区域分布在西部及东南部，低值区即减少区分布在北部，其余的大片区域变化不明显。

综上所述，2010—2020 年陕北休闲游憩服务流整体呈南北高中间低和西高东低的特征，历年高低值县（市）空间分布特征无明显变化。

由于流向是指从供给区向需求区的空间流动过程，但休闲游憩服务无论县（市）或乡镇单元，均为供给区，故本书不再模拟休闲游憩服务流的空间流向。

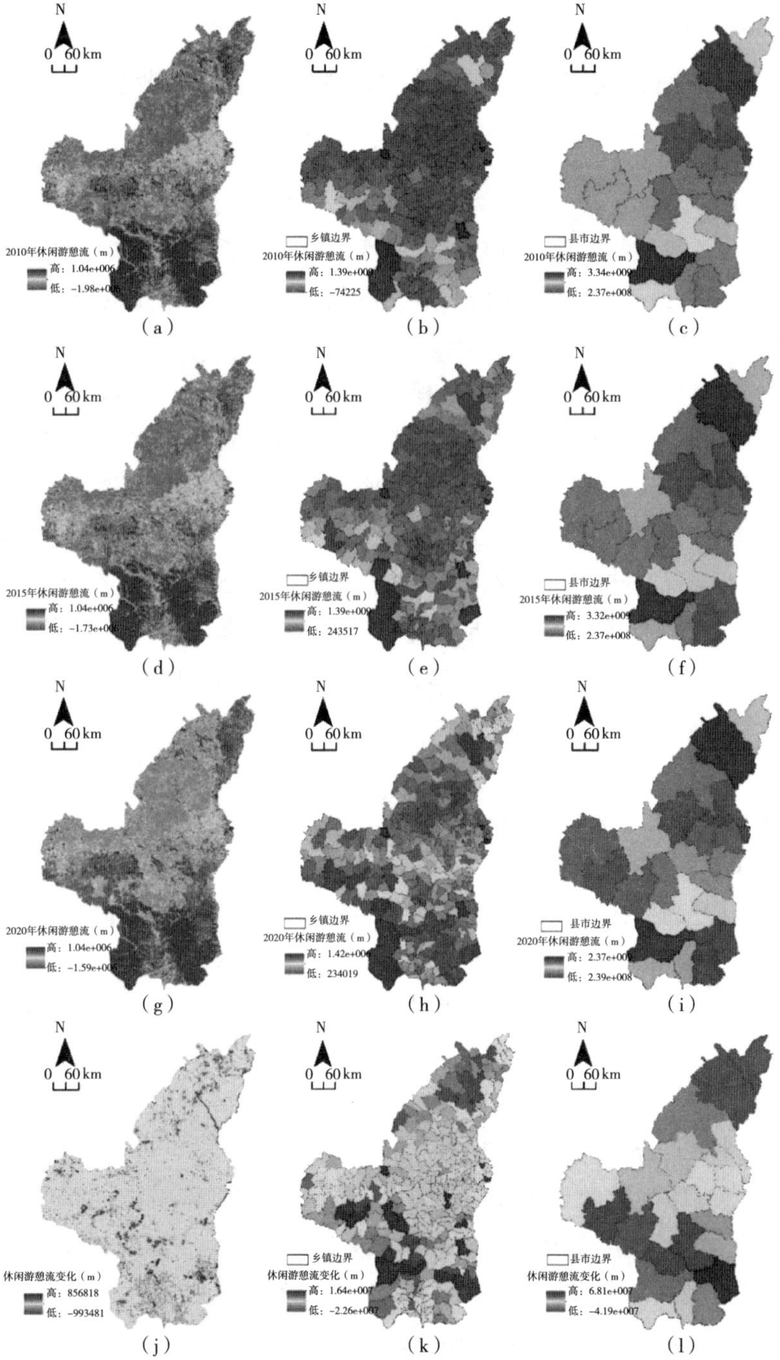

图 5－20　2010—2020 年陕北休闲游憩服务流空间特征

注：a/b/c 分别表示 2010 年栅格、乡镇及县市统计单元上休闲游憩服务流量空间特征，d/e/f、g/h/i、j/k/l 分别为 2015 年、2020 年、2010—2020 年变化量的空间特征。

第三节 基于生态系统服务流的空间类型划分

前述逐一分析了研究区七类生态系统服务流量与流向的时空特征，尚未探讨各类服务流量与流向之间的相互关系，研究结果互相独立，难以综合揭示研究单元生态现状与社会经济发展之间的平衡关系以及不同单元之间的相互联系。

因此本节中首先使用高斯混合模型分析了研究区各类生态系统服务流量的聚类特征，识别各研究单元的生态系统服务流量簇类型与分布空间，以明晰各单元的主导生态系统服务类型或类型组合，以此实现对陕北生态系统服务空间类型的初步划分。随后在此基础上，结合各区域主导生态系统服务的流向特征，实现对空间类型的进一步细分。本节内容结合流量与流向特征完成对研究区空间类型的划分，研究结果对于对比分析各类型区生态现状与社会经济发展状况具有重要作用，同时是下述调节机制中典型县（市）选取的重要参考依据。

一、基于流量的类型划分

使用前述高斯模型分析陕北地区历年生态系统簇，并根据贝叶斯准则信息（BIC）确定最优簇数量，当 BIC 值最低时为该模型的最佳聚类个数，本书通过对 2010—2020 年三期陕北生态系统服务流量的聚类分析，结果显示历年 BIC 最低值均为 3，故将陕北生态系统服务簇划分 3 类，并依据各类生态系统服务流量在该类簇中所占比重命名簇的类型，结果如图 5 - 21 所示，同时结合图 5 - 22 分析各类簇的时空分布特征。

如图 5 - 21 显示的是陕北历年生态系统服务流量簇特征，其中图（a）、（b）、（c）分别显示 2010 年生态系统服务流量簇类型，（d）、（e）、（f）为 2015 年簇类型，（g）、（h）、（i）为 2020 年簇类型，根据主导生态系统服务流量类型将三类簇分别命名：其中（a）、（d）、（g）属于农牧供给簇，（b）、（e）、（h）属于果蔬生态簇，（c）、（f）、（i）属于生态均衡簇。

如图 5 - 21 所示，农牧供给簇粮食供给服务流量与肉类供给服务流量所

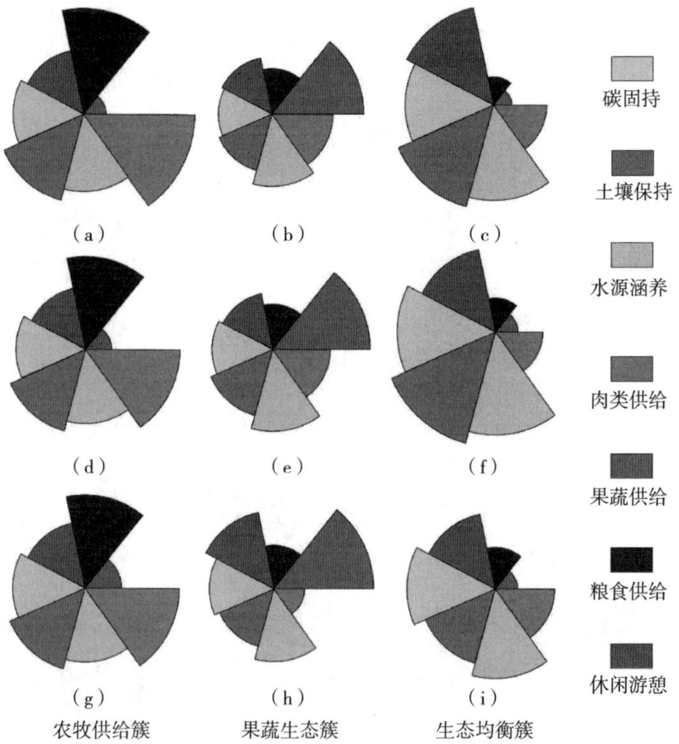

图 5-21　2010—2020 年陕北生态系统服务流量簇识别结果

占比重较大，土壤保持服务、水源涵养服务、碳固持服务和休闲游憩服务流量相差不大，但总体小于粮食供给服务与肉类供给服务，果蔬供给服务流量最低。观察其变化过程，农牧供给簇各类服务所占比重变化较小，仅肉类供给服务小幅下降，果蔬供给服务流量略有上升，其余服务则变化不明显。分析其空间变化过程，由图 5-22 可知，农牧供给簇位于陕北中北部和榆林市南部，覆盖县（市）以榆林市为主，也包含了部分延安北部县（市），在研究时段内空间分布范围也较为稳定，除吴堡县与府谷县外，其余县（市）均未发生变化。其中府谷县由 2010 年的农牧供给簇变为 2015 年和 2020 年的生态均衡簇，吴堡县则由 2010 年的生态均衡簇变为 2015 年和 2020 年的农牧供给簇。

果蔬生态簇整体表现为果蔬供给服务流量所占比重最高，其余服务所占比重较小且均衡的特征。2020 年与 2010 年相比，果蔬生态簇中果蔬供给服务流量比重进一步提高，休闲游憩服务与水源涵养服务也有所提高，但所占比重远低于果蔬供给服务，碳固持服务、水源涵养服务及粮食供给服务变化较小，肉类供给服务减少最多。基于上述特征，可认为该类簇以果蔬供给服务为主，休闲游憩、水源涵养和碳固持服务为辅，因此命名为果蔬生态簇。

分析其空间变化过程可知（见图5－22），果蔬生态簇主要分布在陕北的西南及西部区域，覆盖县（市）均为延安市，研究时段内榆林市均未出现果蔬生态簇。果蔬生态簇空间变化也较小，变化区域主要在延安市东部，覆盖县（市）包括延川县与宜川县。其中延川县从2010年的生态均衡簇变为2015年和2020年的果蔬生态簇，宜川县从2010年的生态均衡簇变为2015年的果蔬生态簇，2020年则又属于生态均衡簇。

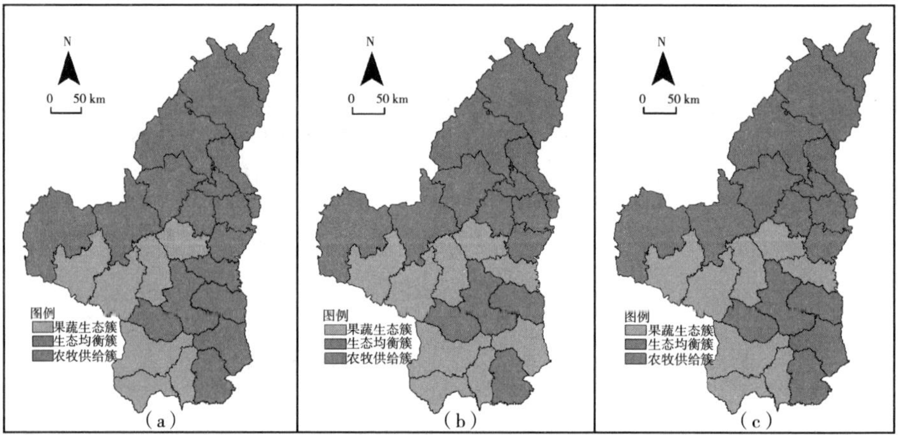

图5－22　2010—2020年陕北生态系统服务簇空间分布

由图5－21可知，生态均衡簇各服务流量比重特征为三类调节支持服务与文化服务占比较高且均衡，供给服务占比较低，与调节支持服务和文化服务相差较大，因此基于上述特征，将该类服务命名为生态均衡簇。分析其变化过程可知，土壤保持服务与休闲游憩服务所占比重有所下降，碳固持服务与水源涵养服务比重小幅上升，与2010年和2015年相比，2020年三类调节支持服务及休闲游憩服务所占比重更为均衡。此外肉类供给服务也有明显提升，但与前述四类服务相比，差距仍然较大，粮食供给与果蔬供给所占比重则变化不明显。分析生态均衡簇空间分布及变化过程可知，与果蔬生态簇和农牧供给簇在空间上呈集中分布的特征不同，生态均衡簇总体上呈组团分布，在陕北西北部与东南部分别组团。由前述可知，该两个区域各类生态系统服务流量相差较大，但生态系统服务簇结果显示这两个区域属于同一种服务簇，究其原因在于陕北西北部为各类服务的低度均衡，而东南部的各县（市）则属于高度均衡。生态均衡簇空间变化也较小，如前述已经提及府谷县与宜川县的变化过程。

综上所述，基于高斯模型结果，将陕北划分为以果蔬供给为主，调节支持服务为辅的果蔬生态簇；以粮食供给与肉类供给为主的农牧供给簇以及以调节支持服务和文化服务为主的生态均衡簇，且三类簇的空间分布与变化特征较小，尤其是2015—2020年，各类簇空间分布特征基本稳定。

基于前述对生态系统服务流量的空间聚类结果，以生态系统服务簇类型为基础，将陕北划分为农牧供给区、果蔬生态区和生态均衡区（见表5－18）。由前述可知，各类簇空间分布变化较小，仅有府谷县、吴堡县、宜川县和延川县四县所述类型有所变化，因此在参考各县簇类型变化的基础上，同时尽量确保同一类型的区域在空间上连续分布，我们将四县分别划分为生态均衡区、农牧供给区、果蔬生态区和生态均衡区。

表5－18　基于流量与流向的区域类型划分

区域类型划分	类型细分	包含县（市）
农牧供给区		定边县、靖边县、横山区、子洲县、米脂县、佳县、绥德县、吴堡县和清涧县
果蔬生态区	Ⅰ型	延川县、子长市、安塞区、志丹县和吴起县
	Ⅱ型	富县、洛川县和黄陵县
生态均衡区	Ⅰ型	府谷县、神木市和榆阳区
	Ⅱ型	甘泉县、宝塔区、延长县、宜川县和黄龙县

其中府谷县划分为生态均衡区，其原因在于仅2010年府谷县为农牧供给区，2015年与2020年均为生态均衡区，簇类型已经较为稳定，且在空间上与神木市、榆阳区相邻，故将其划分为生态均衡区。吴堡县和延川县变化过程与府谷县相同，2015年后簇类型均未发生变化，且在空间上分别与农牧供给簇和果蔬均衡簇相邻，故将其分别划分为农牧供给区和果蔬均衡区。前面已述，宜川县2020年与2010年均为生态均衡簇，2015年短暂变为果蔬生态簇，同时基于空间连续的考虑，本书将其划分为生态均衡区。

二、基于流向的类型细分

在前述基于流量的区域划分基础上，本书结合流向的方向与强度特征，将生态均衡区与果蔬生态区分别细分为两种类型（见表5-18）。

本书并未将农牧供给区细分出小类，其原因在于，首先农牧供给区在空间上集中连续分布，未呈离散、组团或间隔分布的特征，同时观察该类型区域主导服务粮食供给与肉类供给的流向强度特征可知，其强度均以一级强度为主，包含少量的二级强度，且空间分布较为均匀，未出现高强度或低强度聚集或离散分布的特征，因此该区域的流向强度整体特征较为相似，因此没有必要将该区域进一步细分。

本书将果蔬生态区划分为Ⅰ型与Ⅱ型，其中Ⅰ型位于陕北中部，以延安市北部县（市）为主，Ⅱ型位于陕北西部与西南部，所包含的县（市）也均属于延安市。其划分原因为：第一，果蔬生态区虽然在空间上连续，但明显分成了中部与西南部两个片区；第二，该区域以果蔬供给服务为主导服务，因此观察其果蔬供给服务流向模拟特征，强度均以一级强度为主，但Ⅰ型的中部区域模拟流向数量较高，Ⅱ型的西南部区域流向数量较小；第三，观察区域主导服务特征，两个区域的碳固持服务均以一级强度为主，但Ⅰ型区域以东南—西北流向为主，而Ⅱ型则包含了东南—西北及东北—西南向；两个区域的水源涵养服务流向与果蔬流向相同，虽均以一级强度为主，但两个区域的主导流向不同，中部包括西—东向西北—东南向，而西南部的Ⅱ型则以西北—东南向为主，与Ⅰ型的土壤保持服务以西—东及西北—东南流向的三级与四级强度为主，而Ⅱ型的土壤保持服务流向以西北—东南的一级强度为主。因此，在基于流量空间分类的基础上，结合主导服务的流向特征，将该区域细分为两种类型。

本书依据生态均衡簇区域的流向特征，将生态均衡区细分为Ⅰ型与Ⅱ型。与果蔬生态区基于流向特征细分不同，生态均衡区基于各类服务流量与流向特征将其分为两部分。其中Ⅰ型集中分布在陕西西北部，Ⅱ型则集中分布在东南部，具体包含县（市）可见表5-15。将该区域细分的原因在于：首先，前述两个区域在空间上不连续，且间隔较远；其次，前面已述，两区域虽均属于生态均衡区，但均衡程度相差较大，Ⅱ型区域各类服务流量明显高于Ⅰ

型区域；最后，观察该区域的主导服务即碳固持服务、水源涵养服务和土壤保持服务流向可知，该两个区域主导流向特征截然不同，其中Ⅰ型的土壤保持服务以西北—东南流向的四级强度为主，而Ⅱ型的土壤保持服务流向西—东的一级强度为主，Ⅰ型的水源涵养服务以西北—东南流向为主，流向强度则包括一级、二级和四级等，而Ⅱ型的水源涵养服务流向西—东的一级强度为主，Ⅰ型的碳固持服务以东北—西南的二级与三级的中低强度为主，而Ⅱ型的碳固持服务流向东南—西北的一级强度与二级强度为主。因此基于上述分析，将该类区域细分为生态均衡区Ⅰ型与Ⅱ型。

第四节　本章小结

本章基于供需关系计算各类服务流量，分析了供给区与受益区的变化过程，然后揭示了流量的空间演变过程，随后基于不同服务属性模拟了各类服务流向的时空分布及变化过程，最后结合流量与流向视角实现了对陕北生态类型的空间划分。主要结论如下：

（1）2010—2020 年粮食供给服务流量表现出快速稳定增长的特征，其中榆林市流量高于延安市。粮食供给服务受益区数量较少，供给区数量占绝对优势，尤其在县（市）单元上，陕北所有县（市）均为供给区，其中低供给区数量最多。流量空间特征为北部高南部低，高值区在中部偏北及西北部聚集，形成两个高值带，低值区在东北部与南部聚集，随着时间的推移，高值带经历了先扩大后缩小的过程。流向时空特征为，高强度流向在北部聚集，低强度流向在南部聚集，随着交通的建设，流向愈发复杂的同时高强度流向分布范围显著扩大。

（2）研究时段内果蔬供给服务流量呈持续快速增长的特征，其中延安市流量高于榆林市，且与粮食供给服务相比，果蔬供给服务增长率与增加量更高。无论是乡镇单元或县（市）单元，果蔬供给服务的供给区数量均显著上升，但供给区所占比重小于粮食供给服务。其供给区受益区变化过程与粮食供给服务基本一致。在流量的空间上表现为中间高和南北的特征，高值区在中部聚集并不断扩大，最终形成了横跨陕北东西的高值带。受供给区与受益区的空间位置影响，果蔬供给服务流向以一级强度区为主，广泛分布于中部和南部的大片范围，且覆盖空间不断扩大，低强度区主要在边缘区分布。

（3）2010—2020 年陕北肉类供给服务流量变化呈持续上涨的特征，但在三类供给服务中，其增速最低，变化幅度最小。肉类供给服务的供给区数量高于果蔬供给服务但低于粮食供给服务，研究时段内供给区数量呈缓慢上升的特征。肉类供给服务供给区受益区变化过程与粮食供给服务，果蔬供给服务基本一致。流量的空间特征表现为北高南低和西高东低的总体特征，高值区在西北部及中部偏北区域聚集，低值区则零散分布于各个区域，且研究单位之间流量差距有扩大的趋势。肉类供给服务流向与粮食供给服务相似，流向均呈北高南低的特征，随着流量的增加及路网的建设，高强度流向显著增加。

（4）研究时段内陕北水源涵养服务流量变化较为剧烈，总体呈先下降后上升，研究期末数值略高于研究期初的特征，且延安市流量远高于榆林市。水源涵养服务供给区数量较多，但 10 年间增长较为缓慢，乡镇与县（市）增长率均为 4%，此外陕北水源涵养服务以低供给区为主，变化过程集中在高受益区变为低供给区，高供给区变为低供给区。流量空间分布基本呈西南高东北低，由南向北渐次分布的特征，且高值区有逐渐向北延伸的趋势，高低值区除 2015 年表现出明显的空间界限外，其余年份空间界限均不明显。受地形影响陕北水源涵养服务总体流向为西北—东南向，各级强度区空间分布范围变化较小，其中一级强度区分布范围最广，集中在中部与南部的大片区域。

（5）土壤保持服务流在研究时段内呈先下降后上升的“U”形特征，研究期末流量高于研究期初。榆林市与延安市变化过程与陕北相同，但两市不同时间数值大小不同。2010 年土壤保持服务供给区与受益区数量相当，2020 年时县（市）和乡镇单元上供给区数量均显著增加，且多以低供给区和低受益区为主。流量空间特征呈中部低、东西两侧高、北部低和南部高的分布特征。高低值的空间分布特征无明显变化，但区域间差异呈缩小的趋势。受地形与河网影响，土壤保持服务流向特征与水源涵养服务相似，整体大致呈西北—东南向，部分区域呈南—北向和北—南向，但土壤保持服务流向区域聚集特征更加明显，一级强度区在南部聚集，二级强度区在西北部聚集，三级强度区在中部聚集，四级强度区在北部及东北部聚集，空间变化较小。

（6）2010—2020 年陕北碳固持服务流呈持续下降的特征，且下降速度有进一步加快的趋势，延安市与榆林市变化特征基本与陕北一致，但榆林市下降量与下降速度均较快，延安市流量虽然也呈持续下降的特征，但其历年流数值均为正。由于流量的持续下降，也导致碳固持服务供给区数量在县（市）和乡镇单元上持续下降，受益区数量持续增加。流量的空间特征表现为南高北低，高值区在南部聚集，低值区在北部聚集，且区域间流量差距有进一步扩大的趋势。随着碳固持服务受益区的持续增加，以及盛行风向的影响，陕北碳固持服务流向整体以一级强度和二级强度为主，覆盖范围不断向北延伸，主导方向由以西—东向为主变为东南—西北向，东北—西南向交叉分布。

（7）研究时段内陕北休闲游憩服务流均为正值，呈先下降后上升，研究期末数值高于研究期初的特征，但总体变化幅度与变化量均较小。榆林市与延安市变化趋势相同，但由于各时段变化量不同导致榆林市休闲游憩服务流略有下降，而延安市则小幅上升。由于流量较高，使研究区所有县（市）与乡镇均为供给区，未出现受益区，说明陕北休闲游憩服务供给远高于需求，变化特征也集中在低供给区—高供给区。流量的空间特征为南北高中间低和西高东低的特征，且高低值空间分布无明显变化。由于休闲游憩服务未出现受益区，故本书不再模拟其流向特征。

（8）基于高斯混合模型对各类生态系统服务流量的计算，可将区域划分为以粮食供给和肉类供给为主的农牧供给区，以果蔬供给和调节支持服务为主的果蔬生态区，以调节支持服务和休闲游憩服务为主的生态均衡区，在此基础上结合各区域主导服务的流向特征，进一步分别将果蔬生态区与生态均衡区划分为Ⅰ型与Ⅱ型，最终基于流量与流向实现了对陕北各区域的类型划分。

第六章

生态系统服务流调节机制

生态系统服务流（Ecosystem Services Flow，ESF）是反映区域生态系统服务供需关系的关键指标，对于说明该地生态环境与社会经济发展的耦合关系至关重要，尤其是ESF的变化过程，可清晰地揭示区域供需的变化过程。但我们关注ESF的根本目的不仅在于阐述其时空变化过程，更重要的是需要揭示利益相关者活动对供需的影响因素与过程，最终影响生态系统服务流的方式与结果，整个影响过程称为生态系统服务的调节机制。通过对利益相关者影响下的调节机制研究，梳理影响因素，揭示影响过程，阐明影响机制，对于管控区域生态供需，实现生态系统服务的持续供给具有重要的现实意义。

本章按照影响因素—作用机理—结果响应的逻辑分析，首先基于前文分析结果，分别选取了典型服务（三类供给服务）与典型区域（神木市、米脂县和洛川县），而后在依次分析各县（市）供给服务影响因素的基础上，结合利益相关者理论，分析利益相关者诉求与行为，揭示利益主体影响下前述影响因素的变化原因与变化过程，随后分别总结了各县三类供给服务的调节机制类型，并探讨了调节机制对各县（市）供给服务权衡协同关系的影响，最后在对比三县（市）各调节机制类型差异与形成背景的基础上，总结陕北供给服务调节机制。

第一节 典型服务与研究区选取

一、典型服务选取

（一）选取的必要性

生态系统服务类型多样，据不完全统计，已经纳入科学研究范畴的类型就多达50余种，几乎覆盖了整个生态系统，不同服务其属性特征相差较大，即便是同类型服务其供需影响因素、时空分布特征和空间流动过程等各不相同，因此相同的人类活动可能不仅对一种生态系统服务产生积极（消极）影响，也可能对多种生态系统服务分别产生积极或消极影响，由此而造成了一连串的生态效应（谢高地等，2006）。如退耕还林还草工程是我国近年来在生态脆弱区实施的一项重要生态治理措施，目的在于通过减少耕地，提高绿化覆盖率，改善生态环境，维持生物多样性等，事实也证明持续数10年的退耕还林还草工程对于区域风沙治理，水土流失，野生动植物种群保持与维护等具有明显的积极作用，具体对生态系统服务而言，提高了区域碳固持服务、生净质量保持服务、生物多样性维持服务、授粉服务、生态消遣与旅游等服务的持续供给，对上述服务有积极影响；但同时耕地面积的减少也势必会影响供给服务，特别是食物供给服务的产量；此外退耕还林还草工程对部分服务还可能产生复杂的综合影响，如随着植被覆盖的提高，区域范围内气体调节，气候调节等的空间流动路径可能发生变化，对该区域及周边紧邻区域的生态调节可能产生综合影响（Lin et al.，2021）。

因此人类活动对生态系统服务的影响不是单向的闭合路径，而是双向甚至多向的开放路径。现在的技术手段与研究方法还难以实现对所有生态系统服务的定量分析，在综合揭示人类活动对所有生态系统服务的影响过程与结果上更是力有不逮（Shi et al.，2020 ）。因此选取典型服务分析人类活动对生态系统服务供需流的影响，就成为揭示生态系统服务调节机制的重要途径（Xie et al.，2019；Zhai et al.，2021；Geng et al.，2021）。

（二）选取过程

本书重点分析了七类服务的供需流时空特征，但在综合对比各类服务的供需流变化过程及属性特征，特别是各类服务供给及需求的影响因素后，本书选取了供给服务中的三种服务，即粮食供给服务、果蔬供给服务和肉类供给服务，分析三类服务的调节机制，选取过程与原因如下：

（1）供给服务的重要性：生态系统服务类型多样，其中供给服务是人类生存和发展的基础，供给服务不仅提供了人类生存必需的能量来源，还提供了其他工农业生产所必需的原料，更重要的是它维护了生物多样性与生命物质的可持续，可以说是供给服务支撑了地球生命系统（Guan et al.，2021）。其中食物供给是人类生存之本，其安全关系着国计民生。

早在 2000 年，联合国粮食及农业组织就曾预言，全球持续的人口上涨将导致食物需求量的迅速增加，随后 MA 评估报告也指出未来食物需求量将会增加 70%—85%，2020 年以来，在全球范围内的新冠疫情、蝗灾和极端气候等多种因素叠加下，全球的粮食安全面临着巨大的考验。联合国已经多次发出预警，呼吁各国应对即将到来的食物危机（Tang et al.，2020）。同时由联合国粮食及农业组织、国际农业发展基金、世界粮食计划署等机构联合发布的报告显示，2020 年共有 25 个国家面临严重饥饿风险（杨建国，2020）。但同时我们也发现食物危机并不是由于食物产量减少而带来的（Fan et al.，2019），全球范围内食物产量总体保持了波动增长，现阶段的食物危机主要是由于食物结构的变化和全球分布不均造成的（Unnevehr et al.，2015；Chen et al.，2016）。食物结构的变化与人类需求息息相关，现阶段人们越发追求更加科学，更加健康的饮食结构，《中国食物与营养发展纲要》中对口粮、果蔬和肉类等摄入量的变化就可以清晰地说明这一趋势。因此供给服务对于人类生存与发展至关重要，尤其在现阶段人类不断追求科学合理的饮食习惯与饮食结构的背景下，揭示供给服务的调节机制可揭示影响其供需的影响因子与影响过程，进而制订相应的管理与支持政策，以确保该服务的健康有序发展与可持续供给。

（2）区域的典型性：陕北地区一直以来就是陕西重要的粮、果、肉基地，尤其是近20年以来，随着水土流失治理和三北防护林等国家重点生态工程的实施，生态环境不断好转，耕作和种植养殖条件日渐改善，同时党的十八大以来，一系列惠农政策相继出台，推动陕北农牧业生产要素和生产方式的持续转变，陕北不仅成为继关中后陕西又一大粮仓，近年来还成为我国重要的粮果基地（金岚，2019；张发等，2021）。因此供给服务已经成为陕北最重要的生态系统服务内容之一，从前文生态系统服务流量聚类结果也可发现，聚类的三种簇中，有两种簇均以供给服务为优势主导服务。其中如农牧供给簇，该类型簇分布范围较广，包含县（市）众多，粮食供给与肉类供给两种供给服务均为该区域的优势服务，而以果蔬供给服务为优势服务的果蔬生态簇分布范围也较广，而不以供给服务为优势服务的生态均衡簇分布县（市）较少。

同时陕北是典型的生态脆弱区，整体经济发展水平不高，尤其在广大的农村地区，居民生计依然以第一产业为主，供给服务的结构与规模是当地农户生计的主要来源。分析供给服务的调节机制对于维持并提高居民生计具有重要意义。综上所述，供给服务是陕北地区的优势主导服务，也是当地农户生计的主要来源，要揭示陕北生态系统服务的调节机制，首先就必须从供给服务着手。

（3）目前关于供给服务调节机制的研究还鲜见报道，前文对已有生态系统服务调节机制研究的梳理中指出，目前对生态系统服务调节机制的研究集中于土地利用变化、利益相关者因素、调节机制概念等方面，而以某类服务为研究对象，揭示人类活动对生态系统服务的影响过程与影响方式的研究还较为鲜见。

供给服务虽然是典型的生态系统服务，但与调节支持服务相比，其社会属性和经济属性更加明显，学者往往容易忽略其生态属性，因而对供给服务影响因素与调节机制的关注明显不足。

（4）与其余服务相比供给服务受人类影响更大，作用程度更深：首先，从供给视角分析：①粮食供给、肉类供给和果蔬供给三类服务的供给均依赖人类完成。三类服务最初源于自然系统的供给，但随着人类社会漫长的发展与进步，人类活动成为三类服务最重要的供给方式，虽然到目前仍然有数量较多的野生动植物可提供前述服务，但一方面这些野生动植物很少会变为产品，因此基本不会参与流通，另一方面与人类提供的服务量相比，其供给量极少可忽略不计。因此当前三类服务的供给量深刻受到人类活动的影响，当大规模改变种植或养殖结构时，区域供给类型与供给量将发生彻底改变（如前文第三章结论）。②与其余服务相比，供给服务的供给量受人类影响最大。碳固持服务、休闲游憩服务、水源涵养服务和土壤保持服务四类服务的供给量也均会受到人类活动的影响。如退耕还林还草和植树造林等方式，提高植被覆盖的同时碳固持服务和休闲游憩服务等的供给量将会增加，但据本书第三章结论可知，陕北整体供给的变化量较小，而当研究区缩小到某些县（市）时，在研究时段内上述服务的供给量甚至可能不会发生明显变化。同时上述服务受自然因素影响更大，人类的能动性虽然有显著提升，但依然无法彻底改变区域的自然本底，因此在影响上述服务的供给量时，自然环境与生态系统的作用依然远高于人的能动性。

其次，从需求视角分析，供给服务不仅提供了人类生存延续的食物与热量，也是工农业生产的最重要原料。随着人口数量的持续提高以及对国民健康的要求和饮食搭配的管理，各类供给服务的需求呈显著变化特征（详见前文第四章、第五章结论）。

因此供给服务对人类生存与社会发展至关重要，同时也是陕北地区最重要的生态系统服务之一，与农户生计密切相关，更为重要的是与其余服务相比，供给服务供需均与人类活动密切相关，受人类影响与调节作用更大，程度更深，同时现有研究中对供给服务调节机制关注不足。因此本书以供给服务为例，分析陕北生态系统服务的调节机制。

二、典型研究区选择

陕北地域较广，包含县（市）达25个，不同区域气候类型、植被覆盖、土壤水文特征各不相同，同时各区域经济发展水平差异明显，由此导致不同区域ESF变化特征迥异，但同时由前文结论可知，虽然陕北ESF整体上差异较大，但部分县（市）的ESF特征具有一致性，通过选取典型县（市）的方法，既可代表各区域ESF特征及调节机制，同时综合各典型县（市）特征也可揭示陕北整体调节机制特征。

本书对典型县（市）的选取原则为：首先，确保选取的典型县（市）可基本代表陕北全部ESF特征，因此首先确定从各类型区域分别选取1个县（市）开展研究；其次，各县（市）空间位置上避免集中，基本上可代表陕北各区域不同的自然地理特征，在本书中由于生态均衡区Ⅱ型空间位置上与果蔬生态区相邻，两区域自然特征相似，因此从生态均衡Ⅰ型区中选取该类型典型县（市）；最后，各县（市）社会经济发展水平及产业类型差异显著，可代表陕北全部25个县（市）的社会经济特征。基于前述选取原则，本书选取了神木市、米脂县和洛川县三县（市）作为典型区域开展供给服务调节机制的研究。三县空间位置如图6－1所示。

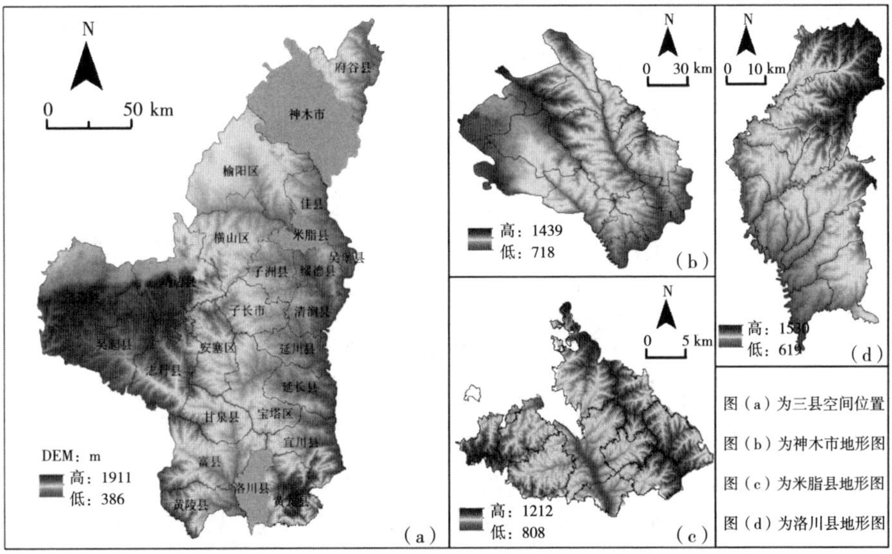

图6－1　典型县（市）空间位置

（1）从基于 ESF 的空间分区及空间位置上看：洛川县属于果蔬供给区，空间上位于延安市最南部，也是陕北的最南部，与关中相邻；米脂县属于农牧供给区，属于榆林市南六县，位于陕北中部偏东北区域；神木市属于生态均衡区，位于榆林市最北部，也是陕北最北部，与内蒙古自治区相邻。三县（市）类型区不同，其优势服务各不相同，同时空间位置上分别位于陕北南部、中部及北部，对比三县（市）特征可总结陕北供给服务调节机制特征。

（2）从自然特征上看：神木市属于温带干旱区，温带大陆性季风气候，气候干燥，年均降水量为 430 毫米，景观类型以温带草原及风沙地貌景观为主（邓目丽等，2021）。米脂县属于中温带半干旱区，全年雨量较少，年均降水量为 470 毫米。米脂县是黄土高原的典型区域，地貌景观以黄土丘陵沟壑为主，常见植被类型有干草原、落叶阔叶灌丛。洛川县属北温带大陆性湿润半干旱季风气候区，气候温和，年降水量 630 毫米，日照充足。洛川县也属于黄土高原，但地貌景观以黄土残垣为主，植被类型属于暖温带落叶阔叶林。三县（市）地理位置相差较大，且气候地貌等自然条件迥异，结合本书第二章中对陕北整体自然状况的介绍可知，三县（市）从南到北基本覆盖了陕北所有县（市）的自然条件特征（黄亚楠等，2017）。

（3）对比资源状况、经济发展与产业类型：神木市境内富藏煤、油、气、盐、石英砂等数 10 种矿产资源，在能源资源的支持下，神木市是陕北国家级能源化工基地的核心区域，建立了煤炭、电力、化工、建材为主的新型工业体系，长期以来入选全国百强县市，并名列前茅。2020 年，神木市实现地区生产总值 1294 亿元，人均国内生产总值达到 22.63 万元，同期全国人均 GDP 为 7.68 万元，三类产业结构比重分别为 1∶76∶23。

洛川县矿产资源贫瘠，但是世界最佳苹果优生区，全县以苹果种植为主导产业和支柱产业，有 50 多年的苹果栽培历史，依托苹果优势，积极调整产业结构，完善产业链，一直以来就是陕西省的农业强县，洛川苹果享誉中外。2020 年，洛川县实现生产总值 241.64 亿元，人均 GDP 为 11.12 万元。三类产业结构比重分别为 35∶10∶55。

与洛川县和神木市相比，米脂县资源匮乏，经济落后，长期以来就是国家级贫困县（2019 年脱贫）。在各级政府及人民的共同努力下，经济发展显著，但总体差距仍较大。米脂县属于杂粮主产区，小米和豆类等作物是当地农民的主要种植类型和收入来源。2020 年，米脂县实现生产总值 62.87 亿元，人均国内生产总值2.83万元。三类产业结构比重分别为20∶30∶50。基于前面表述，可发现三县社会经济发展水平与产业类型差异明显，不仅基本包含了陕北所有县（市）的特征，这也为三县对比研究提供便利，基本可代表陕北所有县市的主要类型。

综上所述，本书选取的典型县（市）神木市、洛川县和米脂县不仅可反映生态系统服务流的三种类型分区，从空间位置、自然条件、经济水平和产业特征等方面也差异显著，各具典型性，基本上可代表陕北所有县市。其中，神木市代表了陕北依靠能源资源迅速发展的县市，这些县市多位于陕北北部，自然条件较差，各类生态系统服务供给能力较低，但经济发达，尤其是第二产业，占国民经济的比重较高。米脂县代表了陕北交通闭塞、资源匮乏、经济落后的区域，这些县市集中在陕北中部，是典型的黄土高原区域，多为革命老区，其中部分县市旅游资源丰富，但总体来说，这些区域产业不发达，农民仍以第一产业作为主要的收入来源，特色种植业成为当地脱贫的主要手段，因此基于第一产业的种植业与养殖业也成为当地主要的生态系统服务的优势类型。洛川县代表了陕北南部以果业种植为主导产业的区域，这些县市以第一产业为支柱产业，其种植规模极大，且形成了完善的产业链和销售渠道，第一产业带动了第二、三产业的发展。同时这些县市生态环境较好，森林覆盖率较高，分布着大量国家级和省级自然保护区。因此以洛川为代表的这些区域优势生态系统服务类型为水果供给及各类调节支持和文化服务。

需要说明的是，本书分析供给服务流的调节机制只涉及流量特征，而未分析流向，主要原因如下：

①已有诸多学者指出，流量是三类量化属性中最基础也是最重要的特征，ESF流量的确定是定量化生态系统服务流的根本所在（王嘉丽等，2019）。

②流向影响因素复杂多变，难以定量分析。不同服务类型流向受地形、高差、气候、风向和地表植被等情况影响，复杂多变，如以碳固持服务为例，从大的空间单元分析，其流向受盛行风向影响最大，人类活动影响较小，揭示其调节机制意义不大，而从小的空间单元来讲，区域内地形地貌与植被覆盖等因素，都会阻挡或改变流向特征，因此需要综合生态学、地理学、气象学和地质学等多学科方法才可精确揭示其时空路径与影响因素，但在现有的技术手段下还难以实现。

③流向的表达方式与流量不同，多使用文字方式表述，如前面表述的

北—南向，西—东向等。在未使用具体数量单位分析的前提下，揭示其影响因素或影响过程存在困难。

④流向与流量息息相关，尤其是供给服务，基本遵循着从供给区向受益区流动的方向。本书对供给服务流向的分析基于两个研究假设，而后基于供给区与受益区的空间位置以及研究时段的交通路网模拟分析。因此流向的路径与强度、与供给区受益区流量大小、供给区受益区空间位置及路网分布密切相关。其中供给区受益区的流量大小与空间位置是流向强度与路径的决定性因素，本书分析流量的调节机制，不仅揭示了供给区受益区的流量特征及空间位置，也在一定程度上说明了流向的影响因素与影响过程。

综上所述，供给服务与其余服务相比，与人类生存繁衍与社会经济发展紧密相关，其供需关系受人类影响更大，流量变化过程与原因也更加复杂。同时分析供给服务流量的调节机制不仅可在一定程度上说明其流向特征，更可揭示研究区供需变化的影响因素与影响过程，为确保该服务的持续供给与合理流动提供参考。

第二节　研究方法与数据来源

一、地理探测器

ES 供需的变化都会对流量产生影响，尤其是供给方面，很多因素通过影响供给结构与数量进而影响了流量，还有某些因素单一影响 ES 供给或需求进而影响流量，或是通过相互作用共同影响供给与需求进而改变供需关系。因此要揭示供给服务的影响因素，不仅要分析单一因子，更要分析多因子的交互作用，地理探测器在该领域具有独特优势。借助地理探测器因子探测模块分析自变量对因变量的解释贡献度，借助交互探测模块分析非线性之间是否有交互作用及其作用方向与类型（王劲峰等，2017）。计算公式如下：

$$q = 1 - \frac{1}{n\sigma^2}\sum_{h=1}^{L} n_h \sigma_h^2$$

式中，n 为研究区样本量，L 为分区数目，σ^2 为离散方差，n_h 为层 h 的单元数，q 为某指标的空间异质性，q 值越大表示自变量 X 对因变量的解释力越强，反之越弱。

而对于交互探测结果，若交互结果即 $q(X1 \cap X2) < \min q(X1, X2)$，说明两因子交互关系为非线性减弱，若 $\min q(X1, X2) < q(X1 \cap X2) < \max q(X1, X2)$，说明两因子为单因子非线性减弱，若 $q(X1 \cap X2) > \max q(X1, X2)$，说明两因子为非线性增强，若 $q(X1 \cap X2) = q(X1 + X2)$，说明两因子为相互独立关系，若 $q(X1 \cap X2) > q(X1 + X2)$，说明两因子为双因子增强（戴尔阜等，2020）。

二、利益相关者分析

（一）利益相关者识别

本书通过如下方法识别研究区供给服务中的主要利益相关者：通过前期社会调研并参考已有学者的研究，我们遴选了食物生产服务的 8 类相关者，根据利益相关者评估指标（见表 6－1），邀请了当地的政府官员、农业局技术人员和从事社会学研究的学者，对研究区了解的高校老师及研究生等专家对利益相关者进行 0—5 分的赋值，评分结果相加总分在 10 分以上，或者每项指标得分均在 3 分以上，可认为是主要利益相关者。具体评分过程为：本书针对每类利益相关者的每项指标，设置引导问题，问题的每个选项分别赋值 1—5 分，最后求得每个问题的平均分，最后得到三项指标的总得分，引导问题见附录。

参考已有研究，本书初选了政府、中间商、农民、（种植/养殖）合作社、公众媒体、企业、科研院所和消费者 8 类利益相关者（鲁小波等，2017；Raum et al.，2018；Lee et al.，2021；Geng et al.，2021），本书对其定义为：①政府：是指国家统治与社会治理的机关，政府政策对供给服务具有较强的引导力，如扶持补贴政策或禁止政策将改变区域供给服务的结构与规模。②中间商：俗称“二道贩子”，是指在研究区从事农产品买卖的个人或组织，其本质是经纪人，并承担一定的市场指示器作用，其经济（收售）行为将影响农民的种植意愿与计划。③农民：是供给服务的最终完成者和最关键因素，其种植意愿与行为直接决定了供给服务的规模与结构。本书中的农民不仅包括粮农，还包括果农和养殖户等。④（种植/养殖）合作社：是指农民自愿联合起来进行合作生产、合作经营所建立的一种合作组织形式，多出现在农村地区，近年来在研究区出现很多以一个或几个核心农民为主的互助社、帮扶社、养殖场和种植/养殖基地等，其经营范围包括各类杂粮种植、家禽及猪羊饲养等内容，其本质上也是合作社性质，为便于分析本书不再将其作为一类利益相关者单独列出。⑤公众媒体：是指报纸、杂志、广播、电视等具有广泛影响的大众媒体，随着小视频平台和直播平台等大众媒体的兴起，信息传播速度飞快，影响力渗透到社会生活的各个方面，公众监督作用前所未有强大，这也将对供给服务产生影响。⑥企业：本书中的企业是指以营利为目的，依法从事农产品种植、养殖、加工和销售的相关组织或实体。企业的原材料收购或自建种植养殖基地等行为对农民种植养殖意愿有强烈影响，加之其自身也从事种植养殖行为，因此也将影响供给服务的结果与规模。⑦科研院所：是指从事农业科技研究的高校及研究所等，包括农业新品种或农业新技术的研发、实验，植物营养、土壤肥料和种苗产业化研究；重点农业项目示范、推广等工作。由科研院所推出的新品种或新技术往往对区域种植结构与产量产生重要影响。⑧消费者：农民是供给服务的初始环节，消费者是供给服务的最终环节。消费者对供给服务的喜好及需求程度将反馈市场或农民，进而影响供给服务。

表 6－1　利益相关者评估指标

指标	描述
重要性	不同利益相关者对食物生产的重要性是有差异的，某些利益相关者在食物生产过程中是必不可少的，而某些利益相关者的缺失对食物生产不会产生很大的影响
主动性	某些利益相关者会主动对食物生产施加影响，而有的利益相关者主动性较弱，甚至被动地受到食物生产的影响
影响力	不同利益相关者对食物生产影响力是不同的，如同样的行为由不同的利益相关者发出，其结果是不同的；或某些利益者行为直接作用于食物生产过程，而某些则间接作用于食物生产，造成二者对食物生产规模与结构的影响不同

（二）诉求与行为的分析

本书采用参与式评估确定各利益相关者的行为与诉求。参与式农村评估法是一种快速收集农村信息资料、资源状况、村民愿望和发展途径的方法，在农村社会调查研究中经常被推荐使用（Verweij et al.，2014）。参与式评估的原理是：在外来者的协助下，使当地人能运用他们的知识、经验等分析与他们生产、生活有关的环境和条件，制订今后的计划并采取相应的行动，最终使当地人从中受益（张玉钧等，2017；Grizzetti et al.，2016）。参与式评估可以帮助调查者客观、准确地了解目标人群，获取目标信息，具体方法不仅包括问卷调查、直接观察、半结构访谈和深入访谈，同时也强调参与式的讨论会、参与式制图和深度访谈等。参与式评估本质上是通过一种自下而上的开放的途径，由群众（被访者）参与，尊重他们的主观意愿，承认他们的话语权，通过与群众的平等交流，帮助调查者直接、客观、准确和深入的了解目标人群的过程（Yan et al.，2019）。

在实践运用中，参与式评估也有一些困难，由于本研究调研对象为具有复杂特征的农民，使调研过程具有较难的操作性和较强的灵活性，甚至具有模糊性。因此，如何在调查工作中恰当地使用参与式农村评估法，找到特定语言情景，降低沟通障碍，就成为实施本次参与式农村评估法取得成效的关键，具体调研过程见本章第二节数据来源部分。

（三）利益相关者间的相互关系

本书采用关联网络法分析利益相关者之间的关系。关联网络计算方法如下：其中 Z 值表示网络关联系数，$|Z|$ 越大，表示语义关系越紧密，其中 Z 值为正，表明词汇之间存在正向关联，即被访者愿意将两个词汇联系起来。为使分析结果更加清晰，我们对文本进行了筛选和剔除，仅分析与食物生产服务相关的名词，如农民、谷子、种子和技术等。参考已有研究，当 $|Z|>1.25$ 时，2 个语义词汇间关联显著，其中 Z 高于 3 可认为是强关联，2—3 是中度关联，小于 2 是弱关联（薛东前等，2017）。Z 值计算如下：

$$Z=\frac{fij-E}{\sqrt{S}} \tag{6-1}$$

式中，f_{ij}、E 分别为词汇 i、j 在同一问题中共同出现的实际次数以及期望出现的次数；S 为词汇 i、j 共同出现次数的方差。其中，E、S 的计算方法如下：

$$E=p_i\times p_j\times N \tag{6-2}$$

$$S=p_i\times p_j\times N\times(1-p_i\times p_j) \tag{6-3}$$

式中，p_i、p_j 分别为词汇 i、j 重复出现的次数占样本总量的比例；N 为录音文本总量。

三、利益相关者调节机制概念框架

人们不断改变生态系统以获取更多 ES，而人类获取的 ES 数量不仅受生态系统影响，也取决于利益相关者影响下的调节机制。因此识别 ES 中利益相关者，分析 ES 的调节机制就成为当前 ES 变化与管理研究的关键问题。ES 类型多样，其中供给服务至关重要，同时与其余服务相比，供给服务最大的特点在于其供需受人类活动影响巨大，特别是利益相关者的行为对供给服务的供给结构与供给量甚至会产生决定性作用。但随着经济和人口的增长、农业资源不合理的利用等因素，食物安全问题愈加突出，由于利益相关者行为而造成的供给服务结构的变化和不稳定性现象越发严重，因此，分析利益相关者影响下供给服务的调节机制就显得更加迫切（Geng et al. ，2021）。

利益相关者理论指出，利益诉求引发行为。其中，利益诉求指的是利益相关者的目标、行为是利益相关者为实现目标而采取的行动，如 Wu 的研究指出农民的利益诉求是收入的增加，所以他们选择种植市场需求大、价格高的经济作物（Wu et al. ，2015）；Fedele 指出调节机制是为实现共同目标，一个行为紧密联系另一个行为的过程（Fedele et al. ，2017）。因此，供给服务调节机制分析的基础是利益相关者诉求与行为，但关键是要揭示由不同利益相关者共同诉求与行为响应形成的关联网络。

基于此，本书提出了利益相关者调节机制的概念框架（见图 6 –2），旨在表明调节机制的形成过程及结果。该框架内容包括：利益相关者、共同诉求与行为响应、调节类型与结果等要素，在图中我们用线条的粗细区分不同利益相关者诉求和行为强度的差异。从图 6 –2 可以看出，不同利益相关者既有不同的诉求，但也有共同的诉求，在共同诉求下，不同的利益相关者有不

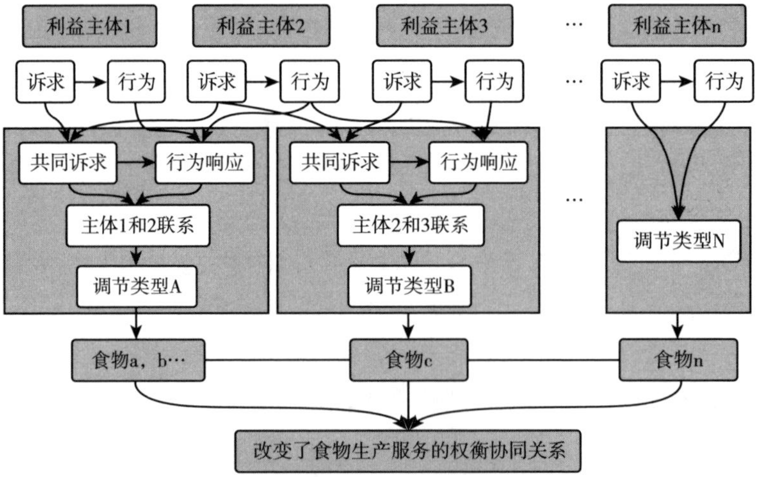

图 6 –2　供给服务利益相关者调节机制概念框架

同的行为响应，并与一种或多种食物建立联系。如利益相关者 3 的利益诉求只涉及一种食物，利益相关者 1 和 2 则涉及多种食物。并在此基础上形成了多类利益相关者对一种食物类型的调节（调节类型 B）；或是多类利益相关者对多种食物的调节（调节类型 A）。不同调节机制的作用最终改变了食物生产服务的权衡协同关系。需要注意的是该框架仅用来揭示食物生产过程，而不涉及食物分配过程。

四、数据来源

本章数据来源包括了各县市社会经济统计数据与农户调研数据两部分，笔者所在课题组于 2019 年和 2020 年分别前往神木市、米脂县和洛川县进行社会调研，调研期间课题组成员前往各县统计局、自然资源和规划局、农业农村局和果业局等政府部门收集社会经济统计数据，同时开展社会调研，社会调研点（见图 6－3）及数据来源说明如下。

其中课题组于 2019 年 7 月 7—26 日前往米脂县开展预调研，调研围绕生态系统服务变化及调节机制开展，预调研内容包括生态系统服务类型选择的半结构化访谈、利益相关者初步甄别、生态系统服务变化过程及原因以及主要利益相关者深度访谈提纲等，预调研主要目的在于问卷设计与修正，为后续三县正式调研做好基础。此后课题组于 2020 年 10 月 12—30 日前往米脂县，2020 年 10 月 31 日—11 月 15 日前往神木市，2020 年 11 月 16—27 日前往洛川县分别开展社会调研，由于三县调研内容与过程基本相似，因此不再分别表述。

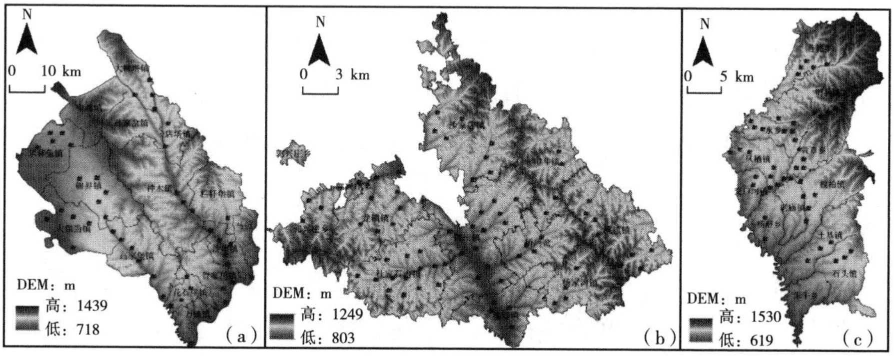

图 6－3　各县调研点分布

正式调研分为三部分：第一部分是农户个体问卷。针对三县各自地形地貌、空间位置和产业特征等分别设计不同路线选取典型村庄。其中米脂县调研村庄选取过程为，参考宋世雄等（2018）的研究，将米脂县村庄划分为农业型村庄、经济型村庄、生态型村庄、城镇型村庄四大类，从涵盖了整个米脂县的10个乡镇中，采用分层抽样的方法共选取了49个行政村进行调研（见图6－3），获取有效村庄问卷49份，有效农户问卷853份，村均农户问卷17.41份。神木市整体地形可分为北部风沙草滩区、中部丘陵沟壑区和南部土石山区，且三大自然区经济水平与产业类型相差较大，其中北部风沙草滩区以能源化工、矿产资源开发以及养殖业为主，中部丘陵沟壑区农户生计以种植养殖兼运输业为主，南部土石山区以种植业和养殖业为主。基于此选取了神木市15个乡镇中的14个乡镇共计45个村庄，获取有效村庄问卷45份，有效农户问卷608份，村均农户问卷13.51份（见图6－3）。洛川县整体处于黄土残塬区，地形平坦，交通便利，县域范围内各乡镇地形地貌及产业类型相差不大，调研村庄集中在当地知名特色果业种植村庄，其余村庄则通过随机方法选取，因此洛川县与神木市、米脂县相比，调研点略显集中，洛川县共计获取有效村庄问卷44份，农户问卷522份，村均农户问卷13.8份（见图6－3）。问卷内容详见附录，主要包括农民及家庭的基本信息、土地种植与家庭养殖信息、食物产量及出售情况等。

第二部分，由课题组一名博士选择调研对象，作深入访谈，访谈提纲见附录。访谈对象的选取过程为课题组成员在完成个人问卷的过程中，根据调研对象的学历、职业、访问状态、语言表达能力、逻辑思维和对供给服务的了解程度等因素，选取适当调研对象开展深入访谈，基本原则为每个调研村庄最少完成一份深度访谈，若调研对象均不符合要求，则邀请村主任或村支书协助完成。访谈内容主要包括了食物生产变化过程和利益相关者信息，其中米脂县共完成深入访谈49份，神木市完成40份，洛川县完成48份。

第三部分，针对企业和合作社专门设计的问卷，问卷内容包括企业和合作社的规模、性质、经营内容、产品与原材料等，详细见附录，其中米脂县共完成企业合作社问卷39份，神木市31份，洛川县30份。

第三节 米脂县调节机制分析

一、米脂县供给服务流变化特征及影响因素

（一）米脂县供给服务供需流变化特征

如表 6 -2 所示为米脂县 2010—2020 年供给服务供给、需求及流量的变化过程特征。据表可知，米脂县三类供给服务中，粮食供给服务供给量与流量最高，肉类供给服务次之，果蔬供给服务最少，说明粮食供给与肉类供给是该区域的优势服务，这与前文类型划分结论一致。

研究时段内米脂县三类供给服务供给量均有所上升，但增加过程与趋势各不相同。其中粮食供给服务呈稳定增长，且增长速度呈逐渐加快的特征，两个观察时段内增长率分别为 2% 与 66%，与 2010 年相比 2020 年供给量增长率为 69%。果蔬供给量呈高速持续增长的特征，与 2010 年相比 2020 年果蔬供给量增长率达到了 753%，变化极为显著。但两个观察时段内，增长率相差较大，其中 2010—2015 年变化率为 33%，但 2015—2020 年果蔬供给量激增，变化率达到了 539%，由于该时段内的变化特征，也使果蔬供给服务在研究时段内供给量剧增。肉类供给服务的供给量与果蔬服务变化过程相似，即整体呈持续快速增长的特征，且后一个观察时段内变化率高于前一观察时段。二者区别在于肉类供给服务供给量增长率低于果蔬供给服务。

三类供给的需求量与人口数量密切相关，通过查询统计资料，米脂县 2010—2020 年人口增长了 1465 人，增长率仅为 0.6%，整体变化幅度较小。具体分析各类需求的变化过程可知（见表 6 -2），米脂县供给服务需求特征与前文第三章陕北需求特征一致，即粮食需求显著下降，肉类需求和果蔬需求均有所增加，其中果蔬需求增加最为明显。造成这种现象的原因前文也有表述，即《中国食物与营养发展纲要》中规定的人均营养摄入量影响，粮食摄入量有所减少，肉类摄入量小幅增加，果蔬摄入量增加最多。同时两个时间段内需求变化幅度差异较大，主要原因也是 2014 年新版《中国食物与营养发展纲要》公布，导致粮食需求显著下降，果蔬与肉类需求则显著上升。由于米脂县人口在研究时段内增长幅度较小，受《中国食物与营养发展纲要》

出版及实施时间影响，2015—2020 年需求变化几乎可忽略不计，均为 0.01%，2010—2020 年各类供给服务需求变化率远高于 2015—2020 年。

表 6-2　米脂县供给服务供需流变化特征统计　单位：万亿千卡

时间		粮食供给	果蔬供给	肉类供给
2010 年	供给	9.84	1.52	2.62
	需求	3.82	2.15	2.43
	流量	6.02	-0.63	0.19
2015 年	供给	10.07	2.04	3.08
	需求	3.35	2.35	2.54
	流量	6.72	-0.31	0.54
2020 年	供给	16.72	13.03	4.74
	需求	3.35	2.35	2.54
	流量	13.37	10.68	2.2
2010—2015 年变化	供给	0.23（2%）	0.52（33%）	0.46（17%）
	需求	-0.47（-12%）	0.2（9%）	0.11（4%）
	流量	0.7（12%）	0.32（50%）	0.35（172%）
2015—2020 年变化	供给	6.65（66%）	10.99（539%）	1.66（53%）
	需求	0.01（0.01%）	0.01（0.01%）	0.01（0.01%）
	流量	6.65（99%）	10.99（3435%）	1.66（307%）
2010—2020 年变化	供给	6.88（69%）	11.351（753%）	2.12（81%）
	需求	-0.47（-12%）	0.2（9%）	0.09（4%）
	流量	7.35（122%）	11.31（1797%）	2.01（1057%）

注：百分比表示米脂县三类供给服务供需流变化率。

据表 6-2 分析米脂县供给服务流量特征可知，粮食供给服务流量与供给量变化过程相似，整体呈增长特征，且后一个观察时段增长率高于前一观察时段，与 2010 年相比 2020 年流量增加了 122%。果蔬服务流量变化整体呈上升的趋势，但在第一个观察时段内增速较慢，为 50%，而 2015—2020 年增速暴涨到 3435%。果蔬流在这一段内出现前述异常现象主要是由于 2015 年果蔬供给供不应求，流量为负值，而 2020 年果蔬供给量显著上升，2020 年流量不仅扭亏为盈，且流量较大，因此使在这一时段果蔬流量显著增加。同理，2010—2020 年果蔬流量增长率达到了 1797%，在三类供给服务变化率也是最高的。肉类供给服务流量变化特征与果蔬供给服务相似，与 2010 年相比

2020 年增长率超过了 1000%，且在两个观察时段内增长率均较高。

（二）米脂县供给服务流量因素识别

流量是供给量与需求量之差，流量的大小变化受供给与需求的综合影响，基于前文及统计资料，本书建立了如下指标体系分析米脂县三类供给服务的影响因素（见表 6－3）。由于本节研究对象为米脂县，为保证分析单元的基本数量，本节中所有数据均以乡镇为基本统计单位。如表 6－3 所示，指标体系分为三个层次：准则层为直接影响流量的供给指标与需求指标；要素层根据准则层建立，其中需求受人口数量影响，因此需求指标的要素层仅包括了人口数量，供给指标则细分为劳动力投入、种植面积（养殖数量）、水利设施、生产资料和农业机械五类；指标层为具体数据，同时由于不同供给服务类型，其供给投入也稍有差异，因此本书分别建立了三套指标体系分析供给服务的影响因素，详见表 6－4。

表 6－3　　米脂县供给服务流量影响因素指标体系

准则层	要素层	指标层
需求指标	人口数量	X_{d1} 总人数：人
		X_{d2} 总户数：户
		X_{d3} 迁入人口：人
		X_{d4} 迁出人口：人
供给指标	劳动力投入	X_{sl1} 劳动力资源数：人
		X_{sl2} 农业从业人员：人
		X_{sl3} 乡村人口数：人
		X_{sl4} 乡村从业人员：人
	种植面积	X_{sa1} 耕地面积：亩
		X_{sa2} 玉米种植面积：亩
		X_{sa3} 谷子种植面积：亩
		X_{sa4} 高粱种植面积：亩
		X_{sa5} 糜子种植面积：亩
		X_{sa6} 油料种植面积：亩
		X_{sa7} 薯类种植面积：亩
		X_{sa8} 豆类种植面积：亩
		X_{sa9} 青饲料种植面积：亩

续表

准则层	要素层	指标层
供给指标	种植面积	X_{sb1} 蔬菜种植面积：亩
		X_{sb2} 苹果种植面积：亩
		X_{sb3} 枣树种植面积：亩
		X_{sb4} 梨树种植面积：亩
		X_{sb5} 杏树种植面积：亩
		X_{sb6} 葡萄种植面积：亩
	生产资料	X_{sp1} 农用化肥使用量：吨
		X_{sp2} 塑料薄膜使用量：公斤
		X_{sp3} 农药使用量：公斤
		X_{sp4} 地膜使用量：公斤
	水利设施	X_{sw1} 有效灌溉面积：亩
		X_{sw2} 抽水灌溉面积：亩
		X_{sw3} 水井：眼
		X_{sw4} 水泵数量：台
	农业机械	X_{sm1} 农用柴油使用量：吨
		X_{sm2} 农业机械总量：千瓦
		X_{sm3} 耕地机械总量：千瓦
		X_{sm4} 粉碎机数量：台
		X_{sm5} 秸秆挤丝揉搓机：套
	养殖数量	X_{sc1} 出栏牛：头
		X_{sc2} 出栏猪：只
		X_{sc3} 出栏羊：头
		X_{sc4} 存栏牛：头
		X_{sc5} 存栏猪：只
		X_{sc6} 存栏羊：头

如表 6 –4 所示分别为三类供给服务的具体指标。

表 6 –4　　米脂县各类供给服务流量影响因素

供给类型	具体指标
粮食供给	X_{d1}、X_{d2}、X_{d3}、X_{d4}、X_{sl1}、X_{sl2}、X_{sl3}、X_{sl4}、X_{sa1}、X_{sa2}、X_{sa3}、X_{sa4}、X_{sa5}、X_{sa6}、X_{sa7}、X_{sp1}、X_{sp3}、X_{sw1}、X_{sw2}、X_{sw3}、X_{sw4}、X_{sm1}、X_{sm2}、X_{sm3}

续表

供给类型	具体指标
果蔬供给	X_{d1}、X_{d2}、X_{d3}、X_{d4}、X_{sl1}、X_{sl2}、X_{sl3}、X_{sl4}、X_{sb1}、X_{sb2}、X_{sb3}、X_{sb4}、X_{sb5}、X_{sb6}、X_{sp1}、X_{sp2}、X_{sp3}、X_{sp4}、X_{sw1}、X_{sw2}、X_{sw3}、X_{sw4}、X_{sm1}
肉类供给	X_{d1}、X_{d2}、X_{d3}、X_{d4}、X_{sl1}、X_{sl2}、X_{sl3}、X_{sl4}、X_{sc1}、X_{sc2}、X_{sc3}、X_{sc4}、X_{sc5}、X_{sc6}、X_{sa8}、X_{sw3}、X_{sm4}、X_{sm5}

利用地理探测器分别计算粮食供给服务，果蔬供给服务，肉类供给服务流量的影响因子及各因子的交互作用，结果如表6－5—表6－7所示。

表6－5　　粮食供给服务地理探测器结果

指标	X_{d1}	X_{d2}	X_{d3}	X_{d4}	X_{sl1}	X_{sl2}	X_{sl3}	X_{sl4}	X_{sa1}	X_{sa2}	X_{sa3}	X_{sa4}	X_{sa5}
q 值	0.44	0.31	0.48	0.73	0.48	0.23	0.56	0.48	0.35	0.86	0.81	0.13	0.03
p 值	0.18	0.09	0.78	0.32	0.25	0.19	0.03	0.27	0.04	0.01	0.01	0.36	0.57
指标	X_{sa6}	X_{sa7}	X_{sa8}	X_{sp1}	X_{sp3}	X_{sw1}	X_{sw2}	X_{sw3}	X_{sw4}	X_{sm1}	X_{sm2}	X_{sm3}	
q 值	0.41	0.73	0.25	0.64	0.61	0.75	0.65	0.54	0.25	0.38	0.44	0.34	
p 值	0.07	0.08	0.14	0.35	0.22	0.62	0.01	0.27	0.17	0.16	0.15	0.28	

由表6－5可知，粮食供给服务影响因子中通过显著性检验的有8个因子，对各因子的解释贡献力进行排序，$X_{sa2} > X_{sa3} > X_{sa7} > X_{sw2} > X_{sl3} > X_{sa6} > X_{sa1} > X_{d2}$。据上分析：首先从准则层分析，在通过显著性检验的8个因子中，供给指标有7个，需求指标只有1个，需求指标中仅X_{d2}（总户数）通过显著性检验，且其解释贡献力为0.31，在所有通过显著性检验的因子中排序最低。因此无论从因子数量或因子解释贡献力分析供给对流量的影响均高于需求。从要素层分析，种植面积中X_{sa2}、X_{sa3}、X_{sa7}、X_{sa6}、X_{sa1}都通过了显著性检验，且其解释贡献力排序均较高，排序分别为1、2、3、6、7。劳动力投入和水利设施中均各有1个因子通过显著性检验，其解释贡献力排序分别为4、5。因此从数量与解释力上看，种植面积对流量的影响均高于其余要素层。从指标层看，X_{sa2}和X_{sa3}是仅有的两个解释贡献力超过0.8的因子，说明了玉米种植面积和谷子种植面积对粮食供给服务流量的影响最大，X_{sa6}（薯类种植面积）解释贡献力超过0.7，说明其对流量的影响也较大。

利用地理探测器分别计算各因子影响的基础上，继续使用地理探测器分析各因子交互对粮食供给流量的影响，结果如图6－4所示。

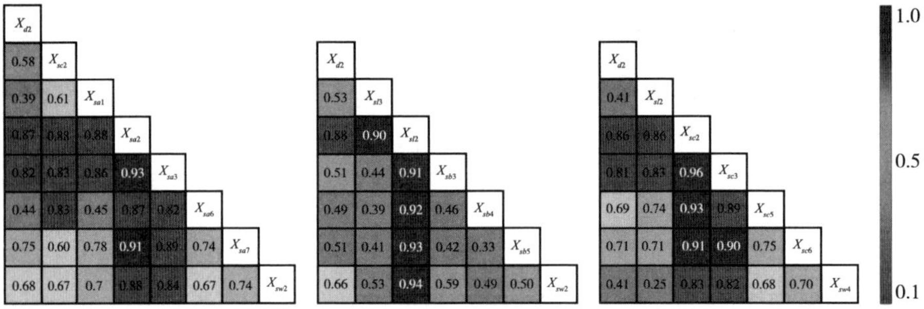

（a）　　　　　　　　（b）　　　　　　　　（c）

图 6－4　米脂县供给服务影响因子交互关系

如图 6－4 所示，结合表 6－5 可发现，所有两两因子交互后其解释贡献力均高于交互前，据图还可发现交互后解释贡献力超过 0.9 的有两组关系，分别为 $X_{sa2} \cap X_{sa3}$ 以及 $X_{sa2} \cap X_{sa7}$，同时交互后解释贡献力高的组合因子集中在 X_{sa2} 与 X_{sa3} 中，这与两因子的单个解释贡献力较强密切相关，由此也进一步证实了玉米种植面积与谷子种植面积对流量的影响最高。交互后解释贡献力较高的组合出现在 X_{sa1} 与 X_{sa7} 中，而除此外的其余两个因子交互后解释力均有所提高，但与前述因子相比还较低。

如表 6－6 所示，果蔬供给服务流量影响因子中通过显著性检验的因子有 7 个，对各因子的解释贡献力进行排序，结果如下：$X_{sb2} > X_{sw2} > X_{d2} > X_{sb3} > X_{sl3} > X_{sb5} > X_{sb4}$。据上述准则层分析，需求指标中仅有 1 个通过显著性检验，供给指标则有 6 个，同时需求指标排序为 3，因此与粮食供给服务相似，供给对果蔬流量的影响要高于需求。从要素层分析，种植面积通过显著性检验的有 4 个，其排序分别为 1、4、5、6，其余要素层中，水利设施与劳动力资源各有 1 个通过显著性检验，排序分别为 2、7。因此对果蔬供给服务流量影响最大的也为种植面积。从指标层分析，与粮食供给较为均匀地分布相比，果蔬供给服务差别较为明显，仅有 X_{sb2}（苹果种植面积）的解释贡献力超过 0.8，达到了 0.87，而其余因子的解释贡献力都较小，最高的 X_{sw2} 仅为 0.48。说明苹果种植面积是影响果蔬供给服务流量最重要的影响因子。

表 6－6　　　　　　　果蔬供给服务地理探测器结果

指标	X_{d1}	X_{d2}	X_{d3}	X_{d4}	X_{sl1}	X_{sl2}	X_{sl3}	X_{sl4}	X_{sb1}	X_{sb2}	X_{sb3}	X_{sb4}
q 值	0.44	0.47	0.48	0.72	0.48	0.13	0.32	0.47	0.28	0.87	0.37	0.17
p 值	0.18	0.09	0.17	0.31	0.19	0.34	0.02	0.27	0.16	0.01	0.03	0.09

续表

指标	X_{sb5}	X_{sb6}	X_{sp1}	X_{sp2}	X_{sp3}	X_{sp4}	X_{sw1}	X_{sw2}	X_{sw3}	X_{sw4}	X_{sm1}	
q 值	0.28	0.18	0.63	0.58	0.61	0.52	0.75	0.48	0.29	0.25	0.37	
p 值	0.09	0.29	0.26	0.38	0.11	0.33	0.33	0.04	0.14	0.17	0.24	

根据地理探测器交互结果（见图6－4），交互后两两因子解释贡献力均高于交互前，但观察图可发现，果蔬供给交互后解释贡献力高的因子集中在苹果种植面积，其余因子交互后解释贡献力均较小。这与苹果种植面积单因子影响力较强有关系，但也进一步说明了果蔬供给服务流量受苹果种植面积影响最大。

据表6－7分析肉类供给服务流量的影响因子可知，共计有7个指标通过显著性检验，根据其解释贡献力将其排序为：$X_{sc2} > X_{sc3} > X_{sc6} > X_{sc5} > X_{d1} > X_{sl2} > X_{sm4}$。与粮食供给，果蔬供给相同，肉类供给也仅有1个需求指标通过显著性检验，且其解释贡献力为0.36，排序为7。因此，供给对肉类服务流量的影响高于需求。从要素层分析，养殖数量有4个指标通过显著性检验，且解释贡献力与排序均较高，劳动力投入与农业机械也各有1个指标通过了显著性检验，但排序低于养殖数量指标。结合图6－4分析各因子的交互作用可知，各因子两两交互后影响力均高于交互前，其中交互影响力较高的因子集中出现在X_{sc2}、X_{sc3}、X_{sc5}、X_{sc6}中，其中交互后解释贡献力高于0.9的组合为$X_{sc2} \cap X_{sc3}$、$X_{sc2} \cap X_{sc5}$，$X_{sc2} \cap X_{sc6}$、$X_{sc3} \cap X_{sc6}$，其余因子与前述因子的交互影响力都较高，均超过了0.7。

表6－7　　肉类供给服务地理探测器结果

指标	X_{d1}	X_{d2}	X_{d3}	X_{d4}	X_{sl1}	X_{sl2}	X_{sl3}	X_{sl4}	X_{sc1}
q 值	0.36	0.31	0.48	0.51	0.34	0.25	0.28	0.62	0.12
p 值	0.02	0.12	0.18	0.27	0.14	0.06	0.19	0.27	0.18
指标	X_{sc2}	X_{sc3}	X_{sc4}	X_{sc5}	X_{sc6}	X_{sa8}	X_{sw3}	X_{sm4}	X_{sm5}
q 值	0.82	0.79	0.38	0.67	0.68	0.53	0.15	0.16	0.27
p 值	0.01	0.01	0.16	0.06	0.05	0.34	0.26	0.03	0.38

综上所述，三类供给服务流量的影响因子具有相似性：首先，基于通过显著性检验的因子数量及解释贡献度可发现，供给对流量的影响均高于需求。其次，主要供给类型的生产规模是影响流量的最大因素，尤其是当主要供给

类型作用交互后，对流量影响最大。如影响粮食流量的最重要因素是玉米和谷子的种植面积，不仅二者交互影响力最高，其余因子与二者交互后，影响力也均显著提高。果蔬供给中苹果种植面积是最重要的且唯一的主导影响因子，肉类供给中则是猪肉与羊肉存栏量与出栏量。而其余因子如劳动力投入、农业机械、水利设施和生产资料等影响较小。

（三）影响因素变化过程

基于前述结论，本书整理了2010—2020年米脂县主要供给类型生产规模变化过程（见表6-8）。据表可知研究时段内，玉米种植面积、谷子种植面积、苹果种植面积和出栏羊数量显著增加，尤其是2015年以后增加速度更趋明显，这种变化征与三类供给服务流量变化过程与特征基本吻合，进一步说明了正是由于种植面积与养殖规模的扩大直接导致了供给量的迅速增加，进而影响了米脂县供给服务流量。因此分析上述供给类型生产规模产生变化特别是2015年以后剧烈变化的原因，就成为揭示米脂县供给服务流量调节机制的关键内容。

表6-8　2010—2020年米脂县主要影响因子变化过程统计　单位：亩、万头

	2010年	2012年	2015年	2018年	2020年
玉米种植面积（X_{sa2}）	64618	62263	81756	135212	141865
谷子种植面积（X_{sa3}）	54792	53208	58738	63503	105349
苹果种植面积（X_{sb2}）	43255	45778	61249	87449	130209
出栏猪数量（X_{sc2}）	26755	29553	36116	52401	49806
出栏羊数量（X_{sc3}）	75899	62360	71977	110184	120040

随着社会的发展，食物供给已经不是单纯的生态服务供给或农业产出，而越来越多地成为一种经济行为，尤其在米脂县这类经济欠发达地区，食物生产一直以来就是（农村/贫困）家庭最重要的收入来源，食物生产服务的经济特征更加明显，可以说人类活动是供给服务结构与数量的决定性因素。结合前述结论，影响供给类型生产规模的原因在于利益相关者的行为，如农民的种植意愿、市场的需求程度、政府补贴及支持力度和合作社企业的生产类型等，因此只有在识别利益相关者并分析其诉求与行为响应的基础上，并揭示生产规模变化的原因与过程，才能明晰米脂县供给服务流的调节机制。

二、米脂县供给服务流调节机制

（一）利益相关者识别

依据前述方法，识别出五类主要利益相关者，分别是政府、农民、企业、合作社和中间商，而公众、媒体、研究结构和投资机构等利益相关者被剔除。其中政府、农民和企业的综合得分最高，均为 14 分，合作社次之为 12 分，而其余利益相关者得分均较低，故基于利益相关者识别方法识别出米脂供给服务中的主要利益相关者为政府、农民、合作社和企业（见图 6－5）。

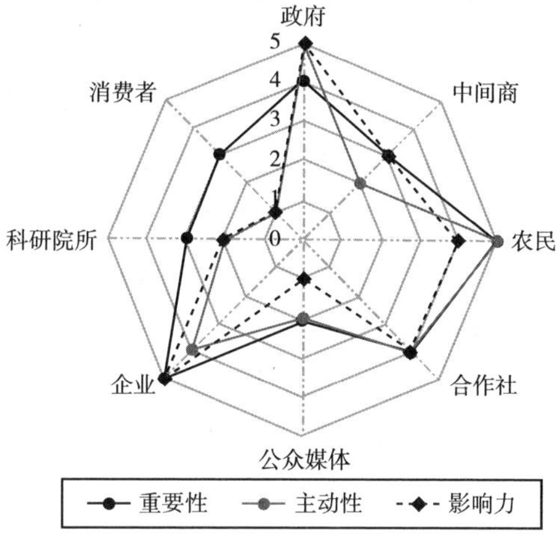

图 6－5　米脂县供给服务利益相关者识别结果

需要说明的是，本书中的企业特指谷子加工企业，合作社特指苹果合作社。企业特指谷子加工企业，原因在于：首先，当地产业落后，没有发达的制造业和重工业等，因此企业产业类型单一，经营内容多是农产品简单加工，企业数量较少。其次，谷子是当地优势特色种植作物，种植规模大，产量高，且需要二次加工后才可出售。最后，其他食物类型如玉米、猪肉、羊肉、马铃薯和绿豆等，一方面产量与种植规模较小，另一方面这些食物农民自己处理后就可直接出售，因此当地以这些食物作为原材料加工的企业数量较少。在上述三个原因的影响下，无论规模或是数量，谷子加工企业长期以来在当地的所有企业中都占有绝对优势，据统计，米脂县现有大型谷子加工企业 9 家，小型企业 20 多家，年加工能力达到 5 万吨，是米脂县所有企业中数量最多，规模最大的一类，因此企业对谷子生产发挥重要的调节作用。

合作社特指苹果合作社，这是由于苹果合作社是近年来在政府的帮助下逐渐发展起来的，并在全县范围内推广，对苹果生产发挥着重要调节作用。调研显示，由于参与人数多、种植规模大、管理先进和政府扶持力度高等原因，苹果合作社是米脂县所有合作社中影响最大的，而其他类型合作社由于农民参与度低、规模小和管理落后等原因多数陷入停滞状态。因此本书中的合作社仅指苹果合作社。

（二）调节过程

（1）利益相关者诉求与行为响应。通过社会调研，我们将深度访谈内容整理后分析米脂县利益相关者的利益诉求与行为。由表6－9可知，通过对各类利益相关者与农业生产有关的利益诉求的整理可知，虽然各类利益主体诉求各有不同，但均有提高食物产量、增加个人或组织收入的利益诉求，且两个利益诉求具有一致性。食物产量的提高往往意味着农民与合作社收入的增加，企业原材料的充足供应是保证企业生产与销售顺利的前提，同时企业、农民和合作社等收入的提高，区域经济的发展也是政府的主要利益诉求。特别是2015年以后，随着精准扶贫与乡村振兴战略的持续实施，帮助贫困户脱贫，并持续提高农民收入，上述两项工作的完成需要整个社会不同利益相关者的共同参与，因此提高农民收入也就成为研究区多数利益相关者的共同诉求。

表6－9　米脂县利益相关者的利益诉求

利益相关者	利益诉求
政府	增加农民收入，完成政府工作（精准扶贫与乡村振兴）；确保脱贫农民不再返贫，并要持续提高农民收入
农民	提高食物产量；提高食物收购价格；增加个人和家庭收入
企业	提高农产品收购量，降低收购价格，增加企业收入；履行社会责任，提高农民收入
合作社	增加合作社产量，提高合作社收入；保障成员利益，提高社员收入

与利益诉求在研究时段内基本无变化相比，利益相关者行为在研究时段内发生了明显变化，将其整理后以2015年（精准扶贫实施年份）为节点，分别论述，并根据访谈内容制得图6－6。

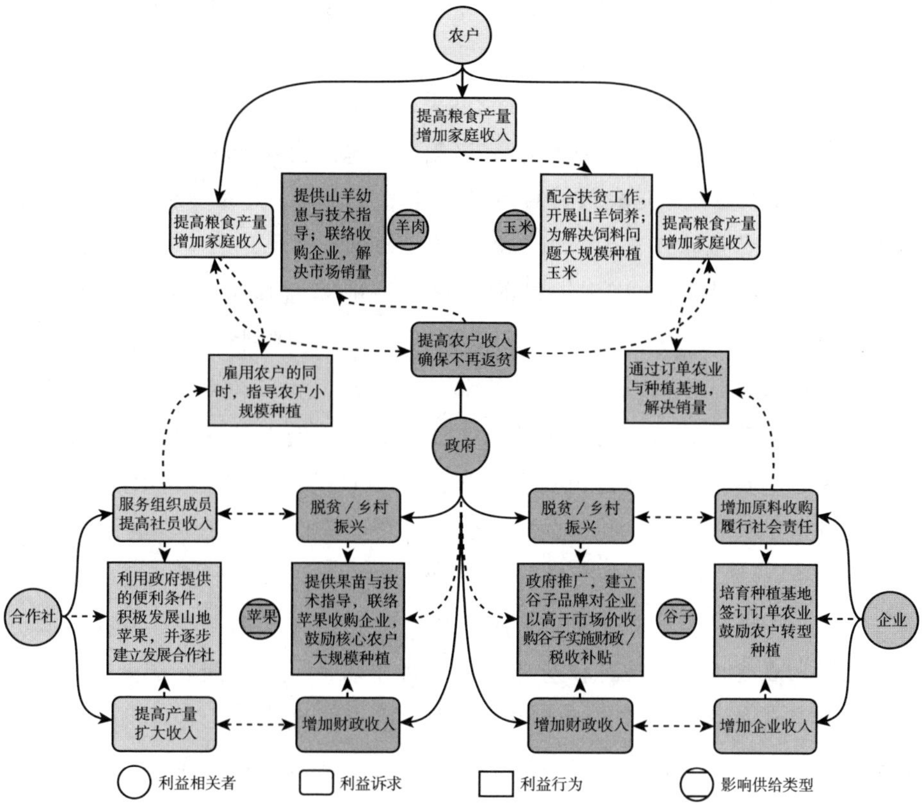

图 6－6 米脂县供给服务利益相关者诉求与行为关联

农民利益行为：①2015 年之前种植养殖行为基本稳定，种植与养殖结构无明显调整。“跟以前一样，以前种啥还种啥”“当时还是主要种谷子和红薯，与十来年之前一样”“（精准扶贫）政策前没甚变化，还是那样”“早十多年种的枣树，苹果，也没人收，因为收了也卖不了（品相不好）”“想过，养几只羊，但是咱自己弄不了，没钱，还怕得病了（缺乏必要的资本与技术）”。②2015 年后发生明显变化，改变种植与养殖结构：放弃种植马铃薯，红薯，高粱等作物，改种市场需求量大，收购价格高的谷子；“政府给我们补贴了，让种谷子，不种红薯了，不挣钱”“诚意成（谷子加工企业）跟我签了协议，到时候人家们过来直接收走了”“谷子现在价钱好着呢，连续好几年了，比高粱挣钱”“以前种豆子了，现在种谷子了，谷子价钱好，人家们过来收购的价钱比市场价还要高三毛钱”。农民以家庭为单位养殖山羊，同时由于山羊饲料的短缺，也开始种植可作为山羊饲料的玉米“镇里送了我几只羊羔崽子，让我养着呢”“我是贫困户，人家政府给我的小羊，养大了能卖钱”“现在村里种玉米的可多了，因为养羊的多了，冬天饲料不够了”。在政府的补贴和技术指导下种植山地苹果，“这二年政府鼓励种苹果了，苹果产量大，挣钱还多”“咱不会种，但是村里每个月都说农机站的人下来指导了”“我种不起，但是我们村后街里的二黑种的多，我给人家打工了”“这二年村里苹果种植的可多了，山上都是新建的苹果园”。

政府利益行为：①2015 年之前对农业种植养殖补贴与支持力度一般。“咱们米脂是贫困县，县里财政不够，补贴不起”“前十几年其实都没甚变化，政府没出台具体的政策”“榆林北六县有钱，我们南六县就穷，农民们就是靠天吃饭了，种的也没甚变化”。②2015 年后随着各级财政的补贴及政府工作重心的转移，发展特色农业，积极引导农民转变种植养殖结构，在全县范围内推广谷子种植，并帮助农民建立与企业的收购关系，发展订单农业，“政府工作重点就是帮助农民脱贫，小杂粮是咱米脂县的特色，也是脱贫产业”“农机站联系了几个企业，米脂婆姨，沃宜滋（米脂县谷子加工企业），请他们帮助在贫困村发展种植基地，建立订单农业”“米脂谷子是陕北出了名的杂粮，也是咱米脂农民脱贫的出路”。重点区域推广山地苹果，支持有资本基础的农民率先种植，“山地苹果种植是上级政府的政策，也是米脂今后最重要的脱贫产业”“还是政府补贴的多，加上陕果集团的帮扶，才能弄得起了”“米脂种苹果其实不比洛川差，早二年的果园没人打理才荒了”。为贫困户和重点村庄免费提供山羊幼崽，开展家庭养殖，“养殖业是脱贫见效最快的，一头半载收入就能翻番”“山羊也算是陕北特色吧，现在村里人没做的，送上几只羊羔子，有做的了还挣得多了”。

合作社行为：①2015 年之前米脂县合作社活跃度较低，在农业生产中基本不发挥作用。“前几年合作社倒是也不少，但是基本没人管”“有几个谷子和红葱合作社，实际上就是个人搞的，平常也没啥活动”“就是挂个名，说出去好听，方便卖东西，其实不起甚作用”。②2015 年在政府的补贴和技术指导下，有资本的农民在政府的补贴下首先开展苹果种植，并逐步由种植大户转变为合作社，同时雇用农民，支付农民工工资的同时也向他们提供种植经验和技术。“我们村就有好几个合作社了，规模最大的是苹果合作社”“苹果需要的劳力多，平时修剪啥的也跟上过去学学”“政府给贷款建的，农机站的技术人员三天两头就下地了，咱也不懂，多学学”“政府这二年鼓励种苹果了，防雹网，农药都有补贴了”。

企业行为：①2015 年之前企业行为主要是谷子收购，少数企业建立了专属的种植基地。“前几年就是走街串巷的收谷子，没有固定的村子”“有几个二道贩子也每年往厂里送了”“有的大厂子像人家益康（谷子加工企业）就有自己的种植基地了，我们没有”。②与农民合作，建立谷子种植基地，建立种植基地，提高谷子收购量；响应政府政策，履行社会责任，与部分农民和村庄签订订单农业，以高于市场的价格收购谷子。“政府要求我们每个企业都要有订单农业，也是回馈社会吧”“我们跟杨家沟村签订了订单农业，每年他们的谷子就都是我们直接收走了”“订单农业的价格比市场要高几毛钱”。

综上所述，米脂县各类利益相关者诉求与行为不仅涉及三类供给服务，同时各利益相关者诉求与行为相互联系，彼此关联，形成了一个综合关联系统，其中政府作为该关联网络的核心，承担着联结各利益主体的关键作用。尤其是 2015 年以来，随着精准扶贫与乡村振兴战略的实施，确保农民脱贫，并持续提高收入，同时提升农村产业成为当地政府最重要的工作。在政府的联结下，全社会各利益相关者共同参与，以提高农民收入为目的，以种植养殖结构调整为主要手段，形成了针对不同供给类型的不同行为。

（2）利益相关者关联网络。在揭示利益相关者诉求与行为的基础上，进一步使用定量的方法分析供给服务生产过程中利益相关者之间，以及利益相关者与供给类型的联系强度，结果如图 6－7 所示。线上的数值为 Z 值，椭圆中的数值表示该词汇出现的总次数，线的粗细表示关联程度的大小，线越粗表示关联程度越大，在关联网络中发挥的作用就越大，反之，线越细表示关联程度越小，发挥的作用就越小。图中仅显示了 $|Z|>1.25$ 的词汇关联，诸如蔬菜、牛肉、红枣、杏和高粱等词汇出现频次较少，Z 值小于 1.25，图中不再显示。

从图 6－7 中可以看出，利益相关者之间及其与食物间存在复杂联系：①各利益相关者之间关联强度不同。其中，政府—农民、政府—企业、政府—合作社间的 Z 值大于 3，为强关联，企业—农民和合作社—农民间是 $2<Z<3$，是中度关联，同时我们也发现中间商与农民是弱关联，与企业、政府和合作社均没有联系。通过政府形成 3 条强关联，说明政府在食物生产中发挥最重要的作用。②利益相关者与食物间可形成强关联网络。通过图 6－7，我

们发现将食物与利益相关者联系起来，可形成一个闭合的强关联网络，通过该网络不仅可以看出与食物生产密切关联的利益相关者，也可结合网络中关联强度的数值分析利益相关者作用的大小。例如，与谷子生产的强关联网络是政府—谷子—企业，这表明，在谷子生产中，政府、企业是主要利益相关者；结合关联强度系数，可知其作用大小顺序为企业、政府。同时从该图中还可以看出另外两种强关联网络，即政府—羊肉—农民，政府—苹果—合作社，说明在羊肉生产中，政府和农民是主要利益相关者，作用顺序大小为政府、农户，在苹果生产中，政府和合作社是该类食物的主要利益相关者，作用顺序大小为政府、合作社。

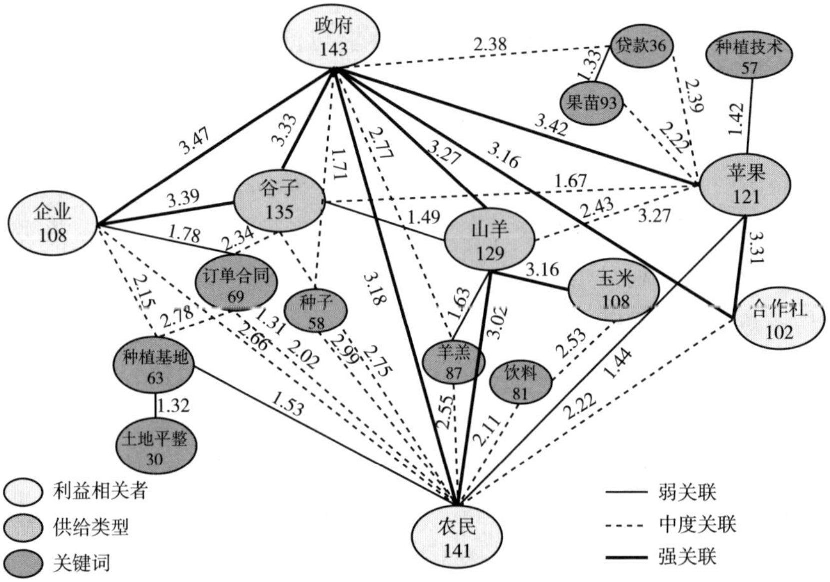

图 6-7　米脂县供给服务利益相关者关联网络

结合本节对利益相关者诉求与行为响应的整理，以及对利益相关者与供给类型联系强度的分析可知，造成米脂县粮食供给流显著增加的原因在于谷子与玉米生产规模的扩大，而政府、企业和农民的利益诉求与行为响应是谷子与玉米生产规模扩大的主因。政府与合作社的利益诉求与行为响应是苹果生产规模扩大的主因，也是造成果蔬供给流量增加的原因。造成米脂县肉类供给流显著增加的原因在于羊肉生产规模的扩大，而政府、合作社的利益诉求与行为响应是羊肉生产规模扩大的主因。

（三）调节机制类型与影响

（1）调节机制类型。基于前述米脂县三类供给服务流量的变化特征，流量的影响因素及利益相关者行为的研究结论，本书分别总结三类供给服务的调节机制类型，并根据主导影响因素 + 利益主体 + 影响过程 + 流量特征的方式分别命名，其中粮食供给服务为供给侧 + 多主体 + 结构增强机制，简称 SMCEM 机制；果蔬供给服务为供给侧 + 双主体 + 结构规模增强机制，简称 SDCSEM 机制；肉类供给服务为供给侧 + 单主体 + 规模增强机制，简称 SASEM 机制。

三种机制其含义分别是：SMCEM 型机制是指，米脂县粮食供给服务流量研究时段内呈增长趋势，因此属增强机制，且其受来自供给侧的影响因素更高，X_{sa2}（玉米种植面积）和 X_{sa3}（谷子种植面积）是排序最高的两个因子，因此属供给侧调节机制。结合前述可知，玉米种植面积的增长属农户行为响应，谷子种植面积的增长属政府 + 企业的行为响应，因此粮食供给服务流量受多主体影响，同时对粮食供给服务的调节过程是通过对玉米、谷子以及红薯、油料等种植结构的调整实现的。故基于上述论述将米脂县粮食供给服务机制命名为供给侧 + 多主体 + 结构增强机制。同理，在研究时段内米脂县果蔬供给服务流量呈增长特征，且供给侧影响因素高于需求侧，在政府与合作社互相联动的影响下苹果种植面积与产量显著增高，果蔬供给服务的调节过程是基于对苹果种植面积与整体果蔬结构的调整实现的。因此，将果蔬供给服务机制命名为供给侧 + 双主体 + 结构规模增强机制。肉类供给受供给侧影响也高于需求侧，但与前述两种服务不同，肉类供给服务的增长原因在于政府推动下的羊肉供给量增加，其调节过程主要通过对养殖规模的调整实现的，因此将其命名为供给侧 + 单主体 + 规模增强机制。

（2）调节机制影响。前述已述受调节机制影响，调节类型服务生产规模与产量显著增长，因此势必将影响各类供给类型之间的权衡协同关系。基于此，本书从各类服务的权衡协同关系与研究区的流向变化过程分析调节机制的影响。

如表 6－10 所示为米脂县粮食供给服务的权衡协同关系，由表可知，玉米与谷子呈显著协同关系，这是由于两类供给服务产量在研究时段内均呈增长趋势，而玉米、谷子与糜子、薯类、油料等均呈显著权衡关系，这是由于在耕地资源有限的情况下，扩大某种作物的种植面积势必会影响其他类型的种植作物，因此玉米与谷子种植面积的提高势必将使其他类型作物的种植面积缩小，因此造成了前述的权衡关系。而同时豆类与薯类、豆类与油料、油料与薯类呈协同关系，这也是由于上述供给类型均呈下降的特征造成的。

表 6－10　　　　米脂县供给服务权衡协同关系（一）

	玉米	谷子	高粱	糜子	豆类	薯类	油料
玉米	1						
谷子	1**	1					
高粱	－0.13	－0.1	1				
糜子	－0.98*	－0.99**	－0.03	1			
豆类	－0.98	－0.88	0.28	0.94	1		
薯类	－0.99**	－0.98**	0.17	0.98	0.99*	1	
油料	－0.84*	－0.86*	－0.42	－0.92	0.75*	0.82*	1

如表 6－11 所示为果蔬供给服务与肉类供给服务的权衡协同关系，由表可知，果蔬供给服务中苹果与梨、苹果与红枣、苹果与杏均呈显著强权衡关系，说明苹果与前述各类水果产量变化截然不同，其原因与粮食变化相同。而苹果与蔬菜、苹果与红枣虽然呈协同关系，但其协同值较低。同时梨与杏、红枣与杏也均呈强协同关系，说明研究时段内前述供给服务变化趋势与服务极为相似。肉类供给服务与粮食供给服务，果蔬供给服务权衡协同关系不同，其仅羊肉与猪肉形成较低的协同关系，结合前述分析，二者在研究时段内产量均有所增加，但猪肉增长幅度低于羊肉。

表 6－11　　　　米脂县粮食供给服务权衡协同关系（二）

	蔬菜	苹果	梨	红枣	杏	猪肉	羊肉	牛肉
蔬菜	1							
苹果	0.16*	1						
梨	－0.35	－0.95**	1					
红枣	－0.36*	－0.87**	0.68	1				
杏	－0.38	－0.97**	0.98**	0.83**	1			
猪肉	—	—	—	—	—	1		
羊肉	—	—	—	—	—	0.35**	1	
牛肉	—	—	—	—	—	0.21	－0.61	1

综上所述，在调节机制的影响下，调节类型服务产量显著增长，而其他

类型供给服务产量或显著下降，或较低增长，因此使调节类型服务之间呈强协同关系，调节类型服务与未调节类型服务呈强权衡或弱协同关系，而未调节服务之间则多呈强协同关系。

第四节 神木市调节机制分析

一、神木市供给服务供需流变化特征及影响因素

（一）神木市供给服务供需流变化特征

如表6－12所示为神木市2010—2020年三类供给服务供给、需求及流量的变化特征统计。由表可知，研究时段内神木市粮食供给服务供给量整体呈持续增长的特征，与2010年相比，2020年供给量增长率为75%，是三类供给服务中供给量增长率最高的。分时段观察可知，两个时段内供给量均呈增长的特征，但2010—2015年增长率为13%，低于2015—2020年。果蔬供给服务供给量呈持续缓慢下降的特征，与2010年相比2020年供给量下降了5%，在三类供给服务中期变化幅度最小，且两个观察时段内果蔬供给的供给下降幅度基本一致。肉类供给服务的供给量呈匀速上升的特征，两个观察时段内增长速度基本一致，2020年与2010年相比供给量增加了9%，三类供给服务中肉类供给量增速最低。

表6－12　神木市供给服务供需流特征统计　单位：万亿千卡

时间		粮食供给	果蔬供给	肉类供给
2010年	供给	14.13	1.74	6.66
	需求	6.93	3.91	4.41
	流量	7.2	－2.17	2.25
2015年	供给	15.9	1.68	6.99
	需求	6.46	4.52	4.89
	流量	9.44	－2.84	2.1
2020年	供给	24.72	1.65	7.25
	需求	7.37	5.17	5.58
	流量	17.35	－3.52	1.67

续表

时间		粮食供给	果蔬供给	肉类供给
2010—2015 年变化	供给	1.27（13%）	-0.06（-3%）	0.33（5%）
	需求	-0.47（-7%）	0.61（16%）	0.48（11%）
	流量	2.24（31%）	-0.67（-30%）	-0.15（-7%）
2015—2020 年变化	供给	8.82（55%）	-0.03（-2%）	0.26（4%）
	需求	0.91（14%）	0.65（14%）	0.69（14%）
	流量	7.91（84%）	-0.68（-2%）	-0.43（-20%）
2010—2020 年变化	供给	10.59（75%）	-0.09（-5%）	0.59（9%）
	需求	0.44（6%）	1.26（32%）	1.17（27%）
	流量	10.15（140%）	-1.35（-62%）	-0.58（-26%）

注：百分比表示米脂县三类供给服务供需流变化率。

分析神木市需求变化之前，首先分析神木市常住人口变化过程。通过对神木市统计年鉴的查询，2010 年神木市常住人口为 399213 人，2015 年为 427169 人，2020 年为 487823 人，神木市人口呈持续增长的特征，2010—2015 年、2015—2020 年增长量分别为 7%、14%，研究时段内增长量为 88610 人，增长率为 22%，人口增长率远高于米脂县。

结合前述神木市人口变化过程及表 6-12 神木市三类供给服务需求量变化过程：粮食供给服务需求呈先下降后上升，研究期末高于研究期初的特征，2015 年为研究时段内需求的最低值，这主要受《中国食物与营养发展纲要》与人口数量影响，2015 年人均粮食摄入量标准低于 2010 年，且其人口低于 2020 年。果蔬供给服务需求量匀速持续增加的特征，2010 年需求量最低，受《中国食物与营养发展纲要》中果蔬需求标准的提高及神木市常住人口的持续增加，导致 2015 年和 2020 年果蔬需求量持续提高，与 2010 年相比，2020 年果蔬需求量增长率为 32%，是三类供给服务中增长率最高的，这是由于粮食标准下降，而肉类摄入标准的增加量低于果蔬需求。肉类需求的变化过程与果蔬需求变化过程一样，但由于新版《中国食物与营养发展纲要》中肉类需求摄入量低于果蔬，因此其增长率低于果蔬供给服务。

据表 6-12 神木市研究时段内供给服务流量变化过程可知，神木市粮食供给服务流量呈持续增长的特征，总体变化率为 140%，且两个观察时段内增长率均较高，与其余两类供给服务相比粮食供给服务流量增长率也是最高的。果蔬供给是三类供给服务中唯一供给量小于需求量、流量为负值的服务类型。且据表可发现，研究时段内果蔬供给服务流量持续下降，供需差距逐渐拉大，与 2010 年相比，2020 年流量下降了 62%。这主要是由于神木市地处风沙区，不适宜果蔬种植，其供给量较小，同时神木市人口较多，需求旺盛，加之《中国食物与营养发展纲要》影响，造成了研究时段内果蔬供给缺口不断扩大。肉类供给服务流量在研究时段内均为正值，说明供给量高于需求量，但其变化过程呈持续下降的特征，且下降速度有逐渐加快的趋势，与 2010 年相比，2020 年肉类供给服务流量下降了 26%。

同时对比神木市和米脂县三类供给服务供需流特征可知，首先神木市需求均高于米脂县，这是由于历年神木市常住人口均高于米脂县，2020 年时已经接近 50 万人，而米脂县 2020 年常住人口还不到 23 万人，其次分析供给可知，神木市粮食供给与肉类供给的供给量均高于米脂县，这是由于神木市辖区范围较广，管辖面积约为米脂县的 6 倍，结合前述第三章供给的空间分布特征，神木市单位面积的粮食与肉类产量要远低于米脂县。果蔬供给量神木市要低于米脂县，这与神木市的地理环境不适于果蔬种植密切相关。

（二）神木市供给服务流影响因素识别

神木市供给服务流量影响因素的分析与米脂县相似，通过对神木市统计年鉴的查询，建立如下的指标体系（见表 6－13 和表 6－14），而后基于地理探测器分析影响三类服务流量的主导因子及各因子的交互作用。由于神木市和米脂县统计年鉴中统计指标稍有差别，因此表 6－13 中选取的指标数量与内容略有调整。

表 6－13　　　神木市供给服务流量影响因素指标体系

准则层	要素层	指标层
需求指标	人口数量	X_{d1} 总人数：人
		X_{d2} 总户数：户
		X_{d3} 迁入人口：人
		X_{d4} 迁出人口：人
供给指标	劳动力投入	X_{sl1} 乡村劳动力资源数：人
		X_{sl2} 农业人口：人
		X_{sl3} 乡村人口数：人
		X_{sl4} 乡村从业人员：人
	种植面积	X_{sa1} 耕地面积：亩
		X_{sa2} 玉米种植面积：亩

续表

准则层	要素层	指标层
供给指标	种植面积	X_{sa3}谷子种植面积：亩
		X_{sa4}高粱种植面积：亩
		X_{sa5}油料种植面积：亩
		X_{sa6}薯类种植面积：亩
		X_{sa7}豆类种植面积：亩
		X_{sa8}青饲料种植面积：亩
		X_{sb1}蔬菜种植面积：亩
		X_{sb2}苹果种植面积：亩
		X_{sb3}枣树种植面积：亩
		X_{sb4}梨树种植面积：亩
		X_{sb5}杏树种植面积：亩
		X_{sb6}葡萄种植面积：亩
	生产资料	X_{sp1}农用化肥使用量：吨
		X_{sp2}塑料薄膜使用量：公斤
		X_{sp3}农药使用量：公斤
		X_{sp4}地膜使用量：公斤
		X_{sp5}种子购置费：万元
		X_{sp6}畜牧用药费用：万元
	水利设施	X_{sw1}有效灌溉面积：亩
		X_{sw2}农业灌溉水费：万元
		X_{sw3}农业灌溉电费：万元
	农业机械	X_{sm1}农用柴油使用量：吨
		X_{sm2}农业机械总量：千瓦
		X_{sm3}耕地机械总量：千瓦
		X_{sm4}农机具购置费用：万元
	养殖数量	X_{sc1}出栏牛：头
		X_{sc2}出栏猪：只
		X_{sc3}出栏羊：头
		X_{sc4}存栏牛：头
		X_{sc5}存栏猪：只
		X_{sc6}存栏羊：头

注：农业机械总量包含耕地机械、林业机械、牧业机械和收获机械等，其中仅耕地机械单独统计。

如表6－14所示分别为三类供给服务的具体指标。

表6－14　　　　神木市各类供给服务流量影响因素

供给类型	具体指标
粮食供给	X_{d1}、X_{d2}、X_{d3}、X_{d4}、X_{sl1}、X_{sl2}、X_{sl3}、X_{sl4}、X_{sa1}、X_{sa2}、X_{sa3}、X_{sa4}、X_{sa5}、X_{sa6}、X_{sa7}、X_{sp1}、X_{sp2}、X_{sp3}、X_{sp4}、X_{sp5}、X_{sw1}、X_{sw2}、X_{sw3}、X_{sm1}、X_{sm2}、X_{sm3}、X_{sm4}
果蔬供给	X_{d1}、X_{d2}、X_{d3}、X_{d4}、X_{sl1}、X_{sl2}、X_{sl3}、X_{sl4}、X_{sb1}、X_{sb2}、X_{sb3}、X_{sb4}、X_{sb5}、X_{sb6}、X_{sp1}、X_{sp2}、X_{sp3}、X_{sp4}、X_{sp5}、X_{sw1}、X_{sw2}、X_{sw3}、X_{sm1}
肉类供给	X_{d1}、X_{d2}、X_{d3}、X_{d4}、X_{sl1}、X_{sl2}、X_{sl3}、X_{sl4}、X_{sc1}、X_{sc2}、X_{sc3}、X_{sc4}、X_{sc5}、X_{sc6}、X_{sa8}、X_{sp6}、X_{sm1}、X_{sm2}、X_{sm4}

利用地理探测器分别计算粮食供给服务，果蔬供给服务，肉类供给服务流量的影响因子及各因子的交互作用，结果如表6－15—表6－17所示。

表6－15　　　　神木市粮食供给服务地理探测器结果

指标	X_{d1}	X_{d2}	X_{d3}	X_{d4}	X_{sl1}	X_{sl2}	X_{sl3}	X_{sl4}	X_{sa1}	X_{sa2}	X_{sa3}	X_{sa4}	X_{sa5}	X_{sa6}
q 值	0.67	0.58	0.18	0.22	0.58	0.33	0.45	0.39	0.80	0.85	0.45	0.53	0.03	0.82
p 值	0.01	0.29	0.78	0.32	0.25	0.54	0.26	0.39	0.01	0.01	0.01	0.316	0.57	0.01
指标	X_{sa7}	X_{sp1}	X_{sp2}	X_{sp3}	X_{sp4}	X_{sp5}	X_{sw1}	X_{sw2}	X_{sw3}	X_{sm1}	X_{sm2}	X_{sm3}	X_{sm4}	
q 值	0.52	0.79	0.24	0.46	0.19	0.67	0.45	0.28	0.34	0.48	0.44	0.24	0.14	
p 值	0.46	0.24	0.08	0.19	0.16	0.23	0.67	0.53	0.27	0.16	0.05	0.24	0.28	

由表6－15可知，神木市粮食供给服务流量影响因素中通过显著性检验的因子共有7个，根据解释贡献力将其排序为：$X_{sa2} > X_{sa6} > X_{sa1} > X_{d1} > X_{sa3} > X_{sm2} > X_{sp2}$。从准则层分析，7个因子中有6个因子为供给指标，1个需求指标，且其解释贡献力排序为4，说明供给因素对神木市粮食供给服务流量高于需求因素。从要素层分析，种植面积有4个因子通过显著性检验，且其解释力排序分别为1，2，3，5。生产资料与农业机械中各有1个因子通过显著性检验，但其解释贡献力均较低，从要素层结果说明种植面积对流量影响最高。从指标层分析，X_{sa2}（玉米种植面积）、X_{sa6}（薯类种植面积）和 X_{sa1}（耕地面积）是解释贡献力最高的三个因子。综上所述，神木市粮食供给服务流量影响因素与米脂县较为相似，供给要素和种植面积对流量影响最大，指标要素也基本一致，这是由于该区域的主要种植类型较为相似。

据图6－8分析神木市粮食供给服务流量的影响因素，对比表格可知，各因子两两交互后解释力均高于交互前。解释贡献力超过 0.9 的组合为 $X_{d1} \cap X_{sa6}$、$X_{sa1} \cap X_{sa6}$、$X_{sa2} \cap X_{sa6}$、$X_{sa1} \cap X_{sa2}$，其中 X_{sa6} 出现频次最多，解释贡献力超过 0.8 的组合较多，集中在 X_{d1}、X_{sa1} 和 X_{sa2}，说明了前述四个因子对粮食供给服务流量影响最大。

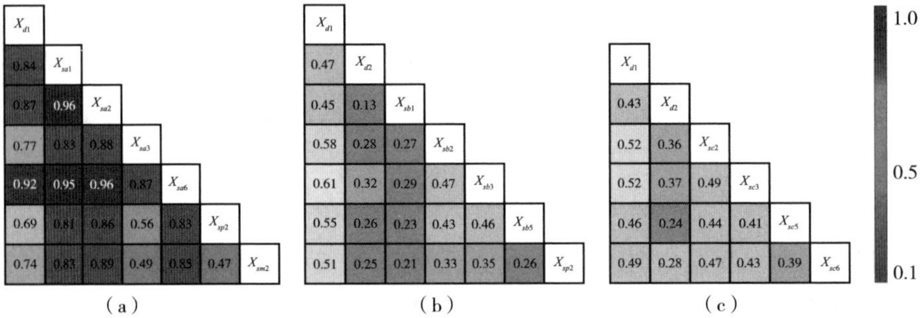

图 6-8　神木市供给服务影响因子交互关系

据表 6-16 市果蔬供给服务流量影响因素可知，通过显著性检验的因子共有 7 个，根据其解释贡献力排序为：$X_{d1} > X_{sb3} > X_{sb2} > X_{sb5} > X_{sw2} > X_{d2} > X_{sb1}$。且发现各因子的解释贡献力总体较低，这是由于果蔬供给服务流量整体呈下降趋势，但是无论果蔬供给或果蔬需求均呈增长的特征。从准则层分析，供给指标有 5 个通过显著性检验，其解释贡献力排序分别为 2，3，4，5，7。需求指标有 2 个通过显著性检验，其解释贡献力排序为 1，6。说明供给与需求均对果蔬供给服务流量产生显著影响，但需求的影响力略高于供给。从要素层分析，种植面积有 4 个通过显著性检验，且排序较高，水利设施有 1 个通过显著性检验，排序为 5，说明种植面积是影响流量最大的要素。从指标层分析，各因子解释贡献力与神木市粮食供给服务及米脂县各类服务相比，总体贡献力均较低。其中 X_{d1} 解释贡献力最高，X_{sb3}、X_{sb2} 和 X_{sb5} 解释贡献力在 0.2—0.3。

表 6-16　　果蔬供给服务地理探测器结果

指标	X_{d1}	X_{d2}	X_{d3}	X_{d4}	X_{sl1}	X_{sl2}	X_{sl3}	X_{sl4}	X_{sb1}	X_{sb2}	X_{sb3}	X_{sb4}
q 值	0.44	0.11	0.48	0.73	0.48	0.23	0.56	0.48	0.05	0.26	0.28	0.13
p 值	0.08	0.03	0.54	0.44	0.42	0.49	0.53	0.17	0.07	0.05	0.04	0.13
指标	X_{sb5}	X_{sb6}	X_{sp1}	X_{sp2}	X_{sp3}	X_{sp4}	X_{sp5}	X_{sw1}	X_{sw2}	X_{sw3}	X_{sm1}	
q 值	0.23	0.03	0.64	0.64	0.61	0.61	0.61	0.75	0.19	0.54	0.38	
p 值	0.01	0.48	0.23	0.19	0.24	0.36	0.19	0.57	0.08	0.31	0.12	

由图6-8两两因子交互后解释贡献力均高于交互前，其中解释贡献力较高的因子组合集中在X_{d1}，这与该因子的单独解释贡献力较高有关。而其余因子交互后解释贡献力均较低，说明了需求对果蔬供给服务流量的影响较高。

据表6-17市肉类供给服务影响因子可知，共有6个因子通过显著性检验，根据其解释贡献力排序为$X_{d1} > X_{sc3} > X_{sc2} > X_{sc6} > X_{sc5} > X_{d2}$。从准则层分析，供给指标中有4个通过显著性检验，其解释贡献力排序为2，3，4，5，需求指标有2个通过显著性检验，解释贡献力排序为1，6。神木市肉类供给服务流量影响因素与果蔬供给服务流量影响因素相似，供给与需求均对流量产生了显著影响。从要素层分析，供给指标中通过显著性检验的4个指标均为养殖规模，这与前文结论相似，说明生产规模对流量的影响最高。由于各因子的单独解释贡献力较低，因此交互后的解释贡献力也较低。其中解释贡献力较高的因子组合为$X_{d1} \cap X_{sc2}$、$X_{d1} \cap X_{sc3}$，而此外的绝大多数因子交互后影响因子在0.4—0.5。

表6-17　肉类供给服务地理探测器结果

指标	X_{d1}	X_{d2}	X_{d3}	X_{d4}	X_{sl1}	X_{sl2}	X_{sl3}	X_{sl4}	X_{sc1}	X_{sc2}
q值	0.39	0.12	0.37	0.39	0.21	0.53	0.44	0.55	0.43	0.21
p值	0.08	0.09	0.24	0.36	0.37	0.22	0.33	0.27	0.64	0.01
指标	X_{sc3}	X_{sc4}	X_{sc5}	X_{sc6}	X_{sa8}	X_{sp6}	X_{sm1}	X_{sm2}	X_{sm4}	
q值	0.22	0.47	0.15	0.16	0.53	0.54	0.63	0.42	0.56	
p值	0.01	0.36	0.03	0.03	0.33	0.11	0.55	0.27	0.36	

综上所述，神木市X_{sa2}（玉米种植面积）、X_{sa6}（薯类种植面积）和X_{sa1}（耕地面积）对粮食供给服务流量影响最高，X_{d1}（人口数量）对果蔬供给服务流量影响最高，同时X_{d1}也是影响神木市肉类供给服务流量的主导因素。与米脂县分析结论相比，粮食供给服务结果较为相似，生产规模是影响流量的主导因素，但果蔬供给服务与肉类供给服务则表现出需求是影响流量的主要因素，这是两县（市）不同之处。

（三）影响因素变化过程

基于前述结论本书整理了三类供给服务流量主导影响因子的变化过程（见表6-18）。由表可知，粮食供给服务的主要因子中，玉米种植面积、薯类种植面积和耕地面积在研究时段内明显扩大，尤其是2015年后增长更加明显，而2015年之前增长幅度较小。这与前文结论一致，即神木市粮食供给服务流量2015年之前增长较为平缓，但2015年后增长迅速，这也进一步验证了前述三个因子的变化是导致神木市粮食供给服务流量变化的主导因子。分析果蔬供给服务流量变化的主导因子可知，人口数量在研究时段内持续增加，由此也导致了果蔬需求的持续增加，同时供给侧的主导因子枣树种植面积和苹果种植面积在研究时段内并无明显变化，甚至呈小幅下降的特征，这一特征也可以从神木市果蔬供给量的变化过程中可知，因此在供给持续下降而需求量持续增加的影响下，神木市果蔬供给服务流量持续下降，这也是造成了需求成为神木市流量的主导因子。同理，肉类供给服务中，供给侧出栏羊数量与出栏猪数量在研究时段内呈小幅下降或小幅增长的特征，说明了供给量整体变化不大，但需求量持续增加，因此人口数量也成为肉类供给服务流量变化的主导因子。

表6-18　2010—2020年神木市主要影响因子变化过程统计

单位：万亩、万人、亩、只、头

	2010年	2012年	2015年	2018年	2020年
玉米种植面积（X_{sa2}）	15.12	15.39	18.34	28.20	35.65
薯类种植面积（X_{sa6}）	10.19	11.29	14.43	25.91	28.24
耕地面积（X_{sa1}）	67.62	68.54	70.68	80.74	100.59
人口数量（X_{d1}）	39.92	41.21	42.71	45.15	48.78
枣树种植面积（X_{sb3}）	240075	242725	243032	253163	257289
苹果种植面积（X_{sb2}）	16800	15984	15546	16520	16347
出栏羊数量（X_{sc4}）	459980	456980	441536	448149	455336
出栏猪数量（X_{sc4}）	96800	104710	104817	131870	108246

因此，分析2015年后玉米与薯类种植面积变化的原因成为揭示神木市粮食供给服务调节机制的重要途径，而在需求侧影响下肉类供给服务与果蔬供给服务流量持续下降，但从供给侧分析，其主导因子在研究时段内生产规模呈小幅上涨或小幅下降，这一特征与米脂县和神木市粮食供给服务截然不同，因此分析该现象背后的原因就成为明晰神木市肉类供给与果蔬供给服务流调节机制的关键内容。

二、神木市供给服务调节机制

（一）利益相关者识别

依据前述研究方法，神木市各利益相关者分值结果如图 6－9 所示。由图 6－9 神木市分值较高的利益相关者为农民、政府、中间商和合作社。其中农民分值最高，三项指标均为 5 分，中间商分值也较高，其中主动性分值为 5，其余两项分别为 4 分和 3 分。政府的重要性为 4 分，其余两项为 3 分，合作社的主动性与重要性分值为 4，影响力分值为 2，总得分为 10。此外其余利益相关者如企业、科研院所和消费者等的分值较低，不属于神木市供给服务的主要利益相关者。

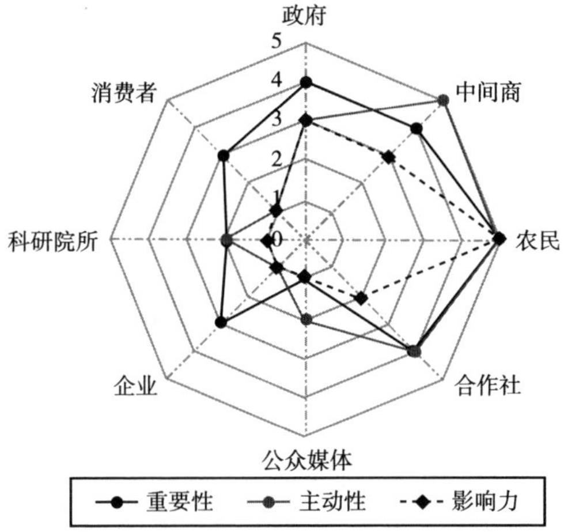

图 6－9　神木市供给服务利益相关者识别结果

与米脂县相比，神木市供给服务的主要利益相关者出现了不同的特征，主要表现为：①中间商成为神木市供给服务的主要利益相关者，原因在于与米脂县相比，神木缺乏特色的种植/养殖类型，本地农产品加工企业较少，因此农产品的收售往往多由来自外地的中间商完成。而米脂县本地农产品加工企业较多，收售工作多由企业自行完成。②神木市主要利益相关者中也出现了合作社，但与米脂县相比，神木合作社有两个不同点：首先，本节研究中合作社专指养殖合作社。原因在于调研中了解到神木市养殖合作社数量与参与人数较多，而其他类型的合作社如苹果合作社和小杂粮合作社等由于当地种植规模小，合作社效益低，活跃度也较低，因此上述各类合作社对供给服务的影响较小。其次，神木合作社多是以核心农户为主建立的，其社员包含少量周边农户，周边农户参与度低是神木合作社与米脂县合作社的另一个不同点。③此外与米脂县相比，神木市农民分值较高，而政府分值较低。

（二）调节过程

（1）利益相关者诉求与行为。由于政府、农民和合作社利益诉求具有相似性，因此本节不再赘述神木市农民与政府的利益诉求。中间商本质是经济人，其利益诉求突出表现为经济利益最大化，因此提高收购农产品数量，增加个人收入是其主要利益诉求。

农民利益行为：①对于粮食种植，结合研究时段神木市农民利益行为可将其分为三个阶段：2010—2013 年该阶段以种植松树，柏树等经济价值高的绿化树苗为主。"种树种了十几年了吧，我们这那时候家家户户都种树，现在也有，不过不多了""我们这块离内蒙古，宁夏，甘肃近，那些地方绿化项目多，需要小树苗""松柏树种植利润可高了，树苗几块钱一个，最高的时候一亩树苗能卖 5，6 万元"。2014—2015 年种植停滞阶段。"前几年开始树苗的行情就不行了。卖不动了""人家那块的绿化项目少了，而且现在神木，府谷种树的太多了""树苗长个 3—5 年最好卖，时间一长树都长高了就没人要了""挖树太贵了，还不如就那样长着吧，地是种不成了"。2016—2020 年种植结构调整阶段，玉米，薯类大规模种植阶段。"政府帮我们把地里的树都处理了，现在能种庄稼了""政府在村东头沙地上盖了 30—40 厘米的土，分给村里种玉米了""玉米和红薯耐旱，产量高还不用人打理"。②对于果蔬种植，现有果园多是十数年前建成的，研究时段内种植面积无明显变化，"早十几年种了可多枣树了，但是后来没人收了，都荒了""院子里的菜都是种自己吃的，黄河边上有几个村子种大棚了，但是规模也不大""最近这些年没人敢种枣树了，因为没人收，苹果在我们这种的少"。③家庭饲养规模较小，研究时段内饲养规模与结构无明显变化。"村子养羊养猪的不多，以前还多点，这几年没见有人再养了""现在不允许散养，都要圈养，饲料太贵了，挣不下钱，就是贫困户还养得多一点""养羊养猪都是开着合作社大规模养着呢，人家那都是机械化，成本低，自己养没优势""合作社也没啥变化，没听说周围有新开的养羊和养猪的"。

政府利益行为：2015 年之前，政府对种养殖业多是技术指导与少量的种植补贴，具体执行的政策较少。“我们神木不以农业为主，农业产值较少，农民也很少以土地为生”“种植与养殖指导是有的，农机站的技术人员每个礼拜都下乡了”“根据政策，对大规模养殖是有一定补贴的”。2015 年以来，随着精准扶贫与乡村振兴政策的实施，有效扩大耕地面积，调整种植结构，鼓励土地流转，开展规模种植，开展家庭饲养成为神木市政府的主要行为。“政策实施后，对贫困户的帮扶是政府工作的重点，我们制定了村集体帮扶的政策，由政府出资平整土地，分配到村里，再由村里整合贫困户，实施分散承包，集中管理制度”“政府出资对北部风沙区实施黄土覆盖的方式，对南部土石丘陵区实施松柏树异地迁种，恢复耕地的方式来增加耕地面积”“平整土地后鼓励人们多种些玉米和红薯，玉米能当饲料卖钱，红薯产量高”“给贫困户提供优质白绒山羊，农机具购买也提供高额补贴”。

合作社行为：与农民，政府行为具有明显的阶段性特征不同，在研究时段内合作社行为表现为基本维持养殖现状，逐步缓慢扩大养殖规模的特征。“我们这都是养殖场合作社搞养殖了，小规模的养也有，但是不多”“现在我们的养殖规模已经很大了，这个养殖规模已经维持了 3、4 年了，不打算扩大”“养殖业风险太大，大规模扩张的话万一碰上行情不好或者疫病，就亏死了”，同时流转承包土地，种植玉米，降低养殖成本。“纯靠买精饲料成本就太高了，主要还是从农民手里买粗饲料，像玉米，红薯”“这几年我们都开始承包流转地了，种上玉米，成本就低了”。

中间商行为：中间商是链接生产与销售的中间人，本身不参与供给服务生产过程，但其承担着市场指示器的作用，往往鼓励农民种植市场需求量高的作物类型，但整体而言，对农民种植意愿影响不大。“我们就是挣个辛苦钱，把玉米从神木拉到榆阳（榆林市辖区）卖了”“人家种啥我们收啥，我们愿意收谷子，可是人家不种也没办法”“二道贩子（中间商）也不少了，他们也说谷子行情好，但是不想种，谷子太麻烦了”“二道贩子收的玉米多，其他少，其他我们也不种”。

图 6－10 所示神木市各利益相关者诉求与行为关联图，结合前文表述与图可知，与米脂县相比，神木市各利益相关者共同诉求一致性内容较少，由此导致行为联系较少，因此整个供给服务中各主要利益相关者并未像米脂县一样形成相互联结的整体，此外与米脂县各利益行为涉及三类供给服务相比，神木利益行为涉及粮食供给最多，肉类供给较少，果蔬供给几乎没有。其中

仅有政府和农民诉求具有一致性，农民行为也与政府行为密切相关，同时神木市对肉类供给与果蔬供给诉求与行为极少，在研究时段内没有产生改变其规模或结构的利益行为。合作社诉求与行为集中在肉类供给中，其中流转土地种植玉米红薯以降低养殖成本的行为与政府行为密切联系。而中间商诉求与行为则与上述所有利益相关者均没有产生联系。

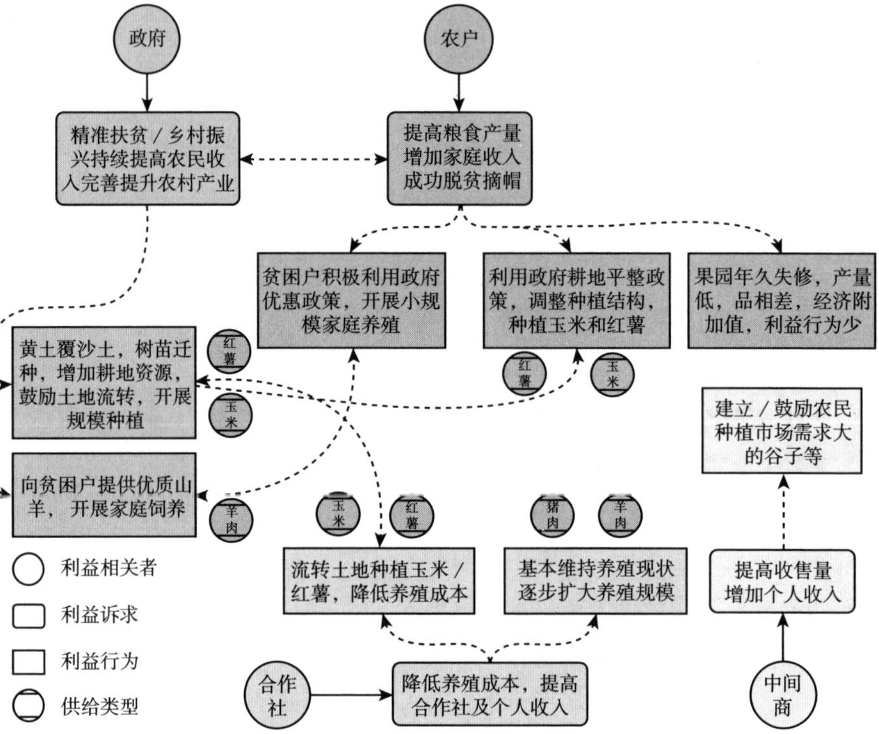

图 6-10　神木市供给服务利益相关者诉求与行为关联

造成神木市利益相关者诉求与行为关联度差的原因在于：米脂县长期以来就是国家级贫困县，农业人口多，贫困人口多，产业落后，借助 2015 年以来实施的精准扶贫与乡村振兴战略，全社会共同参与扶贫及乡村地区产业建设。而神木市经济发达，长期以来名列全国百强县市，居民收入高，贫困人口少。此外与米脂县相比，神木市第一产业突出表现为规模种植与规模养殖，这与米脂县多以家庭为单位的种植和养殖相比，农民收入较高，扶贫及乡村地区产业建设压力较小，因此在研究时段内供给服务基本表现为各利益相关者相互独立行为的特征。

（2）利益相关者关联网络。在揭示神木市利益相关者诉求与行为的基础上，进一步使用定量的方法分析供给服务生产过程中利益相关者之间，以及利益相关者与供给类型的联系强度（见图6－11）。由图可知，①神木市各利益相关者之间没有形成强关联。其中仅有政府与农民、农民与中间商有直接关联，且其关联数值较低。而政府、合作社与中间商均没有形成显著性关联。②不同供给类型与利益相关者关联强度不同，形成直接强关联的有玉米—农民，玉米—合作社，红薯—农民，山羊—合作社，形成间接强关联的有合作社—玉米—红薯，合作社—玉米—饲料。与米脂县形成若干个闭合强关联不同，神木市形成的是一个包括多种供给类型、多个生产要素与多个利益相关者的综合强关联网络，农民—玉米—红薯—耕地—政府—合作社—山羊—饲料。中间商则仅与谷子和玉米为中度关联，没有强关联出现。

此外据图6－11还可发现，神木市供给服务关键词频中出现的生产词汇较少，这主要是与当地的种植养殖类型与规模有关。前文提及神木市多为规模种植与规模养殖，其种植养殖年限较长，农民自身拥有较为丰富的种养殖技术与原材料，而以家庭为单位开展种养殖的米脂县，很多农民转型种养年限较短，经验缺乏。

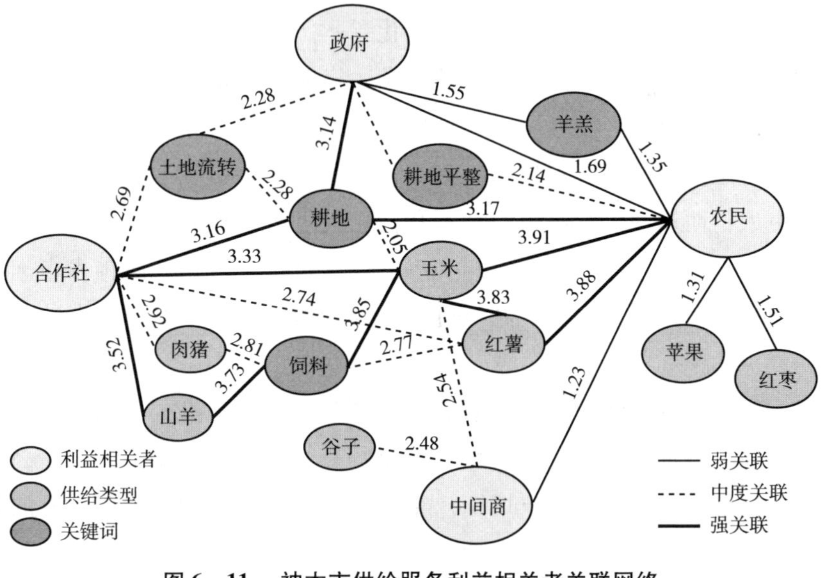

图6－11　神木市供给服务利益相关者关联网络

基于前述对利益相关者的诉求行为及与供给类型的相互联系，神木市供给服务的调节类型主要为粮食供给服务中的玉米与薯类，主要利益主体为合作社—农户—政府，也正是由于前述三类利益相关者行为造成了玉米与薯类种植面积迅速增加，进而影响了粮食供给服务流量。肉类供给服务虽与合作社形成了强关联网络，但利益相关者行为较少，尤其是对其生产规模基本没有影响，而神木市涉及果蔬供给的利益相关者诉求与行为较少，同时果蔬供给也没有与利益相关者形成强关联网络，也进一步印证了供给侧对果蔬供给服务、肉类供给服务流量的较小。

（三）调节类型与影响

（1）调节类型。通过前述对神木市供给服务流量特征，影响因素及利益相关者的分析，本书将神木市供给服务调节机制总结为如下三类：供给侧 + 多主体 + 规模增强机制（SMSEM）、需求侧 + 单主体 + 规模衰减机制（DASAM）和需求侧 + 单主体 + 规模衰减机制（DASAM）。

其中，粮食供给服务为供给侧 + 多主体 + 规模增强机制（SMSEM），是指神木市粮食供给服务受到供给因素影响高于需求，在政府、农户和合作社三类主体相互配合的基础上，扩大了玉米与薯类的种植面积（规模），最终提高了神木市粮食供给服务流量。果蔬供给服务为需求侧 + 单主体 + 规模衰减机制（DASAM），是指神木市果蔬供给服务流量受需求影响更大，而供给侧唯一利益相关者农民的行为对果蔬变化基本无影响，同时由于果园长期无人打理，品相差，经济价值低，对其果园生产基本呈消极态度，对果蔬供给服务调节过程通过生产规模（而非种植规模）的调整实现，因此将其命名为需求侧 + 单主体 + 规模衰减机制。肉类供给服务与果蔬供给相似，流量受需求影响更大，而果蔬供给服务的唯一利益相关者合作社对生产规模的扩大呈谨慎态度，因此将其命名为需求侧 + 单主体 + 规模衰减机制。神木市肉类供给服务与果蔬供给服务调节机制与过程较为相似，不同点在于二者的调节主体不同。

（2）调节机制影响。与米脂县相同，本节计算了各类服务供给类型之间的权衡协同关系。根据对神木市统计年鉴的查询，由于神木市糜子、高粱和杏的产量极低，在研究时段末期统计年鉴中已不再统计，故本节分析的服务类型包括玉米、谷子、薯类、豆类、油料、蔬菜、苹果、梨、红枣、羊肉、猪肉和牛肉，权衡协同关系结果如表 6 – 19、表 6 – 20 所示。

如表 6 – 19 所示为神木市粮食供给服务权衡协同关系，由表可知，玉米与薯类呈强协同关系，结合前文，这两类供给服务在研究时段内产量显著增加，变化趋势较为相似。而玉米、薯类与豆类、谷子、油料等呈低协同关系，说明前述各类供给服务产量均有所增加，但增长服务低于玉米与薯类。这一特征与米脂县不同，造成该结果的原因在于米脂县耕地面积没有明显增加，调节机制是通过种植结构的调整发挥作用的，而神木市耕地面积显著增加，玉米与薯类扩大的种植规模并未压缩其他类型的供给服务，因此造成了上述特征。

表 6－19　　　　神木市供给服务权衡协同关系（一）

	玉米	谷子	豆类	薯类	油料
玉米	1				
谷子	0.36	1			
豆类	0.22 *	0.51	1		
薯类	1.00 **	0.23 *	0.37	1	
油料	0.34	0.16 *	0.54	0.17 *	1

如表 6－20 所示为神木市果蔬供给服务与肉类供给服务的权衡协同关系，由表可知，果蔬供给服务中蔬菜与苹果、红枣与苹果为弱权衡关系，红枣与蔬菜为弱协同关系，结合前文红枣与苹果种植面积与产量可知，研究时段内红枣规模与产量小幅提高，苹果规模与产量小幅下降，蔬菜产量也呈小幅上涨的特征，因此呈前述权衡协同关系。但由于供给侧调节机制作用较少，各类型服务变化幅度不同，因此均呈弱协同或弱权衡关系。肉类供给服务中猪肉与羊肉呈中度协同关系，猪肉与牛肉、羊肉与牛肉呈低协同关系，造成这种现象的原因在于，研究时段内三类服务供给量均呈增长的特征，但猪肉与羊肉增长量较高，增长幅度也较高，因此二者协同值略高于牛肉。

表 6－20　　　　神木市供给服务权衡协同关系（二）

	蔬菜	苹果	梨	红枣	猪肉	羊肉	牛肉
蔬菜	1						
苹果	－0.28 **	1					
梨	－0.36	－0.48	1				
红枣	0.36 **	－0.23 **	0.36	1			
猪肉	—	—	—	—	1		
羊肉	—	—	—	—	0.49 **	1	
牛肉	—	—	—	—	0.16 *	0.25 *	1

综上所述，虽然神木市粮食供给服务也受供给侧受调节机制影响，但其影响是通过扩大耕地面积方式进行，因此受调节的玉米与薯类呈高度协同，而与其他各类未受调节的供给类型呈低度协同关系。肉类供给服务与果蔬供给服务受供给侧调节影响较小，因此各类型之间多呈低度协同或低度权衡关系。

第五节　洛川县调节机制分析

一、洛川县供给服务流变化特征及影响因素

（一）洛川县供给服务流变化特征

如表6-21所示为洛川县供给服务供需流变化特征。由表可知，研究时段内果蔬供给服务量远高于粮食供给与肉类供给，供给量也高于米脂县与神木市，也验证了前述中洛川县是以果蔬供给为主导服务的结论。分析三类供给服务变化过程可知，粮食供给服务与果蔬供给变化特征相似，研究时段内呈持续增长的特征，且后一个观察时段增长速度高于前一观察时段，且二者的总体增长率也较为相似。肉类供给服务在研究时段内供给呈持续下降的特征，且下降率有进一步加快的趋势，与2010年相比，2020年下降幅度达到了43%。

与前述相似，在分析各类服务需求变化特征前，首先分析常住人口变化过程，洛川县2010年常住人口为219103人，2015年常住人口为223369人，2020年常住人口为201633人，研究时段内2015年人口数量最多，与2010年相比，2020年整体数量略有减少，减少数量为17470人，下降比率为8%。受人口数量与《中国食物与营养发展纲要》规定影响，10年中粮食供给服务需求呈持续下降的特征，与2010年相比，2020年需求量下降率为16%，三类供给服务需求中其变化率与下降率均是最高的。果蔬供给服务需求呈先上升后下降的特征，虽然2020年人口数量少于2010年，但人均果蔬摄入量高于2010年，故2020年需求量比2010年小幅上涨4%。肉类供给服务需求量整体也呈先上升后下降的特征，但2020年与2010年相比，需求量整体变化不大，主要由于人口数量减少，但人均摄入量增加，二者作用相互抵消，造

成了需求量下降了 0.1%。

表 6－21　洛川县供给服务供需流特征统计　单位：万亿千卡

时间		粮食供给	果蔬供给	肉类供给
2010 年	供给	10.46	37.6	8.31
	需求	3.63	2.05	2.31
	流量	6.83	35.55	6
2015 年	供给	10.96	44.5	9.83
	需求	3.37	2.37	2.56
	流量	7.58	42.1	7.27
2020 年	供给	11.91	49.5	6.1
	需求	3.04	2.14	2.31
	流量	8.87	47.3	3.79
2010—2015 年变化	供给	0.5（4%）	6.9（18%）	1.52（－18%）
	需求	－0.26（－6%）	0.32（15%）	0.25（10%）
	流量	0.75（11%）	6.58（18%）	1.27（－21%）
2015—2020 年变化	供给	0.95（8%）	5（11%）	－3.73（－37%）
	需求	－0.33（－9%）	－0.23（－9%）	－0.25（－9%）
	流量	1.29（16%）	5.17（12%）	－3.48（－47%）
2010—2020 年变化	供给	1.45（13%）	11.9（31%）	－2.21（－26%）
	需求	－0.59（－16%）	0.09（4%）	0.01（－0.1%）
	流量	2.04（29%）	11.81（33%）	－2.21（－36%）

注：百分比表示米脂县三类供给服务供需流变化率。

由表 6－21 继续分析洛川县 2010—2020 年供给服务流量变化特征，粮食供给服务流增加速度较快，研究时段内呈持续增长的特征，且增长速度有进一步加快的趋势。与 2010 年相比，2020 年粮食供给服务流增长率达到了 29%。果蔬供给服务流量也呈持续增长的特征，且其增长速度高于粮食供给服务，与 2010 年相比，2020 年果蔬供给服务流量增长率达到了 33%，高于粮食供给与肉类供给，但与粮食供给服务相比，果蔬供给服务后一个观察时段增长率低于前一个观察时段。与前两类供给服务相比，肉类供给服务流量呈先上升后下降的特征，2015 年流量最高，与 2010 年相比 2020 年流量下降率达到了 36%，其变化幅度在三类服务中最高。分时段观察可知，2015—2020 年下降率高于 2010—2015 年，反映了其下降特征有逐渐加快的趋势。

（二）洛川县供给服务流影响因素

通过对洛川县统计年鉴的查询，建立如下的指标体系（见表6－22和表6－23），而后基于地理探测器分析影响三类服务流量的主导因子及各因子的交互作用。与神木市和米脂县相同，洛川县指标均源自《洛川统计年鉴》，三县指标体系仅在生产资料、水利设施和农业机械中部分指标的选取稍有不同。

表6－22　　　洛川县供给服务流量影响因素指标体系

准则层	要素层	指标层
需求指标	人口数量	X_{d1}总人数：人
		X_{d2}总户数：户
		X_{d3}迁入人口：人
		X_{d4}迁出人口：人
供给指标	劳动力投入	X_{sl1}乡村劳动力资源数：人
		X_{sl2}农业人口：人
		X_{sl3}乡村人口数：人
		X_{sl4}乡村从业人员：人
	种植面积	X_{sa1}耕地面积：亩
		X_{sa2}玉米种植面积：亩
		X_{sa3}谷子种植面积：亩
		X_{sa4}糜子种植面积：亩
		X_{sa5}荞麦种植面积：亩
		X_{sa6}薯类种植面积：亩
		X_{sa7}豆类种植面积：亩
		X_{sa8}饲料种植面积：亩
		X_{sb1}蔬菜种植面积：亩
		X_{sb2}苹果种植面积：亩
		X_{sb3}枣树种植面积：亩
		X_{sb4}梨树种植面积：亩
		X_{sb5}柿子种植面积：亩
		X_{sb6}葡萄种植面积：亩
		X_{sb7}杏树种植面积：亩
	生产资料	X_{sp1}农用化肥使用量：吨
		X_{sp2}塑料薄膜使用量：公斤

续表

准则层	要素层	指标层
供给指标	生产资料	X_{sp3}农药使用量：公斤
		X_{sp4}地膜使用量：公斤
		X_{sp5}畜牧用药品：万元
		X_{sp6}肥料购置费：万元
		X_{sp7}饲料饲草购置费：万元
	水利设施	X_{sw1}节水灌溉机械：套
		X_{sw2}农用水泵：台
		X_{sw3}农用排灌电动机：台
		X_{sw4}农用排灌柴油机：台
	农业机械	X_{sm1}柴油发动机动力：千瓦
		X_{sm2}农用机械总动力：千瓦
		X_{sm3}拖拉机数量：台
		X_{sm4}农用运输车数量：辆
	养殖数量	X_{sc1}出栏牛：头
		X_{sc2}出栏猪：只
		X_{sc3}出栏羊：头
		X_{sc4}存栏牛：头
		X_{sc5}存栏猪：只
		X_{sc6}存栏羊：头

如表 6 – 23 所示分别为三类供给服务的具体指标。

表 6 – 23　　洛川县各类供给服务流量影响因素

供给类型	具体指标
粮食供给	X_{d1}、X_{d2}、X_{d3}、X_{d4}、X_{sl1}、X_{sl2}、X_{sl3}、X_{sl4}、X_{sa1}、X_{sa2}、X_{sa3}、X_{sa4}、X_{sa5}、X_{sa6}、X_{sa7}、X_{sp1}、X_{sp2}、X_{sp3}、X_{sp4}、X_{sw1}、X_{sw2}、X_{sw3}、X_{sw4}、X_{sm1}、X_{sm2}、X_{sm3}、X_{sm4}
果蔬供给	X_{d1}、X_{d2}、X_{d3}、X_{d4}、X_{sl1}、X_{sl2}、X_{sl3}、X_{sl4}、X_{sb1}、X_{sb2}、X_{sb3}、X_{sb4}、X_{sb5}、X_{sb6}、X_{sb7}、X_{sp1}、X_{sp2}、X_{sp3}、X_{sp4}、X_{sp6}、X_{sw1}、X_{sw2}、X_{sw3}、X_{sw4}、X_{sm1}、X_{sm2}、X_{sm4}
肉类供给	X_{d1}、X_{d2}、X_{d3}、X_{d4}、X_{sl1}、X_{sl2}、X_{sl3}、X_{sl4}、X_{sc1}、X_{sc2}、X_{sc3}、X_{sc4}、X_{sc5}、X_{sc6}、X_{sa8}、X_{sp5}、X_{sp7}、X_{sm2}、X_{sm3}、X_{sm4}

利用地理探测器分别计算粮食供给服务、果蔬供给服务和肉类供给服务流量的影响因子及各因子的交互作用，结果如表 6 – 24—表 6 – 26 所示。

洛川县粮食供给服务影响因素结果如表6－24和图6－12所示，由表可知通过显著性检验的因子共有4个，其中需求指标为1个，供给指标为4个，根据其解释贡献力进行排序为：$X_{sa2} > X_{d1} > X_{sa1} > X_{sm4}$。洛川县结果与米脂县，神木市结果较为相似，即供给因素对粮食供给服务流量的影响高于需求因素，同时生产规模因子解释贡献力最高，尤其是X_{sa2}其单独解释贡献力高到0.91。

表6－24　　洛川县粮食供给服务地理探测器结果

指标	X_{d1}	X_{d2}	X_{d3}	X_{d4}	X_{sl1}	X_{sl2}	X_{sl3}	X_{sl4}	X_{sa1}	X_{sa2}	X_{sa3}	X_{sa4}	X_{sa5}
q值	0.34	0.56	0.51	0.67	0.59	0.33	0.16	0.44	0.17	0.91	0.78	0.93	0.13
p值	0.03	0.16	0.51	0.34	0.57	0.24	0.53	0.21	0.04	0.01	0.71	0.33	0.34
指标	X_{sa6}	X_{sa7}	X_{sp1}	X_{sp3}	X_{sp4}	X_{sw1}	X_{sw2}	X_{sw3}	X_{sw4}	X_{sm1}	X_{sm2}	X_{sm3}	X_{sm4}
q值	0.53	0.31	0.54	0.75	0.13	0.75	0.75	0.78	0.44	0.63	0.41	0.45	0.11
p值	0.27	0.17	0.35	0.36	0.15	0.69	0.22	0.39	0.14	0.22	0.19	0.25	0.08

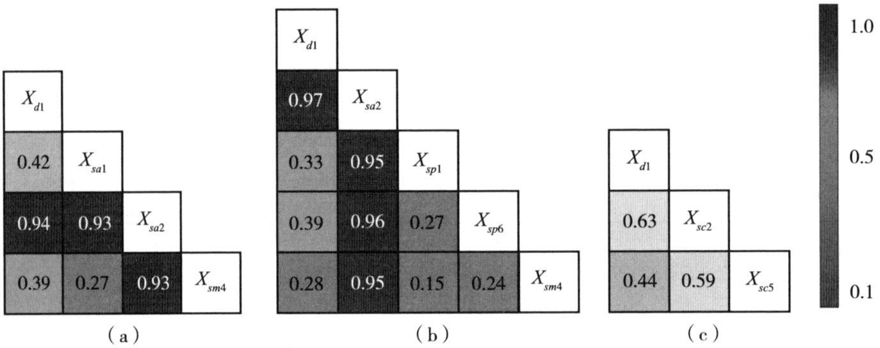

图6－12　洛川县供给服务影响因子交互关系

但同时与前两县（市）相比，洛川县生产规模中仅有X_{sa2}和X_{sa1}两个因子通过显著性检验，而前两县中生产规模影响因子通过显著性检验的数量均较多，造成这种现象的原因有两个：一是洛川县粮食作物中以玉米种植为主，玉米种植面积在粮食种植面积中占据主导地位，更重要的原因在于研究时段内谷子、薯类和豆类等作物的种植面积持续降低，2016年起《洛川统计年鉴》中不再统计上述因子，因此在研究时段后半期前述服务类型基本不影响粮食供给服务流量变化。二是各因子交互作用如图6－12所示，交互后解释力高的组合依然集中在X_{sa2}上，也进一步说明了洛川县粮食供给服务流量受玉米种植面积影响最大，其他因子影响较小。

如表 6 - 25 所示为洛川县果蔬供给服务流量影响因素分析结果，由表可知通过显著性检验的因子共有 5 个，其中供给因子有 4 个，需求因子有 1 个，根据解释贡献力将其排序为：$X_{sb2} > X_{d2} > X_{sp6} > X_{sm4}$，其中苹果种植面积对果蔬供给服务流量影响力最高，解释贡献力达到了 0.95，且果蔬供给服务地理探测结果与粮食供给服务相似，造成该结果的原因也基本一致。均是由于研究时段内杏树、梨树和柿子等水果的种植面积持续下降，2016 年其统计年鉴中不再统计前述指标。各因子交互后的作用如图 6 - 12 所示，交互后解释贡献力高的因子组合也集中在 X_{sb2} 上，说明苹果种植面积是影响洛川县果蔬供给服务流量的最重要因子。

表 6 - 25　　果蔬供给服务地理探测器结果

指标	X_{d1}	X_{d2}	X_{d3}	X_{d4}	X_{sl1}	X_{sl2}	X_{sl3}	X_{sl4}	X_{sb1}	X_{sb2}	X_{sb3}	X_{sb4}	X_{sb5}	X_{sb6}
q 值	0.27	0.14	0.18	0.22	0.28	0.33	0.42	0.47	0.26	0.95	0.17	0.12	0.63	0.22
p 值	0.09	0.18	0.17	0.31	0.19	0.34	0.52	0.36	0.56	0.01	0.36	0.23	0.56	0.45
指标	X_{sb7}	X_{sp1}	X_{sp2}	X_{sp3}	X_{sp4}	X_{sp6}	X_{sw1}	X_{sw2}	X_{sw3}	X_{sw4}	X_{sm1}	X_{sm2}	X_{sm4}	
q 值	0.18	0.13	0.18	0.64	0.22	0.13	0.75	0.48	0.29	0.25	0.37	0.37	0.07	
p 值	0.13	0.06	0.29	0.38	0.24	0.03	0.56	0.57	0.26	0.22	0.25	0.24	0.04	

洛川县肉类供给服务流量影响因素结果如表 6 - 26 所示，通过显著性检验的因子仅有三个，根据解释贡献力排序为 $X_{sc2} > X_{d1} > X_{sc5}$，其中熟肉生产对肉类供给服务流量影响最大，交互探测结果也可说明该结果（见图 6 - 12），造成这种现象的原因在于洛川县与米脂县和神木市相比，其肉类供给服务始终以猪肉为主，羊肉和牛肉养殖规模始终较低，其产量与存栏量对肉类供给服务流量影响也较小。

表 6 - 26　　肉类供给服务地理探测器结果

指标	X_{d1}	X_{d2}	X_{d3}	X_{d4}	X_{sl1}	X_{sl2}	X_{sl3}	X_{sl4}	X_{sc1}	X_{sc2}
q 值	0.37	0.45	0.36	0.44	0.31	0.26	0.32	0.55	0.57	0.58
p 值	0.07	0.32	0.25	0.36	0.54	0.66	0.59	0.27	0.63	0.05
指标	X_{sc3}	X_{sc4}	X_{sc5}	X_{sc6}	X_{sa8}	X_{sp5}	X_{sp7}	X_{sm2}	X_{sm3}	X_{sm4}
q 值	0.09	0.21	0.22	0.53	0.17	0.84	0.06	0.11	0.23	0.16
p 值	0.63	0.15	0.09	0.27	0.44	0.32	0.38	0.43	0.62	0.59

（三）影响因素变化过程

基于前述结论本书整理了三类供给服务流量主导影响因子的变化过程（见表6－27）。由表可知，玉米种植面积在研究时段内呈持续增长的特征，在所有统计的种植类型中其变化率最高，占耕地比重也最高，到2020年时玉米种植面积占耕地面积比重达到了99.67%，而如前述所述，薯类和豆类等的种植面积持续减少，尤其是豆类减少幅度最高，2018年后统计年鉴中不再统计前述指标。因此受玉米种植面积持续扩大的影响，洛川县粮食供给服务流量显著增加。果蔬供给服务中苹果种植面积影响最大，从表中可以发现苹果种植面积达到50余万亩，规模远高于耕地总面积与其他果蔬种植面积，受苹果种植面积影响，洛川县果蔬供给服务流持续增加。与果蔬供给、粮食供给不同，肉类供给服务的主要影响因子猪肉出栏量呈先增加后下降的特征，肉类供给服务流量变化也呈现这一特征。

表6－27　2010—2020年洛川县主要影响因子变化过程统计

单位：亩、万人、只、头

	2010年	2012年	2015年	2018年	2020年
玉米种植面积（X_{sa2}）	144366	149148	158761	174758	178563
耕地面积（X_{sa1}）	171894	169827	171064	177523	179154
薯类种植面积（X_{sa6}）	5625	4956	4136	—	—
豆类种植面积	30480	27270	27849	2381	—
人口数量（X_{d1}）	21.91	22.16	22.33	21.87	20.16
柿子种植面积（X_{sb3}）	1659	1630	1625	—	—
红枣种植面积（X_{sb3}）	100	80	74	—	—
苹果种植面积（X_{sb2}）	503894	505908	514118	533902	5344000
出栏猪数量（X_{sc2}）	260024	336702	356242	210261	197070
存栏猪数量（X_{sc5}）	246155	330736	312076	197104	194111
出栏羊数量（X_{sc3}）	6024	4337	5642	5137	4982

因此，分析玉米种植面积与苹果种植面积持续增加并逐步取代其余服务类型，成为洛川县粮食供给服务与果蔬供给服务的最主要类型就成为揭示前述两类服务调节机制的关键因素。而解释猪肉产量先剧增后骤减的原因就成为揭示洛川肉类供给服务调节机制的主要途径。

二、洛川县供给服务流调节机制

（一）利益相关者识别

依据前述研究方法，洛川县各利益相关者分值结果如图6－13所示。由图6－13可知，本书识别的洛川县供给服务的主要利益相关者为政府、农民、中间商、企业和合作社五类，利益相关者数量多于米脂县与神木市。其中农民三类得分均为满分5分，均高于米脂县与神木市；政府与合作社各项得分为3分，与米脂县神木市相比，洛川县政府分值最低，与神木市相比，合作社分值略低；中间商影响力分值为2分，但重要性与主动性得分均为满分；企业重要性、主动性和影响力分值分别为5，3，2。而消费者、科研院所和公众媒体等利益相关者虽然分值与神木市米脂县有所不同，但其均不属于洛川县供给服务的主要利益相关者，故本书不再赘述。

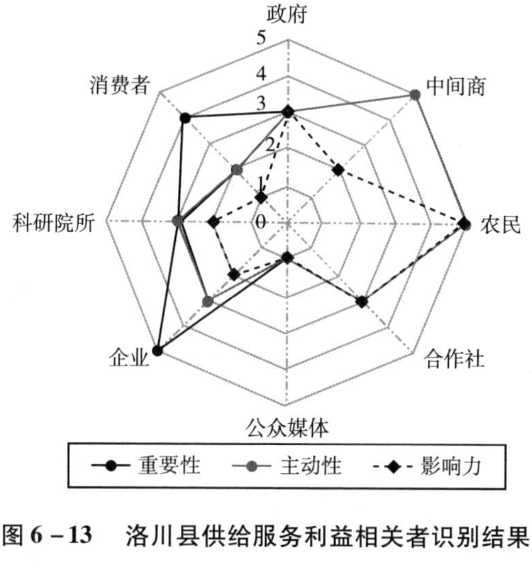

图6－13 洛川县供给服务利益相关者识别结果

与前述相似，受研究区主要生产类型影响，与米脂县和神木市相比，洛川县主要利益相关者还表现出如下特征：①本节中的中间商特指果商，与神木市中间商的区别在于首先洛川县中间商专门收购苹果，而玉米等作物收购量极少，此外洛川的中间商多为外地商人，以广东省、福建省等南方省份为主。②洛川县企业主要指本地的果汁加工企业及鲜果冷藏包装企业。这是由于洛川县以苹果种植为主导优势产业，在所有与供给服务相关的企业门类中，果汁加工企业与冷藏包装企业数量最多，对供给服务影响也最大。③与神木市相同，本节中的合作社专指养殖合作社，这也是由生产规模造成的。洛川县粮食供给与果蔬供给生产单位均为个人或家庭，但肉类供给单位多为专业养殖场和养殖合作社，因此本节中的合作社专指养殖合作社。

（二）调节过程

（1）利益相关者诉求与行为。与神木市和米脂县相同，政府，农民，合作社，企业，中间商利益诉求具有相似性，但由于各县（市）的产业类型与生产方式不同，因此各县（市）利益相关者差异主要表现在行为响应中。

政府行为响应：确立果业为洛川县支柱和主导产业，鼓励农民种植苹果，并对果园重新规划，扩大矮化品种（新品种）规模，在技术，生产资料，资本等方面提供帮助，如为农民提供优质果苗，并提供化肥，防雹网，反光膜等资金补贴或无息贷款，“我们洛川苹果驰名中外，政府一直以来就是把苹果当作主导产业确立的”“洛川苹果不愁卖，农民种了苹果就能有收入，一年赚个十来万是保险”“现在政府工作主要是两个，一是给果农提供贷款，二是矮化品种（新品种）的推广”“种苹果花钱可多了，修剪，施肥，套袋，打药每一个都要钱了，还好政府担保了无息贷款”“我们主要卖的是鲜果，所以冷藏和包装特别重要，政府在这方面也给予补贴呢”。肉猪生产是洛川县政府确立的另一个主导产业，在带动经济效益的同时，还可向果园提供有机肥。具体行为一方面由政府牵头，建设大型生猪养殖基地和生猪养殖示范区，另一方面鼓励农户以合作社的形式开展生猪规模养殖，政府提供贷款，补贴等资本支持，并联络科研院所提供养殖技术支持。“我们村这几个合作社都是养猪的，都是大概 12 年 13 年成立的”“西农（西北农林科技大学）经常有技术人员过来指导，猪万一得病了就传染，所以必须得人家过来指导”“我们建这个猪圈政府补贴了一半的钱”。此外针对贫困户，政府开展“企业 + 贫困户”“企业 + 村集体 + 贫困户”等多种模式，围绕苹果种植，构建起带贫益贫联结新机制，通过贫困户土地入股，劳动收入等方式增收脱贫。但由于洛川县整体属于“民富官穷”的收入特征，贫困户数量较少，因此整体扶贫产业所占比重较低。

农民行为响应：调整种植结构，持续扩大果园面积的同时，根据树龄，补贴，果园规划等适时更新树种，轮作期间广泛种植玉米。向中间商，企业等选择高价出售鲜果，向果汁加工厂出售残次果。“以前我们洛川种烟叶多，前几年种谷子，糜子的也不少了，后来才基本种成苹果”“现在的果园都是十几年的树龄了，再有几年就不行了，肯定是得换”“换品种就得种玉米，倒茬（轮作）了吗”“种玉米还能收入，秸秆直接搅在地里当肥料了”“矮化（新品种）苹果大，产量高，还能实现机械化，但是投资太大了，水泥杆，铁丝网，我们弄不起”“如果果园正好在政府统一规划的范围内，人家政府就全管了，我们只是种树就行了”。部分农民自建或租用冷库与鲜果包装销售企业，自行实现生产与销售。“我们自己贷款建了个冷库，政府补贴了十万，不卖给二道贩子了，但是这样风险大”“我们几家合租的冷库，一斤果子一个月是二毛钱，等到旺季的时候再卖”“包装也是自己包装了，下果后直接包装入库”。

合作社行为响应：2017 年之前，利用政策补贴，积极开展生猪养殖，但由于生猪市场持续低迷，投入成本高，加之经营不善等原因，近年来以核心农户为主的合作社纷纷选择关闭养殖场，甚至很多农户转型种植。“前几年政府政策特别大，又是示范园，又是养殖基地，还有一个洛川生猪研究院，不敢说在陕西，在延安应该是头一个”“前几年政府补贴力度大，说养猪市场好，猪粪还能卖给果园，就贷款建了个养殖基地”“养猪的太多了，主要还是猪肉市场不好，卖不上价格”“养猪场连续几年赔钱，不敢再养了，养猪没有种苹果赚钱，种苹果旱涝保收，养猪一个不小心就赔得倾家荡产了”“生猪市场不好是一个原因，另一个原因也包括了管理跟不上，贷款压力大，饲料成本高，原因反正挺多的”。

中间商行为响应：与果农提前签订合同，大批量收购苹果，并在当地租用或建设冷库用以鲜果的屯放，适时出售。“我们的苹果都是南方二道贩子（中间商）过来收了”“因为我们种的基本是富士（苹果的一个品种），所以他们不挑，主要看的还是果子的大小，颜色，甜度，品相这些”“他们每年都过来，收到量也特别大，基本是有多少收多少，价格的话基本是看果子的品质呢”“他们收下了不是一次性都卖了，现在先卖一部分，他们自己建的有冷库，剩下的放到冷库呢，等到元旦春节或者清明的时候再卖”“我们果子自己屯着的少，放到冷库还有租金，一般是在下果前就卖了，下果后直接拉到冷库”。

企业行为响应：其中果汁加工企业收购残次品鲜果，然后加工处理做成果汁。“鲜果的价钱主要看果子的品相，品相好就能卖上价，品相不好就只能卖到果汁加工厂了”“我们县果汁加工厂还不少了，人家不来收，主要是我们过去卖，一斤几毛钱就卖了”，冷藏包装企业主要行为包括了冷库租借，鲜果包装等，“冷库投资大，政府虽然给补贴了，但一般人也建不起”“谁也过来租呢，有本地的农民，也有外地的二道贩子，但主要还是外地家多，本地农民直接把鲜果卖了，起码能赚个几万块”“我们主要是包装冷藏一条龙服务，果子过来我们给套袋装箱包装，然后藏到冷库里，等客户要的时候再提出来发过去”。

综上所述，结合图6－14分析可知，洛川县各利益相关者诉求一致性较低，仅有政府和农民、政府和合作社在提高农民收入，提高种植养殖产量上具有一致性。企业和中间商利益诉求相似，但不产生关联。而在行为响应上各主体关联性也较强，但主要集中在苹果生产与销售中，如苹果的更新换代由政府和农民完成，而苹果销售则由农民与中间商、农民与企业完成。此外政府与合作社在生猪生产上行为响应也具有一致性。

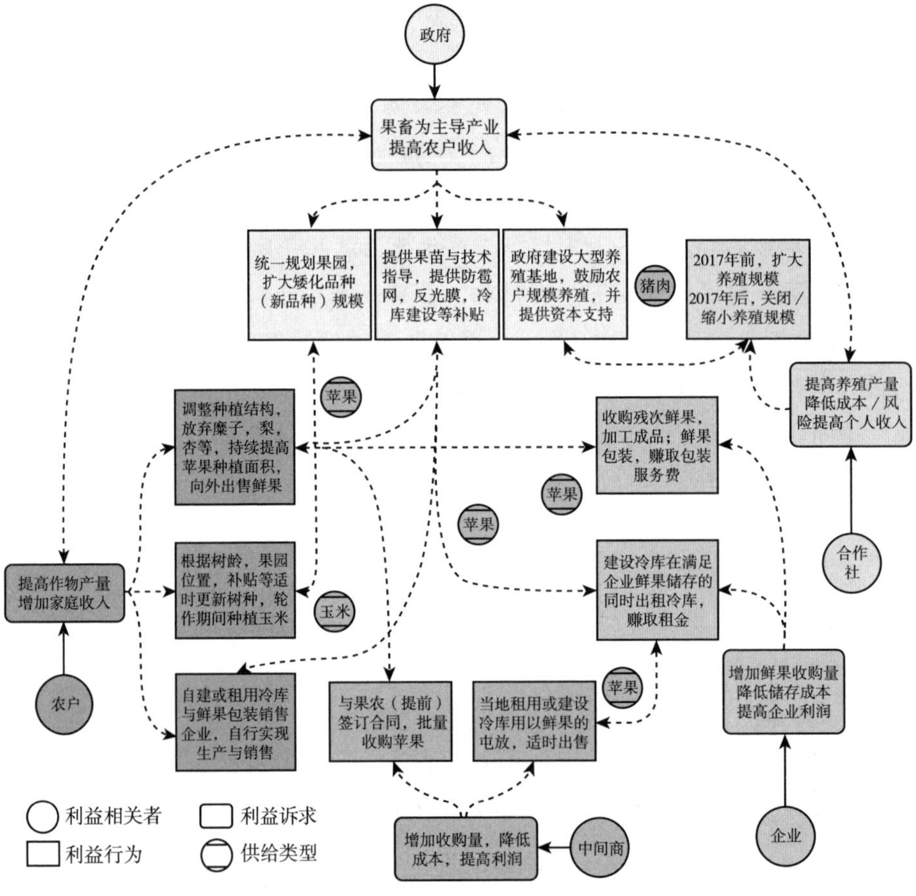

图6－14　洛川县供给服务利益相关者诉求与行为关联

此外洛川县利益相关者的诉求与行为与前述两县相比还表现出两个新的特点：首先，在研究时段内农民或政府行为未出现明显的时间特征，在2010—2020年，农民与政府行为具有一致性与连贯性。造成这种现象的原因在于与米脂县和神木市相比，洛川县以苹果为支柱和主导产业，同时由于鲜果销售多由农民与中间商、农民与企业完成，农民收入普遍较高，因此造成了洛川县“民富官穷”的特征，这一特征与米脂县截然不同，虽然洛川县也有贫困人口，但其数量与比重远小于米脂县，政府扶贫压力较小，同时苹果销售以鲜果为主，产业化需求程度低，耕地利用状况好，这一特征也好于神木市。在上述特征的影响下，洛川县政府与农民在研究时段内行为具有连贯性。其次，与米脂县和神木市农民处于弱势或者帮扶地位相比，洛川县农民在联系网络中处于优势地位，这主要是由于洛川县农民在种植经验、技术、资本和条件等方面具有优势，加之洛川苹果的区域特色，因此其在市场交易中处于优势地位。

（2）利益相关者关联网络。在揭示洛川县利益相关者诉求与行为的基础上，进一步使用定量的方法分析供给服务生产过程中利益相关者之间，以及利益相关者与供给类型的联系强度（见图6－15）。

如图6－15所示，首先，各利益相关者之间整体联系强度较低，其中仅有中间商—农民、农民—政府为强关联，企业—农民、合作社—政府分别为中度关联与弱关联，而农民与合作社则没有形成关联路径。其次，在苹果生产过程中，形成了多条强关联途径，如苹果—矮化品种、苹果—反光膜、苹果—防雹网等，多个利益相关者也与苹果形成强关联途径，如苹果—农民、苹果—企业、苹果—中间商、苹果—政府，因此最终洛川县形成了以苹果生产为核心的多利益主体联系网络，并通过苹果将各利益主体与生产要素相互联结。此外生猪—合作社、农民—玉米也形成强关联，说明猪肉生产与玉米生产中关键利益相关者分别为合作社与农民。

基于前述对利益相关者诉求行为及与供给类型的相互联系，洛川县供给服务的调节类型主要为粮食供给服务中的玉米，主要利益主体为农户，调节过程主要表现为果园更新与扩大的过程中，农民多选择玉米进行耕地轮作，由此造成了玉米种植面积的显著增加，进而影响了粮食供给服务流量。肉类供给服务仅与合作社形成了强关联网络，分析合作社主体行为可知，生猪养殖规模经历了先上升后下降的过程，因此也造成了洛川县肉类供给服务供给

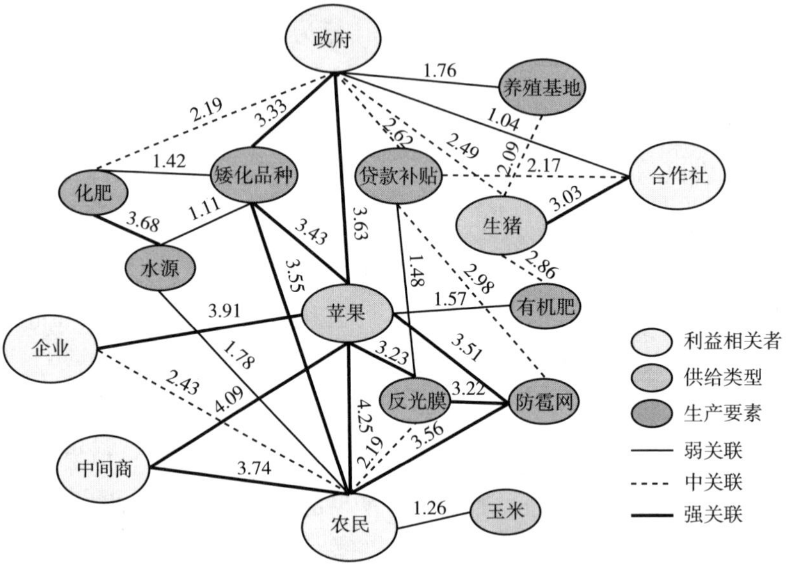

图 6－15　洛川县供给服务利益相关者关联网络

量与流量的先增后减的变化特征。果蔬供给服务是洛川县的主导优势服务，也是利益相关者重点关注与实施行为的服务，上文中企业，中间商与政府虽然均与苹果形成了强关联途径，但三者对苹果生产规模基本没有产生影响，苹果生产规模基本由农民决定，随着苹果种植规模的持续扩大，也造成果蔬供给量与流量的持续增加。

（三）调节类型与影响

（1）调节类型。基于前述分析，本节将洛川县调节机制总结为如下三类：供给侧 + 单主体 + 结构增强机制（SACEM），供给侧 + 单主体 + 规模增强机制（SASEM），供给侧 + 单主体 + 规模衰减机制（SASAM）。

其中粮食供给服务为供给侧 + 单主体 + 结构增强机制，是指洛川县粮食供给服务受供给因素影响高于需求，农民为扩大果园面积，调整种植类型，减少谷子和糜子等的种植面积，同时果园更新过程中，轮作种植玉米，基于前述两方面行为减少了其他粮食供给服务的种植面积且扩大了玉米的种植面积，最终导致粮食供给服务流量显著增加，因此将其命名为供给侧 + 单主体 + 结构增强机制。苹果在洛川县果蔬生产中占有绝对优势地位，研究时段内苹果产量的持续增加是导致洛川县果蔬供给服务流量持续增加的最主要原因，且通过前文分析可知虽然各利益主体均与苹果生产产生强关联，但仅有农民涉及生产过程，其他利益主体对苹果生产规模影响较小，农民在苹果生产中占据主导地位，因此将其命名为供给侧 + 单主体 + 规模增强机制。肉类供给服务流量的影响因素中供给侧影响高于需求侧，且研究时段内肉类供给服务流量整体呈下降趋势，这主要是由于受经营管理及市场需求低迷影响，合作社作为肉类生产的主要利益主体，其养殖规模的不断萎缩，造成供给量与流量的持续下降，因此将其命名为供给侧 + 单主体 + 规模衰减机制。

（2）调节机制影响。前面已述，在三种调节机制的影响下，三类供给服务流量呈不同变化特征。同时与米脂县与神木市相似，调节机制也势必将影响洛川县各类服务类型之间的权衡协同关系，但由于《洛川统计年鉴》2016年后对部分指标不再统计，因此无法定量地分析各类服务之间的权衡协同关系，但根据种养殖规模及产量变化特征可以说明的玉米产量与其他粮食供给服务呈强权衡关系，苹果与其他果蔬供给服务呈强权衡关系，猪肉与其他肉类供给服务呈弱协同关系，而其余粮食供给服务、果蔬供给服务和肉类供给服务变化过程基本一致，均呈持续下降特征，因此呈强协同关系。而这也恰恰说明了洛川县调节机制的作用更大，对各类型服务生产规模的影响更深入。

第六节　调节机制对比

一、三县调节机制对比

基于前述对各类供给服务调节机制的分析，本节分别归纳了三县各类调节机制的构成要素与影响结果（见表6－28），并在此基础上对比了三县各类服务的相同点与不同点，最后探讨了造成调节机制类型差异与结果差异的原因。

从服务类型分析可以发现：（1）三县粮食供给服务调节机制总体特征基本相似，均属供给侧增强机制，调节结果也基本一致。具体分析如影响要素均为生产规模，影响因子均包含了玉米种植面积，调节类型中也都包含了玉米供给服务，利益相关者中都包含了农民这一主体，权衡协同关系也都呈强权衡

表 6－28　　各县调节机制对比

典型区域	农牧供给区——米脂县			生态均衡区——神木市			果蔬生态区——洛川县		
典型服务	粮食供给	果蔬供给	肉类供给	粮食供给	果蔬供给	肉类供给	粮食供给	果蔬供给	肉类供给
机制类型	SMCEM	SDCSEM	SASEM	SMSEM	DASAM	DASAM	SACEM	SASEM	SASAM
影响要素	生产规模	生产规模	生产规模	生产规模	人口数量	人口数量	生产规模	生产规模	生产规模
影响指标	X_{sa2}、X_{sa3}	X_{sb2}	X_{sc2}、X_{sc3}	X_{sa2}、X_{sa6}	X_{d1}	X_{d1}	X_{sa2}、	X_{sb2}	X_{sc2}、
影响服务	玉米、谷子	苹果	羊肉	玉米，薯类	红枣	羊肉	玉米	苹果	猪肉
利益主体	政＋农＋企	政＋合	政	政＋农＋合	农	合	农	农	合
主体数量	3	2	1	3	1	1	1	1	1
主体关系	多主体综合	双主体联动	单主体	多主体互动	单主体	单主体	单主体	单主体	单主体
触发时间	2016 年—	2016 年—	2016 年—	2017 年—	2010 年—	2010 年—	2010 年—	2010 年—	2017 年—
调节方式	调整结构	扩大规模	扩大规模	扩大规模	缩小规模	规模稳定	调整结构	扩大规模	缩小规模
流量	流量增加	流量增加	流量减少	流量减少	流量增加	流量增加	流量减少		
权衡协同	强权衡，强协同	强协同 弱协同	弱权衡	中协同	强权衡 强协同	强权衡 强协同	弱协同		

与强协同特征，说明了三县调节机制作用均较强。而不同点在于：①利益主体数量与主体关系不同：其中米脂县与神木市主体数量均为 3 个，其各主体之间关联较为紧密进而共同影响粮食供给服务，而洛川县主体仅有 1 个。②调节方式不同：米脂县与洛川县为结构调整，即整体耕地面积小幅变化的前提下进行种植结构的调整，而神木市则表现为依托耕地面积的增长扩大调节类型即玉米的种植面积，因此其属于规模扩大的调节方式。③调节时间不同：米脂县触发时间为 2016 年起，即精准扶贫大规模实施时间，而神木市为 2017 年，为精准扶贫实施后一年，而洛川县则没有表现出明显的时间节点。④调节服务内容不同，洛川县仅影响了玉米生产，神木市影响了玉米与薯类生产，而米脂县则影响了谷子与玉米。

（2）三县果蔬供给服务调节机制差异较大，其中洛川县与米脂县总体特征一致，而神木市则与两县差异较大。洛川县与米脂县均属于供给侧增强机制，影响要素均为生产规模，影响指标均为苹果种植面积，影响服务均为苹果，且两县的调节结果也较为相似，不仅果蔬供给服务流量显著增加，同时各供给类型呈强权衡或强协同关系。两县不同点在于：①米脂县果蔬供给服务调节主体为政府与合作社，属于双主体联动调节，而洛川县则属于农民单主体调节。②与粮食供给服务相同，米脂县调节机制触发时间为 2016 年，洛川县在研究时段内调节作用始终存在。而神木市果蔬供给服务调节机制则呈完全不同的特征，神木市属需求侧衰减机制，其影响要素与指标均为人口数量，人口数量的持续增加是造成流量减少的主因。同时农民对果蔬供给生产的消极态度，造成供给量小幅下降，也是造成流量减少的又一个因素，同时还使神木市果蔬供给服务呈弱协同与弱权衡。对比三县权衡协同关系结果可说明，果蔬供给服务的调节机制作用在米脂县与洛川县明显高于神木市。

（3）与粮食供给服务，果蔬供给服务相比，三县肉类供给服务调节机制相差最大，三类调节机制唯一的相同点在于影响主体均为单主体，在机制组成要素及调节结果差异明显。神木市肉类供给服务调节机制与果蔬供给服务较为相似，需求侧人口持续增加是导致流量下降的主要因素，同时合作社影响下生产规模呈小幅上涨，服务类型呈中度协同关系。米脂县肉类供给服务属供给侧增强，其影响主体为政府，流量主要影响指标为猪肉出栏量与羊肉出栏量，但调节机制主要影响服务为羊肉，且由于粮食供给服务、果蔬供给服务相同，米脂县肉类供给服务触发时间也为 2016 年，在造成流量增加的同时，也使各供给类型呈强权衡与强协同关系。洛川县肉类供给服务供给侧衰减机制，受合作社供给量持续下降影响，洛川县肉类供给服务流量也呈下降特征，调节服务为猪肉，调节结果为各类型肉类供给服务呈弱协同关系。对比三县权衡协同关系结果可说明肉类供给服务调节机制米脂县高于神木市高于洛川县。

综上所述，对三县各类调节机制的对比可发现，粮食供给服务调节机制在三县均发挥着重要作用，基于各类服务权衡协同关系的果蔬供给服务调节机制在洛川县与米脂县影响高于神木市，而肉类供给服务仅在米脂县有重要影响，神木市与洛川县作用较小。

二、陕北供给服务调节机制

各县各类服务调节机制的形成不是偶然的，是与各县生态现状、区域位置、产业类型和经济发展水平密切相关的，且三县的调节机制不仅说明的是各县特征，也可分别说明农牧供给区、果蔬生态区和生态均衡区的长期以来一直存在或近年来才逐渐成熟的调节机制特征。

（1）粮食供给服务在三县均发挥着重要作用，且调节类型中都以玉米为主，这是受自然条件及玉米属性影响，同时政策的实施则加快了玉米种植扩展的步伐。

陕北整体属于黄土丘陵半干旱区，种植类型以耐旱性作物为主，如高粱、谷子、玉米、荞麦、薯类和豆类等，通过前文三县主要种植类型的统计也可发现前述特征。但其中玉米种植面积在三县均呈扩大趋势，除自然条件影响外，玉米属性也是重要原因。玉米耐旱，成本低，产量高，经济价值高，尤其是可加工成牲畜饲料，用途多样，经济价值高，市场销量好，因此种植面积逐渐扩大，而其余类型服务或产量低，或抗旱性较差，或所需人力、技术投入较高，或市场需求低迷等原因，种植规模逐渐被玉米替代。而政策的影响如精准扶贫及乡村振兴战略，要求保障粮食安全，提高农民收入，建设并完善乡村产业，玉米种植就成为政府重点支持的种植类型，因而政策的实施进一步加快了玉米规模扩展的过程。

玉米种植面积的增加不仅在三县特征显著，还包括了整个陕北，玉米现已经成为陕北第一大粮食作物，因此在各县均呈现出粮食供给服务调节机制显著的特征，且主要调节类型均包括了玉米。

（2）以米脂县为代表的农牧供给区，三类供给服务均发挥重要作用，这与区域自然特征、经济水平密切相关。从供给类型上看，以米脂县为代表的农牧供给区农业与牧业是其优势服务类型，这是由其自然条件、资源禀赋和种植历史等原因造成的。农牧供给区集中分布在榆林南部和延安北部，与榆林北部县市相比，自然资源特别是矿产资源匮乏，而与延安南部县（市）相比，地质地貌复杂，降水稀少，自然条件较差，因此农牧供给区多数县（市）经济落后，农民就业机会少，家庭收入仍集中于种养殖业，因此该区域是农牧产品的主要供给区。由于该区域经济发展水平较低，也是扶贫及乡村振兴战略实施的重点区域，在政策的引领与主导下，开展特色小杂粮与家庭饲养成为当地主要的脱贫及发展产业，也就进一步凸显粮食供给与肉类供给服务，提升产量的同时带动农民提高收入，因此该区域两类服务调节机制作用显著，除米脂外，农牧供给区的其余县（市）如横山区确立马铃薯与白绒山羊为扶贫产业，清涧县确立绿地牛羊肉、黑毛土猪为扶贫产业，子洲县发展高粱种植等，都将进一步确立粮食与肉类为该区域的优势主导服务。

而米脂县果蔬供给服务调节机制也显著的原因在于政府除发展特色小杂粮与家庭饲养外，还将苹果确立为米脂县未来的主导产业，是米脂县精准脱贫和长远致富最有效的途径。这是由于一方面据《陕北苹果优质区北扩气候论证》中指出米脂县属于苹果种植的适宜区，20 世纪七八十年代米脂苹果远销海外，直到 21 世纪初受市场竞争、资本技术投入等因素种植规模才逐渐缩小；另一方面苹果种植需要大量的劳动力投入，在解决农民就业方面具有突出优势，同时苹果市场需求旺盛，经济价值高，因此政府通过合作社的方式大力推广苹果种植，造成了研究时段内米脂果蔬供给服务调节机制作用显著。

但除米脂县外，农牧供给区的其他区域也分别确立了水果种植为当地未来主要发展产业，如清涧红枣、吴堡苹果、子州核桃、佳县红枣和绥德苹果等，因此在农牧供给区果蔬供给服务调节机制的作用不仅局限于米脂县，而广泛分布在整个区域范围内，这也成为该区域近年来经济发展与供给服务的新特征。

（3）以洛川县为代表的果蔬生态区果蔬供给服务调节机制作用最大，与其主导服务和产业类型息息相关。果蔬生态区集中分布在延安中南部，该区域生态环境好，绿化覆盖率高，加之很多县（市）产业以苹果种植为主，如洛川县、延川县、富县、安塞区和志丹县等，苹果产业均为当地支柱产业，因此该区域调节支持服务与果蔬供给服务均为优势服务，因此果蔬供给服务调节机制发挥作用较大。

同时由于苹果市场需求旺盛，该区域有长达数10年的种植历史，乡村地区苹果产业基本完善，农民经验丰富，在市场交易中处于优势地位，且普遍存在“民富官穷”的现象，因此与米脂县相比，政府扶贫与产业提升工作压力较小，因此洛川县果蔬供给服务调节机制主体为农民，而并未形成如米脂县类似的多利益主体参与的特征，且机制运行并未有明显的时间节点。

（4）以神木为代表的生态均衡区粮食供给服务调节机制作用较大，其他两类服务供给侧影响较小。前面已述，陕北粮食供给服务调节服务机制发挥作用较大，随着精准扶贫及乡村振兴战略的实施，政府大规模治理耕地不合理利用现象，由此进一步扩大并加速了神木市粮食供给服务调节机制效应。以神木为代表的均衡Ⅰ型还包括了府谷县和榆阳区，虽然该区域生态本底差，自然环境恶劣，但依托自然资源，经济迅速发展，居民收入高，且多数农民并不以农业作为家庭主要收入，因此造成了该区域农民对农业依赖度低的特征，加之神木市人口在研究时段内显著增加，因此供给服务整体调节机制作用较弱，这一特征对均衡Ⅰ型区其他县（市）也具有代表性。

但与生态均衡Ⅱ区相比，差异较为明显尤其是产业类型和经济发展阶段等，这难免引起神木市调节机制结论对于生态均衡Ⅱ区代表性的质疑。事实上，两区域生态系统服务属性特征相似，主导优势服务类型相同，生态均衡Ⅱ区调节支持服务流量也高于供给服务与文化服务，因此总体来说生态均衡Ⅱ区供给服务调节机制作用较小，从调节结果来看，这一特征与神木市是相似的，两区域不同点在于神木市经济发达，人口聚集，由此带来了ES需求的显著增长，进而影响了生态系统服务流的影响因素，而生态均衡Ⅱ区需求对流量的影响可能低于均衡Ⅰ区。但同时生态均衡Ⅱ区部分县（市）产业类型与洛川县较为相似，以果业为主导产业，因此洛川县调节机制也可说明该区域部分县（市）特征。

综上所述，三县调节机制及影响不仅可说明各县（市）特征，也可反映农牧供给区、生态均衡区和果蔬生态区特征，其中农牧供给区三类服务调节机制作用均较强，但调节机制形成且触发时间较短，生态均衡区仅粮食供给服务调节机制作用较强，果蔬生态区果蔬供给服务调节机制作用强，且机制形成与触发时间较长。综合三县结果可说明陕北供给服务中利益相关者的影响范围与影响程度。其中粮食供给服务在陕北整个区域作用均较强，虽然不同区域利益主体不同，但均影响了粮食供给服务的供给量与流量，粮食供给服务影响范围与影响程度是最大的。果蔬供给服务除果蔬供给区外农牧供给区调节机制作用也较强，因此整体看陕北果蔬供给服务调节机制作用次之。肉类供给服务仅在农牧供给区影响较大，整体的影响范围与影响程度均较低。

第七节　本章小结

本章选取典型服务与典型县（市），并引入利益相关者概念，通过定性与定量结合的方法揭示了陕北供给服务的调节机制。主要结论如下：

（1）选取米脂县为农牧供给区典型区域，研究时段内米脂县三类供给服务流量均呈持续增加的特征，且影响流量变化的主要因素均为生产规模，其中粮食供给服务流量主导因素为玉米和谷子种植面积，果蔬供给服务流量主导因素为苹果种植面积，肉类供给服务流量影响因素为猪与羊出栏量。由于不同利益相关者影响下的调节机制行为造成前述影响因素在研究时段内显著增长，最终影响了各类服务流量。将粮食、果蔬和肉类供给服务调节机制分别总结为：供给侧＋多主体＋结构增强机制（SMCEM），供给侧＋双主体＋结构规模增强机制（SDCSEM），供给侧＋单主体＋规模增强机制（SASEM）。受调节机制影响，米脂县三类供给服务权衡协同关系均为强协同与强权衡。

（2）选取神木市生态均衡区典型区域，研究时段内神木市粮食供给服务流量持续增加，而果蔬供给服务与肉类供给服务流量持续下降，造成各类服务流量变化的主导因子分别是玉米和薯类种植面积，果蔬与肉类供给服务流量主导因素均为人口数量。将神木市三类服务调节机制分别总结为：供给侧＋多主体＋规模增强机制（SMSEM），需求侧＋单主体＋规模衰减机制（DASAM），需求侧＋单主体＋规模衰减机制（DASAM）。受调节机制影响，神木市粮食供给服务权衡协同关系为强协同与弱协同，果蔬供给服务权衡协同关系为弱权衡，肉类供给服务权衡协同关系为中低协同。

（3）选取洛川县为果蔬生态区典型区域，研究时段内洛川县粮食供给服务与果蔬供给服务流量均持续增加，肉类供给服务流量则呈先上升后下降的特征，影响流量变化的主要因素均为生产规模，其中粮食供给服务为玉米种植面积，果蔬供给服务流量为苹果种植面积，肉类供给服务流量为猪出栏量。洛川县三类服务分别总结为：供给侧 + 单主体 + 结构增强机制（SACEM），供给侧 + 单主体 + 规模增强机制（SASEM），供给侧 + 单主体 + 规模衰减机制（SASAM）。受调节机制影响，洛川县粮食供给服务权衡协同关系为强协同与强权衡，果蔬供给服务权衡协同关系为强协同与强权衡，肉类供给服务权衡协同关系为弱协同。

三县调节机制的形成与差异受种植历史、产业类型和经济发展水平等深刻影响，同时三县调节机制不仅可说明各县（市）特征，也可反映农牧供给区、生态均衡区和果蔬生态区特征，综合三县结果可说明陕北供给服务粮食供给服务调节机制影响范围与程度最大，果蔬供给服务次之，肉类供给服务最低。

第七章

结论与展望

第一节 主要结论

本书基于"供需时空特征—流时空特征及空间分区—典型区域典型服务调节机制"的逻辑思路，以陕北黄土高原为案例地，首先选取了三类供给服务、三类调节支持服务、一类文化服务，分别分析了各类服务的供需时空变化过程；其次基于供需数量关系分析各服务流量变化过程，并分别在县域和乡镇尺度上识别供给区与受益区，基于流量及服务属性模拟绘制了服务流向特征；再次通过高斯混合模型识别了陕北生态系统服务流量簇，并参考流向特征，实现基于流量与流向的陕北空间类型的划分；再其次以空间划分结果为依据，选取神木市、米脂县、洛川县为典型县（市），引用利益相关者理论，揭示利益主体影响下各县市供给服务的调节机制及影响；最后在对比总结三县（市）的基础上归纳陕北供给服务调节机制。本书主要结论如下：

（1）陕北各类服务供给时空变化过程各不相同，七类服务均表现为持续增长或波动增长的时间特征，但各类服务空间分布差异显著。其中粮食供给服务供给量整体呈稳定增长特征，榆林市变化过程与陕北一致，延安市供给量低于榆林市，且研究时段内供给量小幅下降。空间上高值区分布近似于英文字母"T"，在中部偏北与西部聚集，次高值紧邻高值南部分布，低值集中在南部区域，空间上高值区持续扩大，有逐渐向南蔓延的趋势。果蔬供给量整体持续快速增长，延安市占陕北果蔬产量比重较高，整体呈波动增长，榆林市供给量低于延安市，但呈快速持续增长特征。空间上呈中间高、南北低、东比西高和北比南高的空间特征，高值区域不断扩大并连绵成片，但高值增长区主要集中在中部地区。肉类供给量缓步增长，其中榆林市供给量远高于延安市，占陕北总供给量超过 80%，空间分布特征与粮食供给服务较为相似。水源涵养供给量整体呈先下降后上升的"U"形特征，两市变化过程各不相同，其中延安市也呈先下降后上升的特征，但榆林市呈持续增长的特征。水源涵养服务的空间特征总体上呈南高北低，由南向北依次为高值—次高值—低值渐次变化的特征。土壤保持服务供给量呈持续增长的特征，其中榆林市增长率与增加值均较高，延安市供给量约为榆林市的两倍，但其整体呈波动增长的特征。空间特征表现为南高北低、东高西低，由北向南依次从低值向高值过渡。碳固持供给量整体呈缓慢稳定增长的特征，与其余服务相比变化率较低，其中榆林市供给量持续小幅下降，延安市供给量高于榆林市，且研究时段内小幅增加。空间特征表现为南高北低，低值区连绵成片始终分布于北部风沙区沿线，基本与区域边界走向一致，而高值区呈由南向北不断扩散的特征。休闲游憩供给量变化幅度最小，整体呈先下降后上升的特征，延安市与榆林市变化过程与陕北一致，但延安市供给量远高于榆林市，所占陕北比重超过60%。空间特征基本呈南高北低，高值区在南部聚集分布，低值区在北部聚集，呈由南向北依次递减的特征。

（2）陕北各类服务需求时空变化特征较为复杂，总体而言，除粮食服务外，其余服务需求量均呈增长趋势，各类服务空间分布差异明显，同时多数服务需求量区域间差距扩大。基于人口变化过程，结合《中国食物与营养发展纲要》中对三类供给服务需求的规定不同，因此三类供给服务需求的时间特征不同，其中粮食需求持续下降，肉类需求缓步增长，果蔬需求变化量最大，呈持续快速提高的特征。空间上，三类需求均呈北高南低和东高西低的特征，高值区不断扩大，并在东北部形成了由高值区与次高值区组成的高值带。水源涵养服务需求呈倒“U”形，即先上升后下降，研究期末需求高于研究期初，榆林市与延安市变化过程相同，但榆林市水源涵养服务需求远高于延安市。空间特征为北高南低，东高西低，高值区经历了先扩大后缩小的过程。土壤保持服务需求呈先增长后下降，研究期末需求量高于研究期初的特征。但不同区域具体变化过程不同，其中榆林市呈先猛增后骤减的特征，变化幅度较大，而延安市需求量始终呈稳定缓慢增长的特征。空间上呈中间高、南北低、南比北高和东比西高的分布特征。碳固持服务需求呈持续高速增长的特征，其中榆林市需求量与增加量远高于延安市，榆林市需求占陕北总需求超过80%。空间差异也较为明显，高值区在北部聚集，且不断向北，向西扩散，低值区在南部聚集，分布范围较为稳定。休闲游憩服务需求整体缓慢增加，榆林市与延安市变化过程与陕北整体特征相似。空间上北高南低，高值区由中部向南北两侧扩散，最终形成了一条横跨南北的高值带。

（3）与供给及需求变化相比，各类服务流量及流向特征变化最大，七类服务流量变化过程差异较大，粮食供给与果蔬供给服务流量持续快速增长，肉类供给，水源涵养，土壤保持及休闲游憩服务波动小幅增长，而碳固持服务流量持续下降。受服务属性及流量影响，七类服务流向路径与强度空间分布差异明显。具体来讲，粮食供给服务流量表现出快速稳定增长的特征，其中榆林市流量高于延安市。粮食供给服务受益区数量较少，供给区数量占绝对优势。空间上流量高值区在中部偏北及西北部聚集，受流量影响，高（低）强度流向分别在北（南）部聚集。果蔬供给服务流量呈持续快速增长的特征，其中延安市流量高于榆林市，且与粮食供给服务相比，果蔬供给服务增长率与增加量更高，供给区小于粮食供给服务，但无论是乡镇单元或县（市）单元，果蔬供给服务的供给区数量均显著上升。流量高值区在中部聚集并不断扩大，且流向以高强度为主，广泛分布于中部及南部。肉类供给服务流量变化呈持续上涨的特征，但在三类供给服务中，其增速最低，变化幅度最小。肉类供给服务的供给区数量高于果蔬供给服务但低于粮食供给服务，研究时段内供给区数量呈缓慢上升的特征。流量空间特征及流向特征与粮食供给服务基本相似。水源涵养服务流量先下降后上升，变化剧烈，供给区数量较多，但10年间增长较为缓慢，县（市）变化过程多由高受益区变为低供给区和高供给区变为低供给区两种类型。流量空间分布呈西南高东北低，由南向北渐次分布的特征。受地形影响，流向总体为西北—东南向，各级强度区空间分布变化较小。土壤保持服务流量变化与空间分布特征整体与水源涵养服务相似，但土壤保持服务供给区数量增加更加明显，同时不同等级流向的区域聚集特征也更加明显。碳固持服务流量、供给区数量均呈持续下降的特征，且下降速度有进一步加快的趋势，其中延安市与榆林市变化特征基本与陕北一致，但榆林市下降量与下降速度均更快，同时无论在县（市）或乡镇单元，碳固持服务高（低）供给区显著较少，高（低）受益区显著增加。流量空间特征为高值区在南部聚集，低值区在北部聚集。碳固持服务流向整体以高强度为主，主导方向从以西—东向为主变为东南—西北向，东北—西南向交叉分布。休闲游憩服务流量先下降后上升，但总体变化幅度较小，且在县（市）与乡镇单元上休闲游憩服务均为供给区。流量的空间特征为南北高中间低、西高东低，高低值空间分布无明显变化。

（4）在基于流量实现空间类型划分的基础上，结合流向完成对空间类型的细分：首先利用高斯混合模型对陕北各服务流量进行聚类，识别出该区域包括了农牧供给簇、果蔬生态簇和生态均衡簇，在此基础上结合各区域主导服务的流向特征，将各类服务流量簇进行空间细分，最终综合七类服务流量与流向特征，将陕北划分为三大区域，即分别为以果蔬供给服务与调节支持服务为主导服务的果蔬生态区，并根据该区域主导服务流向特征细分为果蔬生态区Ⅰ型与果蔬生态区Ⅱ型；以粮食供给服务和肉类供给服务为主导服务的农牧供给区；以及提供较为均衡的调节支持服务的生态均衡区，并根据其流向特征与空间位置细分为生态均衡区Ⅰ型与生态均衡Ⅱ型。

（5）受各区域社会经济特征及利益相关者影响，不同区域三类供给服务流量影响因素、调节主体、调节过程及调节结果各不相同，其中米脂县为农牧供给区典型区域，影响米脂县流量变化的主导因素均为生产规模（种植面积与出栏量），受利益相关者诉求及行为响应影响，该县粮食、果蔬、肉类供给服务调节机制分别总结为：供给侧 + 多主体 + 结构增强机制、供给侧 + 双主体 + 结构规模双增强机制和供给侧 + 单主体 + 规模增强机制。受调节机制影响，该县三类供给服务权衡协同关系均为强协同与强权衡。神木市为生态均衡区典型区域，其三类服务调节机制分别为：供给侧 + 多主体 + 规模增强机制，需求侧 + 单主体 + 规模衰减机制，需求侧 + 单主体 + 规模衰减机制。受调节机制影响，其粮食供给服务权衡协同关系为强协同与弱协同，果蔬供给服务为弱权衡，肉类供给服务为中低协同。洛川县为果蔬生态区典型区域，调节机制可总结为：供给侧 + 单主体 + 结构增强机制，供给侧 + 单主体 + 规模增强机制，供给侧 + 单主体 + 规模衰减机制。受调节机制影响，该县粮食供给服务权衡协同关系为强协同与强权衡，果蔬供给服务为强协同与强权衡，肉类供给服务为弱协同。上述三县调节机制的形成与差异受种植历史、产业类型、经济发展水平等因素深刻影响，三县调节机制不仅可说明各县（市）特征，也可反映农牧供给区，生态均衡区，果蔬生态区特征，综合三县结果可说明陕北供给服务调节机制特征。其中粮食供给服务在陕北整个区域作用均较强，其影响范围与影响程度是最大的。果蔬供给服务除果蔬供给区外农牧供给区调节机制作用也较强，肉类供给服务仅在农牧供给区影响较大，整体的影响范围与影响程度均较低。

第二节　可能的创新点

（1）基于流量 + 流向的多种 ESF 定量分析。目前基于供需关系分析生态系统服务流已经成为学界主流研究方法，现有研究多关注多项 ESF 流量时空特征的分析，也有部分研究通过结合流量与流向的方法分析单项 ESF 特征，而综合流量与流向分析多项 ESF 的研究还鲜见报道。本书基于交通路网，使用引力模型模拟供给服务流向的时空路径，基于河网走向，使用高程 + 流量的方式模拟土壤保持服务，水源涵养服务流向路径，基于盛行风向结合流量模拟碳固持服务的流向路径，基于前述方法本书基本实现了对所有一级类型 ES 的流量与流向的定量化分析与可视化模拟。

（2）基于 ESF 流量簇及其流向的区域类型划分。现有研究多集中于单项生态系统服务流的分析，研究的落脚点多是区域管理与生态补偿，研究针对性较强，但综合性略有不足，且已有研究尚未揭示各类服务流量之间的组合关系。本书综合七类生态系统服务，在分别流量与流向特征的基础上，基于高斯混合模型分析了生态系统服务流量簇，识别了不同区域的主导优势服务及其组合关系，并参考流向特征，实现了基于多项服务流量与流向的区域空间类型划分。

（3）不同区域 ESF 调节机制的探讨。在探讨生态系统服务影响因素的基础上，本书结合影响因素与利益相关者理论，从利益主体诉求偏好与行为响应视角揭示了利益主体对生态系统服务流影响因子的影响方式与结果，归纳了典型区域供给服务的调节机制类型。同时，本书结论也验证了利益相关者理论在生态系统服务研究特别是影响因素与调节机制研究中的适用性，拓宽了生态系统服务的研究领域，揭示了人类影响下复杂的社会经济活动对 ES 供需的综合影响。

第三节　研究不足与展望

（1）生态系统服务类型与数量的选取需要进一步完善。为确保生态系统服务流计算，各服务供给与需求量纲必须一致，因此本书选取了供给服务中的三类食物供给服务，调节支持服务中的水源涵养，土壤保持，碳固持，以及文化服务中的休闲游憩，前述七类服务使用不同的量化方法均实现了供需量纲的一致性。但生态系统服务类型多样，表 1－2 中也仅罗列了部分服务内容，本书选取的七类服务是参考已有研究中可实现供需量纲一致的服务内容，但除此外的很多服务仅能量化其供给特征，如生境质量和营养物沉积等，也有部分服务仅能量化需求特征，如薪柴需求，还有很多服务目前供需量化上均存在诸多障碍，如大气调节，废物处理和防洪灌溉等服务。只有尽可能多地量化生态系统服务数量，其研究结果对于揭示研究区生态系统服务整体特征的精确度才会更高，研究结果也更可信，由此制定的一系列区域管理与生态建设的制度政策才能更加行之有效。但就目前而言，生态系统服务供需量化及量纲统一依然存在研究方法尚不确定，所需数据难以获取，模型开发存在困难等问题，囿于前述原因限制，本书仅选取了 7 类服务，但随着研究的不断深入以及研究方法不断创新，生态系统服务供需量化也将取得长足的进步，未来研究中完善和扩大生态系统服务类型与数量也是本书进一步继续探索的研究方向。

（2）生态系统服务流定量化分析有待更加精确。目前基于供需关系量化生态系统服务流量已经取得学者共识，对于流向特征的模拟与可视化也有了初步的探索，本书中基于各类服务属性及已有研究，基本实现了流向特征的模拟，但依然存在两个问题：一是本书指出流向均服从由供给区向受益区流动的时空路径，但在实际情况中，很多服务不服从这一假设，如水源涵养服务，受重力及河网影响，由高到低流动，海拔较高的区域有时也属于受益区，因此在不考虑研究假设的前提下，如何客观真实模拟服务流向路径是下一步需开展的工作。二是流向模拟过程与结果有待更加精确。生态系统服务传递过程较为复杂，其涉及多种生物因子与非生物因子的综合作用，模型模拟过程中需要考虑多种影响因子，如地表植被、地形起伏度等对碳固持服务流动的影响，这些因子可能加速或延缓生态系统服务流过程，但本书中尚未考虑前述因子对生态系统服务流传递过程的影响。此外生态系统服务流量化属性包含了流量、流向与流速，本书重点分析了流量及流向特征，对流速特征揭示不足。流速可直接说明生态系统服务供需的时间距离，揭示流速变化过程及影响因素对于生态系统服务优化与管理有重要意义，但目前对流速的定量化分析仍处于探索阶段，这也是本书后续亟待加强的方向。

此外本书在分析流向特征时设定了较为理想的环境，假设条件虽具有一定的必要性及现实依据，但在实际情况中，各类服务流动过程极为复杂，尤其是设定陕北作为封闭区域，这在一定程度上与现实情况是有出入的。因此在后续分析中，将研究假设设定得更加宽松，力求更加真实、可信地模拟及还原各类生态系统服务流动过程也是作者进一步开拓的方向。

（3）生态系统服务调节机制研究框架内容有待进一步补充以提高其适用范围。本书通过选取典型区域，典型服务的方式揭示生态系统服务调节机制，从利益相关者视角建立了调节机制的研究框架。但三类供给服务供需侧受人类调节作用明显，利益相关者诉求偏好及行为影响对服务数量及结构产生显著影响，通过本书的案例研究也证实了该框架的适用性，但该框架对于其余受人类调节作用较小的服务是否同样适用还需进一步验证。尤其是调节支持服务、文化服务受人类活动间接影响及自然环境综合影响，利益相关者诉求偏好及行为影响可能不会直接作用于服务本身，而是通过其他途径影响服务，该框架在揭示这类服务时还力有不逮，因此需进一步完善该框架的研究内容，以提高其适用范围。同时本书仅分析了利益相关者对流量的影响，对流向及流速的分析尚未涉及，前面已述在目前的研究框架和技术手段下还难以对流向与流速精确定量分析，这不仅是未来生态系统服务流量化需要突破的方向，也是生态系统服务调节机制需要补充的内容。

（4）对生态系统服务管理的启发。开展生态系统服务供需流及调节机制的研究，目的在于不仅需要揭示生态本底与社会经济的时空错配现象，更亟待揭示人类活动对生态系统服务的影响过程及影响结果，以为确保生态系统服务的持续供给以及实现生态系统的科学管理提供依据。

首先，基于本书对三类供给服务供需流及调节机制的研究结果。受政策主导尤其是多方利益主体共同参与的影响下，陕北果蔬供给服务与粮食供给服务流量显著增加，肉类供给服务调节机制作用结果较小。其中苹果和玉米是陕北最重要的供给类型，也是调节机制最关键的调节对象，而这两种供给类型的另一特征为经济属性。虽然陕北部分县市能源丰富，经济发达，但总体来说产业落后，交通闭塞。依托于第一产业的转型与升级，在改变供给服务供给类型及结构的同时，以米脂县为代表的贫困县走向了脱贫致富的道路。因此，生态系统服务与居民生计及社会经济发展是息息相关的，尤其对于供给服务而言。因此，未来对于陕北的供给服务而言，充分发挥主体作用，对供给服务进行有效调节，在提高生态系统服务效益的同时还可兼顾居民生计与社会经济发展，一举多得。

其次，对于调节支持服务来说，结合前文结论，分析供给量可知，三类服务供给量均呈增长趋势，但整体供需状况依然不容乐观，未来生态建设压力较大，因此调节支持服务的提高应成为未来陕北生态系统服务管理的主要方向。陕北属于我国典型的生态脆弱区，突出表现在各类调节支持服务供给量较低且不稳定，但随着该区域持续 10 数年的生态建设工程，环境极大改观，生态系统服务能力显著提升，三类服务 2020 年与 2010 年相比，供给量显著增加。但同时我们应该看到，首先三类服务供给两种增长的趋势较为缓慢，其中水源涵养服务增长率为 18%，土壤保持服务增长率为 25%，碳固持服务增长率为 2%，同时其增长趋势也不稳定，如水源涵养服务 2015 年供给量要低于 2010 年。因此从供给来看，调节支持服务未来增长的改善空间还很大。而与此同时需求量却呈持续高速增长的特征，尤其碳固持服务需求，增长率达到了 169%。但需求的增长受社会经济及人口数量影响，社会持续发展生态系统服务需求就会持续增加，因此如何持续稳定提高三类调节支持服务供给就应该成为生态系统服务管理的重点。同时从流量空间分布特征来看，区域间差距逐渐扩大，高值区与低值区组团分布的趋势日渐明显，这就使在生态系统服务管理中处理供需的空间错配成为一大难点。

因此，未来除持续实施退耕还林，退耕还草，封山育林等政策外，更关键的是需要在需求的高值区县市及乡镇，加大投入，实施更大规模的生态治理及修复工程。如划定生态红线及严格的生态保护区，实施节能减排措施，发展清洁生产，减少由于人口、产业带来的环境压力，尤其要重视点状工程，实施重点区域的绿化工程，最后要建立监督监管机制，确保生态工程的持续实施及后续保护。

参考文献

[1] Asah, S. T. , Guerry, A. D. , Blahna, D. J. , et al. Perception, acquisition and use of ecosystem services: Human behavior, and ecosystem management and policy implications [J]. Ecosystem Services, 2014, 10: 180 – 186.

[2] Awuor Owuor, M. , Icely, J. , Newton, A. , et al. Mapping of ecosystem services flow in Mida Creek, Kenya [J]. Ocean & Coastal Management, 2017 (140): 11 – 21.

[3] Bagstad, K. J. , Reed, J, M. , Semmens, D. J. Linking biophysical models and public preferences for ecosystem service assessments: A case study for the Southern Rocky Mountains [J]. Regional Environmental Change, 2016 (16): 2005 – 2018.

[4] Bagstad, K. J. , Villa, F. , Johnson, G. W. , et al. ARIES – Artificial Intelligence for Ecosystem Services: A guide to models and data, version 1.0 Beta. The ARIES Consortium, Bilbao, Spain. [online] URL http: //www. ariesonlin e. org/d ocs/ARIES ModelingGui de1. 0. pdf, 2011.

[5] Bagstad, K. J. , Villa, F. , Batker, D. , et al. From theoretical to actual ecosystem services: Mapping beneficiaries and spatial flows in ecosystem service assessments [J]. Ecology and Society, 2014 (19): 706 – 708.

[6] Beichler, S. A. Exploring the link between supply and demand of cultural ecosystem services – towards an integrated vulnerability assessment [J]. International Journal of Biodiversity Science, Ecosystem Services and Management, 2015, 11 (3): 250 – 263.

[7] Bennett E M, Cramer W, Begossi A, Cundill G, Diaz S, Egoh B N, Geijzendorffer I R, Krug C B, Lavorel S, Lazos E. Linking biodiversity, ecosystem services, and human well – being: Three challenges for designing research for

sustainability [J]. Current Opinion in Environmental Sustainability, 2015 (14): 76 - 85.

[8] Berbés - Blázquez M, Bunch M J, Mulvihill P R, Peterson G D, De Joode B V. Understanding how access shapes the transformation of ecosystem services to human well - being with an example from Costa Rica [J]. Ecosystem Services, 2017, 28 (C): 320 - 327.

[9] Boithias, L., Acuña, V., Vergoñós, L. Assessment of the water supply: Demand ratios in a Mediterranean basin under different global change scenarios and mitigation alternatives [J]. Science of the Total Environment, 2014 (470): 567 - 577.

[10] Boyd, J., Banzhaf, S. What are ecosystem services? The need for standardized environmental accounting units [J]. Ecological Economics, 2007, 63 (2): 616 - 626.

[11] Brown, G., Brabyn, L. The extrapolation of social landscape values to a national level in New Zealand using landscape character classification [J]. Applied Geography, 2012, 35 (1/2): 84 - 94.

[12] Burkhard, B., Kroll, F., Müller, F., et al. Landscapes' capacities to provide ecosystem services - a concept for land - cover based assessments [J]. Landscape Online, 2009 (15): 1 - 22.

[13] Burkhard, B., Kroll, F., Nedkov, S., et al. Mapping ecosystem service supply, demand and budgets [J]. Ecological Indicators, 2012 (21): 17 - 29.

[14] Caputo, J., Beier, C, M., Luzadis, V, A., et al. Integrating beneficiaries into assessment of ecosystem services from managed forests at the Hubbard Brook Experimental Forest, USA [J]. Forest Ecosystems, 2016 (4): 243 - 257.

[15] Castro, A. J., Vaughn, C. C., García - Llorente, M., et al. Willingness to Pay for Ecosystem Services among Stakeholder Groups in a South - Central U. S. Watershed with Regional Conflict [J]. Journal of Water Resources Planning & Management, 2016.

[16] Castro, A. J., Verburg, P. H., Martín - López, B., et al. Ecosystem service trade - offs from supply to social demand: A landscape - scale spatial

analysis [J]. Landscape & Urban Planning, 2014 (132): 102 – 110.

[17] Chen, D. S., Li, J., Zhang, Y. M., et al. Quantifying water provision service supply, demand and spatial flow for land use optimization: A case study in theYanHe watershed [J]. Ecosystem Services, 2020 (43): 101 – 117.

[18] Chen, H., López – Carr, D., Tan, Y., Xi, J., Liang, X. China's grain for green policy and farm dynamics: simulating household land – use responses [J]. Reg. Environ. Chang, 2016, 16 (4): 1147 – 1159.

[19] Chen, J., Jiang, B., Bai, Y., et al. Quantifying ecosystem services supply and demand shortfalls and mismatches for management optimization [J]. Science of the Total Environment, 2019, 650: 1426 – 1439.

[20] Cheung, W. W. L., Lam, V. W. Y., Sarmiento, J. L., et al. Projecting global marine biodiversity impacts under climate change scenarios [J]. Fish and Fisheries, 2009, 10 (3): 235 – 251.

[21] Costanza, R., D'Arge R, de Groot, R., Farber, S., et al. The value of the world's ecosystem services and naturalcapital [J]. Nature, 1997, 387 (6630): 253 – 260.

[22] Costanza, R., Groot, R., Sutton, P., et al. Changes in the global value of ecosystem services [J]. Global Environmen – tal Change, 2014 (26): 152 – 158.

[23] Daily, G. C. Introduction: What are Ecosystem Services? In: Nature's Services: Societal Dependence on Natural Ecosystems [M]. Washington DC: Island Press, 1997.

[24] Dang, A. N., Jackson, B. M., Benavidez, R., et al. Review of ecosystem service assessments: Pathways for policy integration in Southeast Asia [J]. Ecosystem Services, 2021, 49 (Supplement C): 101266.

[25] Darvill, R., Lindo, Z. The inclusion of stakeholders and cultural ecosystem services in land management trade – off decisions using an ecosystem services approach [J]. Landscape Ecology, 2016, 31 (3): 533 – 545.

[26] Daw, T. M., Brown, K., Rosendo, S., et al. Applying the ecosystem services concept to poverty alleviation: The need to disaggregate human well – being [J]. Environmental Conservation, 2011, 38 (4): 370 – 379.

[27] Daw, T. M., Coulthard, S., Cheung, W. W. L., et al. Evaluating taboo trade – offs in ecosystems services and human well – being [J]. Proceedings of the National Academy of Sciences, 2015, 112 (22): 6949 – 6954.

[28] Dawson, N., Martin, A. Assessing the contribution of ecosystem services to human wellbeing: A disaggregated study in western Rwanda [J]. Ecological Economics, 2015 (117): 62 – 72.

[29] Deng, C. X., Liu, J. Y., Liu, Y. J., et al. Spatiotemporal dislocation of urbanization and ecological construction increased the ecosystem service supply and demand imbalance – Science Direct [J]. Journal of Environmental Management, 2021 (288): 2478 – 2487.

[30] Deng, X. Z., Li, Z. H., Gibson, J. A review on trade – off analysis of ecosystem services for sustainable land – use management [J]. Journal of Geographical Sciences, 2016, 26 (7): 953 – 968.

[31] Ehrlich, P. R., Ehrlich, A. H. Extinction: The causes and consequences of the disappearance of species [C]. New York: Random House, 1981.

[32] Fedele, L., Djoudi. Mechanisms mediating the contribution of ecosystem services to human well – being and resilience [J]. Ecosystem. Services, 2017 (28): 43 – 54.

[33] Felipe – Lucia, M. R., Martín – López, B., Lavorel, S., et al. Ecosystem services flows: Why stakeholders' power relationships matter [J]. PLoS One, 2015, 10 (7): e0132232.

[34] Fisher J A, Patenaude G, Meir P, Nightingale A J, Rounsevell M D A, Williams M, Woodhouse I H. Strengthening conceptual foundations: Analysing frameworks for ecosystem services and poverty alleviation research [J]. Global Environmental Change, 2013, 23 (5): 1098 – 1111.

[35] Fisher, B., Turner, R. K., Morling, P. Defining and classifying ecosystem systems service for decision making [J]. Ecological Economics, 2009 (68): 643 – 653.

[36] Fu, B. J., Liu, Y., Lü, Y. H., et al. Assessing the soil erosion control service of ecosystems change in the Loess Plateau of China [J]. Ecological Complexity, 2011, 8 (4): 284 – 293.

[37] Fu, B., Zhou, Y., Bai, Y., et al. The main terrestrial ecosystem services and ecological security in China [J]. Advances in Earth Science, 2009, 24 (6): 571 -576.

[38] Gao, X. L., Huang, B. B., Hou, Y., e al. Using Ecosystem Service Flows to Inform Ecological Compensation: Theory & Application [J]. International Journal of Environmental Research and Public Health, 2020, 17 (9): 3340.

[39] Garau, E., Vilasubiros, J., Pueyoros J., et al. Where do ecosystem services come from? Assessing and mapping stakeholder perceptions on water ecosystem services in the Muga River Basin (Catalonia, Spain) [J]. Land, 2020 (10).

[40] García - Nieto, A. P., García - Llorente, M., Iniesta - Arandia, I., et al. Mapping forest ecosystem services: from providing units to beneficiaries [J]. Ecosystem Services, 2013 (4): 126 -138.

[41] Geijzendorffer, I. R., Martín - LópezB, Roche, P. K. Improving the identification of mismatches in ecosystem services assessments [J]. Ecological Indicators, 2015 (52): 320 -331.

[42] Geng, T. W., Chen, H., Liu, Di., et al. Research on Mediating Mechanisms and the Impact on Food Provision Services in Poor Areas from the Perspective of Stakeholders [J]. International Journal of Environmental Research and Public Health, 2021 (18).

[43] Geng, X. L., Wang, X. S., Yan, H. M., et al. Land use/land cover change induced impacts on water provision service in the supper reach of Heihe river basin [J]. Sustainability, 2014, 7 (1): 366 -383.

[44] Grimm, N. B., Groffman, P., Staudinger, M., et al. Climate change impacts on ecosystems and ecosystem services in the United States: process and prospects for sustained assessment [J]. Climate Change, 2016, 135 (1): 97 -109.

[45] Grizzetti, B., Liquete, C., Antunes, P., et al. Ecosystem services for water policy: Insights across Europe. Environ. Sci. Policy, 2016 (66): 179 -190.

[46] Groot, R. D., Wilson, M. A., Bounmansr, M. J. A typology for the classification, description and valuation of ecosystem functions, goods and services [J]. Ecological Economics, 2002, 41 (3): 393 -408.

[47] Gu, K. K., Yang, Q. Q., Cheng, F., et al. Spatial differentiation of Anhui province based on the relationship between supply and demand of ecosystem services [J]. Journal of Ecology and Rural Environment, 2018, 34 (7): 577 - 583.

[48] Guan, Q. C., Hao, J. M., Ren, G. P., et al. Ecological indexes for the analysis of the spatial - temporal characteristics of ecosystem service supply and demand: A case study of the major grain - producing regions in Quzhou, China [J]. Ecological Indicators, 2020, 108 (C).

[49] Hahn, T. Reciprocal stakeholder behavior: A motive - based approach to the implementation of normative stakeholder demands [J]. Business & Society, 2015, 54 (1): 9 - 51.

[50] Haines - young, R., Potschin, M. Ecosystem Ecology: The Links Between Biodiversity, Ecosystem Services and Human Well - Being [M]. Cambridge: Cambridge University Press, 2010.

[51] Han, R., Feng, C. C., Xu, N. Y., et al. Spatial heterogeneous relationship between ecosystem services and human disturbances: A case study in Chuandong, China [J]. Science of the Total Environment, 2020 (721).

[52] Han, Z., Song, W., Deng, X. Z., et al. Trade - offs and synergies in ecosystem service within the Three - Rivers head water region, China [J]. Water, 2017, 9 (8): 588.

[53] Hanines - Yong, R., Potschin, M. Common International Classification of Ecosystem Services (CICES): Consultation on Version 4, August - December 2012. Nottingham: European Environmental Agency, 2013.

[54] Hauck, J., Go¨rg, C., Varjopuro, R., et al. Benefits and limitations of the ecosystem services concept in environmental policy and decision making: Some stakeholder perspectives [J]. Environmental Science & Policy, 2013, 25 (12): 13 - 21.

[55] Heal, G. M., Small, A. A. Chapter 25 Agriculture and Ecosystem Services [M]. Elsevier, 2002.

[56] Helliwell, D. R. Valuation of wildlife resources [J]. Regional Studies, 1969 (3): 41 - 49.

[57] Hicks C C, Cinner J E. Social, institutional, and knowledge mechanisms mediate diverse ecosystem service benefits from coral reefs [J]. Proceeding of the National Academy Sciences of United Stated Americas, 2014, 111 (50): 17791 - 17796.

[58] Horcea - Milcu A I, Leventon J, Hanspach J, Fischer J. Disaggregated contributions of ecosystem services to human well - being: A case study from Eastern Europe [J]. Regional Environmental Change, 2016, 16 (6): 1779 - 1791.

[59] Huang, S. L., Chen, Y. H., Kuo, F. Y., et al. Emergy - based evaluation of peri-urban ecosystem services [J]. Ecological Complexity, 2011, 8 (1): 38 - 50.

[60] Jie, X., Yu, X., Na, L., et al. Spatial and temporal patterns of supply and demand balance of water provision services in the Dongjiang Lake Basin and its beneficiary areas [J]. Journal of Resources and Ecology, 2015, 6 (6): 386 - 396.

[61] King, R. T. Wildlife and Man [M]. NY Conservationist, 1966.

[62] Koellner, T., Bonn, A., Arnhold, S., et al. Guidance for assessing interregional ecosystem service flows [J]. Ecological Indicators, 2019 (105): 92 - 106.

[63] Lacher, I., Akre, T., Mcshea, W. J., et al. Engaging Regional Stakeholders in Scenario Planning for the Long - Term Preservation of Ecosystem Services in Northwestern Virginia [J]. 2019, 3 (1): 12433.

[64] Lamarque, P., Quétier, F., Lavorel, S. The diversity of the ecosystem services concept and its implications for their assessment and management [J]. Comptes Rendus Biologies, 2011 (334): 441 - 449.

[65] Lant, C. L., Kraft, S. E., Beaulieu, J., et al. Using GIS - based ecological - economic modeling to evaluate policies affecting agricultural watersheds [J]. Ecological Economics, 2005, 55 (4): 467 - 484.

[66] Le Maitre, D. C., Milton, S. J., Jarmain, C., et al. Linking ecosystem services and water resources: landscape - scale hydrology of the little karoo [J]. Frontiers in Ecology & the Environment. 2007, 5 (5): 261 - 270.

[67] Li, D., Wu, S., Liu, L., et al. Evaluating regional water security

through a freshwater ecosystem service flow model: A case study in Beijing – Tianjian – Hebei region, China [J]. Ecological Indicators, 2017 (81): 159 – 170.

[68] Li, F. X., Wang, L. Y., Chen, Z. J., et al. Extending the SLEUTH model to integrate habitat quality into urban grow the simulation [J]. Journal of Environment Management, 2018 (217): 486 – 498.

[69] Li, J. H., Jiang, Hongwei, et al. Indicators for spatial – temporal comparisons of ecosystem service status between regions: A case study of the Taihu River Basin, China [J]. Ecological Indicators, 2016 (60): 1008 – 1016.

[70] Lin, J., Huang, J., Hadjikakou, M., et al. Reframing Water – Related Ecosystem Services Flows [J]. Ecosystem Services, 2021, 50: 101306.

[71] Lin, Z. Y., Xiao, Y., Ou – Yang, Z. Y. Assessment of ecological importance of the Qinghai – Tibet Plateau based on ecosystem service flows [J]. Journal of Mountain Science, 2021, 18 (7): 12.

[72] Liu, J. G., Yang, W., Li, S. X. Framing ecosystem services in the telecoupled Anthropocene [J]. Frontiers in Ecology and the Environment, 2015, 14 (1): 27 – 36.

[73] Locatelli, B., Imbach, P., Vignola, R. Ecosystem services and hydroelectricity in Central America: Modelling service flows with fuzzy logic and expert knowledge [J]. Regional Environmental Change, 2011 (11): 393 – 404.

[74] Lopes, L. F. G., dos, Santos Bento, J. M. R., Arede, Correia, Cristovão, A. F., et al. Exploring the effect of land use on ecosystem services: The distributive issues [J]. Land Use Policy, 2015 (45): 141 – 149.

[75] Luck, G. W., Harrington, R., Harrison, P. A., et al. Quantifying the contribution of organisms to the provision of ecosystem services [J]. BioScience, 2016 (59): 223 – 235.

[76] Millennium Ecosystem Assessment (MA) Framework. Ecosystems and Human Well – being [C]. Washington DC: Island Press, 2005.

[77] Mina, M., Bugmann, H., Cordonnier, T., et al. Future ecosystem services from European mountain forests under climate change [J]. Journal of Applied Ecology, 2016, 54 (2): 389 – 401.

[78] Mononen, L., Auvinen, A. P., Ahokumpu, A. L., et al. National

ecosystem service indicators: Measures of social – ecological sustainability [J]. Ecological Indicators, 2016 (61): 27 –37.

[79] Myers, N. Economic and environmental benefits of biodiversity [J]. Bio Science, 1997, 47 (11): 747 –757.

[80] Nadalini, A., Kalid, R., Torres, E. A. Emergy as a Tool to Evaluate Ecosystem Services: A Systematic Review of the Literature [J]. Sustainability, 2021 (13).

[81] Nedkov, S., Burkhard, B. Flood regulating ecosystem services: Mapping supply and demand, in the Etropole municipality, Bulgaria [J]. Ecological Indicators, 2012 (21): 67 –79.

[82] Nelson, E., Mendoza, G., Regetz, J. Modeling multiple ecosystem services, biodiversity conservation, commodity production, and tradeoffs at landscape scales [J]. Frontiers in Ecology & the Environment, 2009, 7 (1): 4 –11.

[83] Ou, W., Wang, H., Tao, Y. A land cover – based assessment of ecosystem services supply and demand dynamics in the Yangtze River Delta region [J]. Acta Ecologica Sinica, 2018, 38 (17): 6337 –6347.

[84] Palomo, I., Martín – López, B., Potschin, M. National Parks, buffer zones and surrounding lands: Mapping ecosystem service flows [J]. Ecosystem Services, 2013 (4): 104 –116.

[85] Pan, Z., Wang, J. Spatially heterogeneity response of ecosystem services supply and demand to urbanization in China [J]. Ecological Engineering, 2021, 169 (4): 106303.

[86] Pei, S., Zhang, C., Liu, C., et al. Forest ecological compensation standard based on spatial flowing of water services in the upper reaches of Miyun Reservoir, China [J]. Ecosystem Services, 2019 (39).

[87] Peña, L., Casado – Arzuaga, I., Onaindia, M. Mapping recreation supply and demand using an ecological and a social evaluation approach [J]. Ecosystem Services, 2015 (13): 108 –118.

[88] Plieninger, T., Dijks, S., Oterosroza, E., et al. Assessing, mapping, and quantifying cultural ecosystem services at community level [J]. Land Use Policy, 2013, 33 (14): 118 –129.

[89] Qiao, X. N., Gu, Y. Y., Zou, C. X., et al. Temporal variation and spatial scale dependency of the trade – offs and synergies among multiple ecosystem services in the Taihu Lake Basinof China [J]. Science of the Total Environment, 2019 (651): 218 –229.

[90] Qin, K., Liu, J., Yan, L., et al. Integrating ecosystem services flows into water security simulations in water scarce areas: Present and future [J]. Science of The Total Environment, 2019 (670): 1037 –1048.

[91] Raum S. A framework for integrating systematic stakeholder analysis in ecosystem services research: Stakeholder mapping for forest ecosystem services in the UK [J]. Ecosystem Services, 2018 (29): 170 –184.

[92] Reilly K., Adamowski, J., John, K. Participatory mapping of ecosystem services to understand stakeholders' perceptions of the future of the Mactaquac-Dam, Canada [J]. Ecosystem Services, 2018 (30): 107 –123.

[93] Rendon, P., Steinhoff – Knopp, B., Burkhard, B. Linking ecosystem condition and ecosystem services: A methodological approach applied to European agroecosystems [J]. Ecosystem Services, 2021.

[94] Reyers, B., Biggs, R., Cumming, G. S., et al. Getting the measure of ecosystem services: A social – ecological approach [J]. Frontiers In Ecology and The Environment, 2013, 11 (5).

[95] Richards, D., Masoudi, M., Oh, R., et al. Global Variation in Climate, Human Development, and Population Density Has Implications for Urban Ecosystem Services [J]. Sustainability, 2019, 11 (22).

[96] Ruckelshaus, M., Mckenzie, E., Tallis, H. Notes from the field: Lessons learned from using ecosystem service approaches to inform real – world decisions [J]. Ecological Economics, 2015 (115): 11 –21.

[97] Sannigrahi, S., Zhang, Q., Pilla, F., et al. Responses of ecosystem services to natural and anthropogenic forcings: A spatial regression based assessment in the world's largest mangrove ecosystem [J]. Science of the Total Environment, 2020 (715): 137004.

[98] SCEP [Study of Critical Environmental Problems]. Man's Impact on the Global Environment [M]. Cambridge, Massachusetts: MIT Press, 1970.

[99] Schirpke, U., Candiago, S., Egarter, V., et al. Integrating supply, flow and demand to enhance the understanding of interactions among multiple ecosystem services [J]. Science of the Total Environment, 2019 (33): 928 -941.

[100] Schrter, M., Barton, D. N., Remme, R. P., et al. Accounting for capacity and flow of ecosystem services: A conceptual model and a case study for Telemark, Norway [J]. Ecological Indicators, 2014 (36): 539 -551.

[101] Schwaiger, F., Poschenrieder, W., Biber, P., et al. Ecosystem service trade - offs for adaptive forest management [J]. Ecosystem Services, 2019 (39).

[102] Serna - Chavez, H. M., Schulp, C. J. E., van, Bodegom, P M., et al. A quantitative framework for assessing spatial flows of ecosystem services [J]. Ecological Indicators, 2014 (39): 24 -33.

[103] Sharps, K., Masante, D., Thomas, A. Comparing strengths and weaknesses of three ecosystem services modelling tools in a diverse UK river catchment [J]. Science of the Total Environment, 2017 (584): 118 -130.

[104] Sherrouse, B. C., Clement, J. M., Semmens, D. J. A GIS application for assessing, mapping, and quantifying the social values of ecosystem services [J]. Applied Geography, 2011, 31 (2): 748 -760.

[105] Sherrouse, B. C., Semmens, D. J. Social values for ecosysytem services, version 3.0 (SolVES 3.0) - documentation user manual [R]. Reston, VA: US. Geogical survey, 2015.

[106] Shi, Q. Q., Chen, H., Zhang, H. J., et al. Cultural ecosystem services valuation and its multilevel drivers: A case study of Gaoqu Township in Shaanxi Province, China [J]. Ecosystem, Services, 2020 (41).

[107] Shi, Q. Q., Chen, Hai., Liu, Di., et al. Exploring the linkage between the supply and demand of cultural ecosystem services in Loess Plateau, China: A case study from Shigou Township [J]. Environmental Science and Pollution Research, 2020 (27): 12514 -12526.

[108] Shi, Y., Shi, D., Zhou, L., et al. Identification of ecosystem services supply and demand areas and simulation of ecosystem service flows in Shanghai [J]. Ecological Indicators, 2020, 115 (2): 106418.

[109] Steffen, W., Richardson, K., Rockström, J., et al. Planetary boundaries: Guiding human development on a changing planet [J]. Science. 2015 (80): 347.

[110] Stürck, J., Poortinga, A., Verburg, P. H. Mapping ecosystem services: The supply and demand of flood mediating services in Europe [J]. Ecological Indicators, 2014 (38): 198 -211.

[111] Su, K., Sun, X. T., Guo, H. Q., et al. The establishment of a cross - regional differentiated ecological compensation scheme based on the benefit areas and benefit levels of sand - stabilization ecosystem service [J]. Journal of Cleaner Production, 2020.

[112] Sun, X., Crittenden, J. C., Li, F., et al. Urban expansion simulation and the spatio - temporal changes of ecosystem services, a case study in Atlanta Metropolitan area, USA [J]. Science of the Total Environment, 2018.

[113] Syrbe, R. U., Walz, U. Spatial indicators for the assessment of ecosystem services: Providing, benefiting and connecting areas and landscape metrics [J]. Ecological Indicators, 2012 (21): 80 -88.

[114] Tang, L., Zhao, W., Li, X. The Deep Logical Analysis of Global Food Security Evaluation System [J]. Journal of Huazhong Agricultural University (Social Science Edition), 2020 (5): 51 -60.

[115] Tao, Y., Wang, H. N., Ou, W. X., et al. A land - cover - based approach to assessing ecosystem services supply and demand dynamics in the rapidly urbanizing Yangtze River Delta region [J]. Land Use Policy, 2018 (72): 250 -258.

[116] Thompson, B. S., Friess, D. A. Stakeholder preferences for payments for ecosystem services (PES) versus other environmental management approaches for mangrove forests [J]. Journal of Environmental Management, 2019 (233): 636 -648.

[117] Throuvala, M. A., Griffiths, M. D., Rennoldson, M., et al. Recommendations for public policy and prevention of problematic online behaviours: A multi - stakeholder perspective and the common denominator [J]. Journal of behavioral Addictions, 2019 (8): 123.

[118] Turner, W. R., Brandon, K., Brooks, T. M., et al. Global biodi-

versity conservation and the alleviation of poverty [J]. BioScience, 2012, 62 (1): 85 -92.

[119] Unnevehr, L., Hoffmann, V. Food safety management and mediating: International experiences and lessons for China [J]. Journal of Integrative Agriculture, 2015: 2218 -2230.

[120] Verbos, D., Staes, J., Vandenbrouvke, T., et al. Mapping ecosystem service flows with land cover socing maps for data - scarce regions [J]. Ecosystem Services, 2015 (1): 28 -40.

[121] Verweij, P., Simoes, M., Alves, A., Ferraz, R., Cormont, A., 2014. Linking bayesian belief networks and GIS to assess the ecosystem integrity in the brazilian Amazon. Proceedings of the International Environmental Modelling and Software Society (iEMSs), 7th international congress on environmental modelling and software. 2014 (2): 864 -871.

[122] Villamagna, A. M., Angermeier, P. L., Bennett, E. M. Capacity, pressure, demand and flow: A conceptual framework for analyzing ecosystem service provision and delivery [J]. Ecological Complexity, 2013 (15): 114 -121.

[123] Wackernagel, M., Rees, W., Testemale, P. Our Ecological Footprint: Reducing Human Impact on the Earth [M]. Gabriola Island: New Society-Publishers, 1996.

[124] Wallace, K. J. Classification of ecosystem services: Problems and solutions [J]. Biological Conservation, 2007, 139 (3): 235 -246.

[125] Wang, C. D., Li, W. Q., Sun. M, X. et al. Exploring the formulation of ecological management policies by quantifying interregional primary ecosystem service flows in Yangtze River Delta region, China [J]. Journal of Environmental Management, 2021 (284).

[126] Wei, H., Fan, W., Wang, X., et al. Integrating supply and social demand in ecosystem services assessment: A review [J]. Ecosystem Services, 2017 (25): 15 -27.

[127] Wei, H., Liu, H., Xu, Z., et al. Linking ecosystem services supply, social demand and human well - being in a typical mountain - oasis - desert area, Xinjiang, China [J]. Ecosystem Services, 2018 (31): 44 -57.

[128] Wieland, R., Ravensbergen, S., Gregr, E. J., et al. Debunking trickle – down ecosystem services: The fallacy of omnipotent, homogeneous beneficiaries [J]. Ecological Economics, 2016 (121): 175 – 180.

[129] Wu, C., Zhang, J. Evolutionary game analysis of stakeholders in grain production [J]. Statistics and Decision Making, 2015 (22): 61 – 64.

[130] Wu, X., Liu, S. L., Zhao, S., et al. Quantification and driving force analysis of ecosystem services supply, demand and balance in China [J]. Science of the Total Environment, 2019 (652): 1375 – 1386.

[131] Xie, G. D., Liu, J. Y., Xu, J. et al. A spatio – temporal delineation of trans – boundary ecosystem service flows from Inner Mongolia [J]. Environmental Researchlatters, 2019 (14): 1 – 11.

[132] Xu, J., Xiao, Y., Li, N., et al. Spatial and Temporal Patterns of Supply and Demand Balance of Water Provision services in the Dong jiang Lake Basin and Its Beneficiary Areas [J]. Journal of Resources and Ecology, 2015, 6 (6): 386 – 396.

[133] Xu, J., Xiao, Y., Xie, G. D., et al. Ecosystem service flow insights into horizontal ecological compensation standards for water resource: A case study in Dong jiang Lake Basin, China [J]. Chinese Geographical Science, 2019, 29 (2): 214 – 230.

[134] Xu, J., Xiao, Y., Xie, G. D., et al. How to guarantee the sustainability of the wind prevention and sand fixation service: An ecosystem service flow perspective [J]. Sustainability, 2018, 10 (9): 2995.

[135] Xu, J., Xiao, Y., Xie, G. D., et al. The Spatio – Temporal Disparities of Areas Benefitting from the Wind Erosion Prevention Service [J]. International Journal of Environmental Research and Public Health, 2018, 15 (7): 1510.

[136] Yan, H, L., Yu, J., Xiong, H., Wang, Q. Research on the network relationship of pro-poor tourism stakeholders in minority villages [J]. Soft Science, 2019 (3): 80 – 85.

[137] Yang Zou, DeHua Mao. Analysis of water yield service of Lianshui River Basin in China based on ecosystem services flow mode [J]. Environmental Research Latters, 2021 (17): 32 – 45.

[138] Yoo, J., Simonit, S., Connors, J. P. The valuation of off-site ecosystem service flows: Deforestation, erosion and the amenity value of lakes in Prescott, Arizona [J]. Ecological Economics, 2014 (97): 74-83.

[139] Zank, B., Bagstad, K. J., Voigt, B. Modeling the effects of urban expansion on natural capital stocks and ecosystem service flows: A case study in the Puget Sound, Washington, USA [J]. Landscape and Urban Planning, 2016 (149): 31-42.

[140] Zhai, T. L., Wang. J., Fang, Y., et al. Integrating Ecosystem Services Supply, Demand and Flow in Ecological Compensation: A Case Study of Carbon Sequestration Services [J]. Sustainability, 2021, 13 (4): 25.

[141] Zhai, T. L., Zhang, D., Zhao, C. C. How to optimize ecological compensation to alleviate environmental injustice in different cities in the Yellow River Basin? A case of integrating ecosystem service supply, demand and flow [J]. Sustainable Cities and Society, 2021 (75): 1266.

[142] Zhang, C., Li, J., Zhou Z. X., et al. Application of ecosystem service flows model in water security assessment: A case study in Weihe River Basin, China [J]. Ecological Indicators, 2021 (121).

[143] Zhang, W., Kato, E., Bhandary, P., et al. Awareness and perceptions of ecosystem services in relation to land use types: Evidence from rural communities in Nigeria [J]. Ecosystem Services, 2016 (22): 150-160.

[144] 白杨，王敏，李晖，等. 生态系统服务供给与需求的理论与管理方法 [J]. 生态学报，2017，37 (17)：5846-5852.

[145] 包玉斌. 基于 InVEST 模型的陕北黄土高原生态服务功能时空变化研究 [D]. 西安：西北大学，2015.

[146] 蔡崇法，丁树文，史志华，等. 应用 USLE 模型与地理信息系统 IDRISI 预测小流域土壤侵蚀量的研究 [J]. 水土保持学报，2000，14 (2)：19-24.

[147] 陈德权，兰泽英，陈晓辉，等. InVEST 模型在县（市）级水源涵养功能评价中的应用——以广东省广州市为例 [J]. 水土保持通报，2021，41 (4)：196-206.

[148] 陈登帅，李晶，张渝萌，等. 延河流域水供给服务供需平衡与服

务流研究［J］. 生态学报，2020，40（1）：112－122.

［149］陈骏宇，王慧敏，刘钢，等. “水—能—粮”视角下杭嘉湖区域生态系统服务供需测度及政策研究［J］. 长江流域资源与环境，2019，28（3）：542－553.

［150］陈莎. 基于生态系统服务权衡的农地格局与利用决策研究［D］. 杭州：浙江大学，2021.

［151］戴尔阜，王亚慧. 横断山区产水服务空间异质性及归因分析［J］. 地理学报，2020，75（3）：607－619.

［152］邓目丽，蒋馥根，孙华，等. 神木市植被覆盖度时空动态变化分析［J］. 森林与环境学报，2021，41（6）：611－619.

［153］董丽青. 基于 SPANs 模型碳固定服务和水产出服务供给、需求和服务流的量化评估与制图［D］. 太原：山西师范大学，2018.

［154］符家铭. 广州市生态系统服务变化的利益相关者及其影响研究［D］. 广州：广州大学，2020.

［155］傅伯杰，陈利顶，马克明，等. 景观生态学原理与应用［M］. 北京：科学出版社，2010.

［156］傅伯杰，欧阳志云，施鹏，等. 青藏高原生态安全屏障状况与保护对策［J］. 中国科学院院刊，2021，36（11）：1298－1306.

［157］傅伯杰. 生态系统服务与生态安全［M］. 北京：高等教育出版社，2013.

［158］高吉喜，刘晓曼，王超，等. 中国重要生态空间生态用地变化与保护成效评估［J］. 地理学报，2021，76（7）：1708－1721.

［159］耿甜伟，陈海，刘迪，等. 县域单元下生态系统服务供需匹配及生态建设——以陕西省为例［J］. 地域研究与开发，2021，40（2），144－150.

［160］耿甜伟，陈海，张行，等. 基于 GWR 的陕西省生态系统服务价值时空演变特征及影响因素分析［J］. 自然资源学报，2020，35（7）：1714－1727.

［161］管青春，郝晋珉，许月卿，等. 基于生态系统服务供需关系的农业生态管理分区［J］. 资源科学，2019，41（7）：1359－1373.

［162］郭朝琼，徐昔保，舒强. 生态系统服务供需评估方法研究进展［J］. 生态学杂志，2020，39（6）：2086－2096.

［163］郝起礼，周佳薇，徐培罡，等. 延安市自然资源监管“一张图”

应用实践［J］．测绘通报，2021（12）：127－130.

［164］郝云龙，王林和，张国盛．生态系统概念探讨［J］．中国农学通报，2008，24（2）：353－356.

［165］侯瑞．陕北黄土丘陵沟壑区土壤侵蚀驱动机制分析及其稳定性评价［D］．西安：长安大学，2019.

［166］黄金良，洪华生，张珞平，等．基于GIS和USLE的九龙江流域土壤侵蚀量预测研究［J］．水土保持学报，2004，18（5）：75－79.

［167］黄亚楠，李晨曦，林国伟，等．洛川塬土壤水分特征及其对土地利用变化的响应［J］．水土保持通报，2017，37（6）：106－112.

［168］霍思高，黄璐，严力蛟．基于SolVES模型的生态系统文化服务价值评估——以浙江省武义县南部生态公园为例［J］．生态学报，2018，38（10）：3682－3691.

［169］江波，蔡金洲，杨梦斐，等．基于供需耦合机制的流域水生态系统管理［J］．生态学杂志，2018，37（10）：3155－3162.

［170］金岚．陕北农牧交错带草地生态安全评价［D］．西安：长安大学，2019.

［171］雷明德，田连恕，慕康谊．陕西植被［M］．北京：科学出版社，1999.

［172］李慧颖．基于遥感和InVEST模型的辽宁省退耕还林工程生态效应评估［D］．长春：吉林大学，2019.

［173］李杰，陈英，谢保鹏，等．丝绸之路经济带西北段城市联系及空间格局［J］．地域研究与开发，2021，20（2）：50－55.

［174］李晶，任志远．基于GIS的陕北黄土高原土地生态系统固碳释氧价值评价［J］．中国农业科学，2011，44（14）：2943－2950.

［175］李奇．三峡库区生态系统服务时空变化与权衡研究［D］．北京：中国林业科学研究院，2020.

［176］李双成．生态系统服务地理学［M］．北京：科学出版社，2014.

［177］李素晓．京津冀生态系统服务演变规律与驱动因素研究［D］．北京：北京林业大学，2019.

［178］李婷，李晶，王彦泽，等．关中—天水经济区生态系统固碳服务空间流动及格局优化［J］．中国农业科学，2017，50（20）：3953－3969.

[179] 连喜红，祁元，王宏伟，等．人类活动影响下的青海湖流域生态系统服务空间格局 [J]．冰川冻土，2019，41 (5)：1254－1263.

[180] 梁丽丽．基于 SPANs 模型土壤保持服务和洪水调控服务供给，需求和服务流的量化评估与制图 [D]．太原：山西师范大学，2018.

[181] 刘春芳，刘立程，何瑞东．黄土丘陵区高标准农田建设的生态系统服务响应研究——以榆中县高标准农田建设项目为例 [J]．中国人口·资源与环境，2018，28 (12)：124－130.

[182] 刘桂林，张落成，张倩．长三角地区土地利用时空变化对生态系统服务价值的影响 [J]．生态学报，2014，34 (12)：3311－3319.

[183] 刘慧敏，范玉龙，丁圣彦．生态系统服务流研究进展 [J]．应用生态学报，2016，27 (7)：2161－2171.

[184] 刘慧敏，刘绿怡，丁圣彦．人类活动对生态系统服务流的影响 [J]．生态学报，2017，37 (10)：3232－3242.

[185] 刘慧敏，刘绿怡，任嘉衍，等．生态系统服务流定量化研究进展 [J]．应用生态学报，2017，28 (8)：2723－2730.

[186] 刘静萍，徐昔保．不同管理模式对农田生态系统服务的影响模拟研究——以太湖流域为例 [J]．生态学报，2019，39 (24)：9314－9324.

[187] 刘立程，刘春芳，王川，等．黄土丘陵区生态系统服务供需匹配研究———以兰州市为例 [J]．地理学报，2019，74 (9)：1921－1937.

[188] 刘林，雷冬梅，冉玉菊，等．基于生态系统服务功能的滇池流域关键性生态用地识别 [J]．农业工程学报，2021，37 (11)：277－284.

[189] 刘晓琼，刘彦随．基于 AHP 的生态脆弱区可持续发展评价研究——以陕西省榆林市为例 [J]．干旱区资源与环境，2009，23 (5)：19－23.

[190] 刘永强，廖柳文，龙花楼，等．土地利用转型的生态系统服务价值效应分析——以湖南省为例 [J]．地理研究，2015 (4)：691－700.

[191] 刘宥延，刘兴元，张博，等．基于 InVEST 模型的黄土高原丘陵区水源涵养功能空间特征分析 [J]．生态学报，2020，40 (17)：6161－6170.

[192] 刘玉斌．中国海岸带典型生态系统服务价值评估研究 [D]．烟台：中国科学院大学（中国科学院烟台海岸带研究所），2021.

[193] 卢周扬帆．阿拉善盟 2000—2015 年土地利用变化与生态系统服务价值的评估 [D]．北京：中国地质大学（北京），2019.

［194］鲁小波，陈晓颖，王万山，等．基于利益相关者的自然保护区生态旅游健康度评价方法［J］．干旱区资源与环境，2017，31（7）：6.

［195］马程，王晓玥，张雅昕，等．北京市生态涵养区生态系统服务供给与流动的能值分析［J］．地理学报，2017，72（6）：947－985.

［196］马琳，刘浩，彭建，等．生态系统服务供给和需求研究进展［J］．地理学报，2017，72（7）：1278－1290.

［197］马琪，刘康，涂纯，等．2000—2010 年陕西北部不同类型草地面积及其覆盖度变化［J］．植物科学学报，2018，36（1）：54－64.

［198］欧维新，王宏宁，陶宇．基于土地利用与土地覆被的长三角生态系统服务供需空间格局及热点区变化［J］．生态学报，2018，38（17）：6337－6347.

［199］欧阳志云，王效科，苗鸿．中国陆地生态系统服务功能及其生态经济价值的初步研究［J］．生态学报，1999，19（5）：607－613.

［200］潘韬，吴绍洪，戴尔阜，等．基于 InVEST 模型的三江源区生态系统水源供给服务时空变化［J］．应用生态学报，2013，24（1）：183－189.

［201］裴宏伟，刘孟竹，李雅丽，等．生态修复措施对干旱半干旱地区生态系统服务影响研究——以河北坝上地区为例［J］．水土保持研究，2021，28（6）：283－291.

［202］彭建，杨旸，谢盼，等．基于生态系统服务供需的广东省绿地生态网络建设分区［J］．生态学报，2017，37（13）：4562－4572.

［203］冉玉菊，雷冬梅，刘林，等．滇中城市群 2000—2020 年土地利用变化对生态系统服务价值的影响［J］．水土保持通报，2021，41（4）：310－322.

［204］任檬，毛德华．涟水流域水产出服务供需分析与服务流研究［J］．生态科学，2021，40（2）：186－195.

［205］陕西省土地管理局．陕西土地资源［M］．西安：陕西人民出版，2004.

［206］申嘉澍，李双成，梁泽，等．生态系统服务供需关系研究进展与趋势展望［J］．自然资源学报，2021，36（8）：1909－1922.

［207］申犁帆，张纯，李赫，等．城市轨道交通通勤与职住平衡状况的关系研究：基于大数据方法的北京实证分析［J］．地理科学进展，2019，38（6）：791－806.

［208］宋永永，薛东前，代兰海，等．陕北能源开发区产业转型升级特

征及其经济效应［J］. 浙江大学学报：理学版，2019，46（1）：10－17.

［209］苏常红. 生态系统服务时空变异及人文驱动机制研究——以延河流域为例［D］. 北京：中国科学院，2011.

［210］苏梦园，吴家龙. 土地综合整治对生态系统服务价值的影响——以广东江门沙仔岛为例［J］. 热带地理，2021，41（1）：159－166.

［211］孙逊，马乃喜，曹明明，等. 陕西省志·黄土高原志［M］. 西安：陕西人民出版社，1995.

［212］陶芹，陶宇，欧维新. 长三角地区休闲游憩服务供需关系研究［J］. 生态学报，2021，41（5）：1777－1785.

［213］童晨，童亿勤，李加林，等. 舟山群岛景观格局变化对生态系统服务价值的影响［J］. 海洋学研究，2019，37（1）：40－51.

［214］王兵，鲁绍伟，尤文忠，等. 辽宁省森林生态系统服务价值评估［J］. 应用生态学报，2010，21（7）：1792－1799.

［215］王灿. 陕北天然气能源区土地利用变化与土地生态安全评价［D］. 西安：陕西师范大学，2014.

［216］王川. 基于生态系统服务供需匹配的兰州市生态安全格局构建［D］. 兰州：西北师范大学，2019.

［217］王嘉丽，周伟奇. 生态系统服务流研究进展与趋势展望［J］. 生态学报，2019，39（12）：1－10.

［218］王劲峰，徐成东. 地理探测器：原理与展望. 地理学报，2017，72（1）：116－134.

［219］王军强. 陕北黄土高原小流域治理及其效益评价［D］. 咸阳：西北农林科技大学，2001.

［220］王文静. 陕北黄土高原地区水土流失敏感性评价［D］. 西安：西北大学，2016.

［221］王颖慧，丁建丽，李晓航，等. 伊犁河流域 LUCC 对生态系统服务价值的影响——基于强度分析模型［J］. 生态学报，2021，42（8）：1－12.

［222］王玉，傅碧天，吕永鹏，等. 基于 SolVES 模型的生态系统服务社会价值评估——以吴淞炮台湾湿地森林公园为例［J］. 应用生态学报，2016，27（6）：1767－1774.

［223］王壮壮，张立伟，李旭谱，等. 区域生态系统服务供需风险时

空演变特征——以陕西省产水服务为例 [J]. 生态学报, 2020, 40 (6): 1887 - 1900.

[224] 位贺杰. 流域生态系统服务供需及其与人类福祉关系研究——以玛纳斯河流域为例 [M]. 北京: 北京师范大学, 2018.

[225] 伍博炜, 杨胜天, 邵南方, 等. 黄土高原生态脆弱区土地利用变化对生态系统服务价值的影响——以汾河流域为例 [J]. 水土保持研究, 2019 (5): 340 - 345.

[226] 夏晶晶. 三峡库区流域生态系统服务评估研究 [D]. 武汉: 武汉大学, 2019.

[227] 夏四友, 文琦, 赵媛, 等. 陕北能源开发区产业同构化对比研究与趋势预测 [J]. 干旱区地理, 2018, 41 (5): 1132 - 1142.

[228] 肖玉, 谢高地, 鲁春霞, 等. 基于供需关系的生态系统服务空间流动研究进展 [J]. 生态学报, 2016, 36 (10): 3096 - 3102.

[229] 肖玉, 谢高地, 甄霖, 等. 阴山北麓草原生态功能区防风固沙服务受益范围识别 [J]. 自然资源学报, 2018, 33 (10): 1742 - 1754.

[230] 谢高地, 鲁春霞, 成升魁. 全球生态系统服务价值评估研究进展 [J]. 资源科学, 2001, 23 (6): 5 - 9.

[231] 谢高地, 肖玉, 鲁春霞. 生态系统服务研究: 进展, 局限和基本范式 [J]. 植物生态学报, 2006, 30 (2): 191 - 199.

[232] 谢高地, 张彩霞, 张雷明, 等. 基于单位面积价值当量因子的生态系统服务价值化方法改进 [J]. 自然资源学报, 2015, 30 (8): 1243 - 1254.

[233] 谢高地, 甄霖, 鲁春霞, 等. 一个基于专家知识的生态系统服务价值化方法 [J]. 自然资源学报, 2008, 23 (9): 911 - 920.

[234] 谢余初. 基于 InVEST 模型的甘肃白龙江流域生态系统服务时空变化研究 [D]. 兰州: 兰州大学, 2015.

[235] 徐省超, 赵雪雁, 宋晓谕. 退耕还林 (草) 工程对渭河流域生态系统服务的影响 [J]. 应用生态学报, 2021, 32 (11): 3893 - 3904.

[236] 薛东前, 吕玉倩, 黄晶, 等. 城市贫困群体主观生活质量研究——以西安市典型社区为例 [J]. 地理科学, 2017, 47 (4): 554 - 562.

[237] 薛亚永. 陕北黄土高原退耕还林对地表气温的影响 [D]. 西安: 长安大学, 2017.

［238］严岩，朱捷缘，吴钢，等．生态系统服务需求，供给和消费研究进展［J］．生态学报，2017，37（8）：2489－2496.

［239］杨建国．用“五力”应对全球疫情下的粮食安全危机［J］．经济研究参考，2020，16（10）：4－12.

［240］杨丽雯，董丽青，张立伟．固碳服务供需平衡和服务流量化评估：以引黄入晋南干线为例［J］．资源科学，2019，41（3）：557－571.

［241］杨丽雯，王勇智，高月．洪洞大槐树寻根祭祖园生态服务流模拟［J］．山西大学学报：自然科学版，2019，42（2）：9－17.

［242］杨志新，郑大玮，文化．北京郊区农田生态系统服务功能价值的评估研究［J］．自然资源学报，2005，20（4）：564－570.

［243］姚婧，何兴元，陈玮．生态系统服务流研究方法最新进展［J］．应用生态学报，2018，29（1）：335－342.

［244］易阿岚，孙清，王钧．基于SD模型的上海市湿地生态系统服务变化过程与情景研究［J］．生态学报，2020，40（16）：5513－5524.

［245］袁周炎妍，万荣荣．生态系统服务评估方法研究进展［J］．生态科学，2019，38（5）：210－219.

［246］张彪，王爽，李庆旭，等．基于防风固沙服务空间流动的区域关联度——以京津风沙源治理工程区为例［J］．资源科学，2020，42（5）：969－979.

［247］张城，李晶，周自翔．基于水供给服务空间流动模型的渭河流域水资源安全格局［J］．地理科学，2021，41（2）：350－359.

［248］张发，玉素甫江・如素力，艾尔肯・图尔逊．基于土地利用的博斯腾湖流域生态系统服务价值时空变化［J］．生态学报，2021，41（13）：5254－5265.

［249］张行，梁小英，刘迪，等．生态脆弱区社会—生态景观恢复力时空演变及情景模拟［J］．地理学报，2019，74（7）：1450－1466.

［250］张红娟，高艳，华亚伟，等．SolVES模型价值转移方法对不同空间单元的响应评估［J］．生态学报，2019，39（24）：9233－9245.

［251］张红娟．基于供需视角的流域生态系统服务综合评估——以西安市沣河流域为例［D］．西安：西北大学，2020.

［252］张静静．伏牛山地区森林生态系统服务权衡研究［D］．开封：河南大学，2019.

[253] 张娟，陈凡，角媛梅，等．哈尼梯田区不同旅游模式村寨土地利用变化对生态系统服务与人类福利的影响 [J]．生态学报，2020，40（15）：5179－5189.

[254] 张琨，吕一河，傅伯杰．生态恢复中生态系统服务的演变：趋势、过程与评估 [J]．生态学报，2016，36（20）：6337－6344.

[255] 张蓬涛，刘双嘉，周智，等．京津冀地区生态系统服务供需测度及时空演变 [J]．生态学报，2021，41（9）：3354－3367.

[256] 张潇，路青．城市单元下生态系统服务流研究综述 [J]．环境保护科学，2020，46（6）：55－63.

[257] 张欣蓉，王晓峰，程昌武，等．基于供需关系的西南喀斯特区生态系统服务空间流动研究 [J]．生态学报，2021，41（9）：3368－3380.

[258] 张欣蓉．西南喀斯特区生态系统服务权衡与供需平衡分析 [D]．西安：长安大学，2020.

[259] 张玉钧，徐亚丹，贾倩．国家公园生态旅游利益相关者协作关系研究——以仙居国家公园公盂园区为例 [J]．旅游科学，2017，31（3）：51－64.

[260] 章维鑫．云南省小江流域生态系统服务供需及流动研究 [D]．北京：北京林业大学，2019.

[261] 赵晟，洪华生，张珞平，等．中国红树林生态系统服务的能值价值 [J]．资源科学，2007，29（1）：147－154.

[262] 赵雪雁，马平易，李文青，等．黄土高原生态系统服务供需关系的时空变化 [J]．地理学报，2022，76（11）：2780－2796.

[263] 周彬，余新晓，陈丽华，等．基于 InVEST 模型的北京山区土壤侵蚀模拟 [J]．水土保持研究，2010，17（6）：9－14.

[264] 周园，曹威威，杨迅周，等．基于改进引力模型的黄河下游沿岸城市空间联系特征分析 [J]．地域研究与开发，2021，40（6）：16－22.

[265] 朱晓南，刘艳中，陈勇，等．武汉市城市用地扩张对生态系统服务的时空影响 [J]．水土保持研究，2020，27（5）：288－294.

[266] 卓静，朱延年，何慧娟，等．生态恢复工程对陕北地区生态系统格局的影响 [J]．生态学报，2020，40（23）：8627－8637.

[267]《陕西省地图集》编纂委员会．陕西省地图集 [M]．西安：西安地图出版社，2019.

附　　录

附录Ⅰ：利益相关者评估问题

本部分内容目的在于通过专家赋值识别区域内供给服务的主要利益相关者，分别从重要性、主动性、影响力三个维度各设置3个问题，分值从0分至5分不等，专家赋值后分别求得每类利益主体每个维度平均得分，若总分超过10分或每个维度平均得分均在3分以上可认为该主体为供给服务的主要利益相关者。

重要性问题：

1. 从重要性上讲您认为种植（养殖）与该类利益主体的关联程度____。

①无关联　②较小关联　③一般关联　④较大关联　⑤很大关联

2. 您认为该类利益主体的缺失会____影响种植（养殖）。

①基本不　②较小　③一般　④较大　⑤很大

3. 您认为该类利益主体对种植（养殖）完成过程产生____影响。

①不　②较小　③一般　④较大　⑤很大

主动性问题：

1. 从主动性上讲您认为种植（养殖）与该类利益主体的关联程度____。

①无关联　②较小关联　③一般关联　④较大关联　⑤很大关联

2. 您认为该类利益主体对种植（养殖）态度是____。

①不关心　②较小关心　③一般关心　④较大关心　⑤积极关心

3. 您认为该类利益主体对种植（养殖）的主动性行为是____。

①不主动　②较小主动　③一般主动　④较大主动　⑤很主动

影响力问题：

1. 从影响力上讲您认为种植（养殖）与该类利益主体的关联程度____。

①无关联　②较小关联　③一般关联　④较大关联　⑤很大关联

2. 您认为该类利益主体对种植（养殖）的影响过程____。

①不影响 ②较小影响 ③一般影响 ④较大影响 ⑤很大影响

3. 您认为该类利益主体对种植（养殖）的影响结果____。

①不影响 ②较小影响 ③一般影响 ④较大影响 ⑤很大影响

附录Ⅱ：问卷及访谈提纲

（1）农户及家庭信息

性别：	年龄：	家庭人口：	年收入：
居住时间：	农业人口：	务工人口：	
种植养殖收入：	家庭收入：	固定工资：	
补贴收入：	是/否加入合作社	是/否贫困户	
教育背景： ①文盲 ②小学 ③初中 ④高中 ⑤大专及以上	家庭收入来源： ①种植 ②养殖 ③种植养殖兼有 ④服务业 ⑤正式工 ⑥其他	身体状况： ①健康 ②良好 ③疾病	

（2）家庭种植/养殖信息

种植类型	耕地	水浇地	坡耕地	租用耕地	退耕地	梯田	坝地
面积（2015 年）							
产量/出售量							
面积（2018 年）							
产量/出售量							
面积（2020 年）							
产量/出售量							
变化原因							

种植类型	地块数量	苹果	葡萄	梨	桃	红枣	杏	其他水果
面积（2015 年）								
产量/出售量								
面积（2018 年）								
产量/出售量								
面积（2020 年）								
产量/出售量								
变化原因								

续表

种植类型	玉米	谷子	红葱	高粱	红薯	马铃薯	糜子	豆类
面积（2015 年）								
产量/出售量								
面积（2018 年）								
产量/出售量								
面积（2020 年）								
产量/出售量								
变化原因								

养殖类型	羊	牛	猪	马	家禽	兔	驴	骡子
数量（2015 年）								
产量/出售量								
数量（2018 年）								
产量/出售量								
数量（2020 年）								
产量/出售量								
变化原因								

（3）农民访谈提纲

1. 您从事种植/养殖多久了？您最近几年是否改变了种植/养殖类型？

2. 请详细介绍种植/养殖类型转换的过程、原因和时间。

3. 农民种养是否有补贴（有/无）及补贴标准________。

4. 种植/养殖变化过程（时间/规模/产量）。

5. 哪些因素会影响/改变农民的种植/养殖意愿？

6. 政府政策的主要实施方式和内容（访谈）：美丽乡村/精准扶贫/乡村振兴。

7. 近年来粮食/果蔬/肉类生产的主要利益相关者是否发生了变化？为什么改变？

8. 不同的利益相关者在种植/养殖过程中是否能够帮助你？这些利益相关者是谁？

9. 各个利益相关者之间是否有联系？有何联系？

10. 你觉得你是粮食/果蔬/肉类生产的主要利益相关者吗？你有什么诉求和行为？

11. 您认为哪个利益相关者最有帮助？或者您最希望从哪些利益相关者那里获得帮助？

12. 关于粮食/果蔬/肉类生产结构如何以及为何发生变化，您有什么要补充的吗？

13. 关于粮食/果蔬/肉类生产利益相关者的信息，您有什么要补充的吗？

（4）中间商访谈提纲

1. 您做中间商多少年了？

2. 您收售的主要种类有哪些？

3. 您喜欢收售哪些类型的粮食？近几年有变化吗？

4. 您的主要收购范围在哪里？

5. 您认为农民的种植/养殖结构有什么变化吗？

6. 改变的原因是什么？

7. 您认为谁是粮食/果蔬/肉类生产的利益相关者？为什么？

8. 你觉得你是粮食/果蔬/肉类生产的主要利益相关者吗？你有什么要求和行为？

9. 关于粮食/果蔬/肉类生产结构如何以及为何发生变化，您有什么要补充的吗？

10. 关于粮食/果蔬/肉类生产利益相关者的信息，您有什么要补充的吗？

（5）政府官员访谈提纲

1. 米脂县的粮食/果蔬/肉类生产结构如何？哪种类型种植/养殖规模最大？

2. 米脂县近年来的粮食/果蔬/肉类生产结构有没有变化？发生了什么变化？

3. 这些变化的原因是什么？

4. 您认为农民更愿意种植哪种作物？企业更愿意购买哪种作物？

5. 粮食/果蔬/肉类生产有政府政策或补贴吗？如美丽乡村/精准扶贫/乡村振兴。

6. 米脂县粮食/果蔬/肉类生产的主要利益相关者有哪些？

7. 每个利益相关者的需求和行为是什么？

8. 主要利益相关者近年来是否发生了变化？为什么改变？

9. 政府最看重哪类生产类型？是否有任何政策帮助农民增加产量？

10. 您认为政府是主要利益相关者吗？政府的诉求和行动是什么？

11. 关于粮食/果蔬/肉类生产结构如何以及为何发生变化，您有什么要补充的吗？

12. 关于粮食/果蔬/肉类生产利益相关者的信息，您有什么要补充的吗？

（6）合作社问卷及访谈提纲

合作社名称________地点________时间________电话________

1. 种植/养殖合作社类型________________。

①小米 ②玉米 ③苹果 ④大葱 ⑤枣 ⑥土豆 ⑦豆类 ⑧高粱 ⑨鸡 ⑩猪 ⑪山羊 ⑫牛 ⑬其他

2. 合作社规模________________（面积/数量/户数）。

3. 合作社类型________。

①农民自组织 ②农民企业合作 ③农民政府合作 ④其他

4. 合作社成员____________。

①邻里朋友 ②同村构成 ③跨村联合 ④其他（请补充）

5. 合作社主要经营内容____________。

①种植/养殖 ②肥料/饲料统一采购 ③农副产品集中收销 ④补贴补偿

6.（是/否）会采购农民的粮食/原材料，采购方式____________。

①在农家购买 ②农民在合作社销售 ③固定销售目标 ④其他

7. 从________购买农民。

①村 ②周边村 ③周边镇 ④周边县 ⑤其他

8.（是/否）组织农民销售粮食/原料，销售方式________。

①集市出售 ②通过中间商 ③外出推销 ④商家到村订购 ⑤固定销售对象 ⑥其他（请补充）

9. 合作社和农民是什么关系？

10. 你觉得你是粮食/果蔬/肉类生产的主要利益相关者吗？

11. 你们对粮食/果蔬/肉类生产有什么要求？你会采取什么行为来实现你的要求？

12. 米脂县粮食生产的主要利益相关者有哪些？不同的利益相关者之间是否有任何联系？

13. 关于粮食/果蔬/肉类生产利益相关者的信息，您有什么要补充的吗？

（7）企业问卷及访谈提纲

企业名称________地点________时间________电话________

1. 主营业务____________。

①原料加工　②原料储存　③原材料出售　④原材料转让

2. 经营规模____________（员工人数）____________（营业额）。

3. 企业性质____________。

①私有　②公有　③公私合营　④国有　⑤其他（请补充）

4. 采购原材料类型____________。

①小米　②玉米　③苹果　④大葱　⑤枣　⑥土豆　⑦豆类　⑧高粱　⑨鸡　⑩猪　⑪山羊　⑫牛　⑬其他

5. 购买方式________。

①在农户购买　②农户在企业销售　②通过中间商　③固定销售目标　④其他

6. 原材料对象的获取________。

①个人　②合作　③零售商　④其他企业　⑤其他

7. 原材料来自________。

①村　②周边村　③周边镇　④周边县　⑤其他

8. 产品销售方式____________。

①固定销售目标　②零售商　③外出出售　④通过中间商　⑤客户来企业订购　⑥其他

9. 销售对象地址____________。

①周边村落　②周边城镇　③周边县城　④其他

10. 与以往相比，企业的经营方式有没有变化？

11. 有什么变化？改变的原因是什么？

12. 您认为农民更愿意种植/养殖哪种作物？

13. 您认为自己是粮食/果蔬/肉类生产的主要利益相关者吗？

14. 你们对粮食/果蔬/肉类生产有什么要求？你会采取什么行为来实现你的要求？

15. 米脂县粮食生产的主要利益相关者有哪些？不同的利益相关者之间是否有任何联系？

16. 关于粮食/果蔬/肉类生产利益相关者的信息，您有什么要补充的吗？

后　　记

本书在鄙人博士论文的基础上修订完善而成。出版之际再读，脑海里满是在西北大学学习奋斗的日子，数年过去每一帧画面都活泼而欢乐。感谢2018—2022年遇见的自己，遇见的所有人，陪我度过那段艰难而又充实岁月的所有人。下文为博士致谢，彼时洋洋洒洒，一气呵成，颇为满意，故而此时一字不改，诸君共赏。

2022年6月2日，周四，9：45，城环楼，625，天气晴

从高二开始写日记，一直坚持到了现在，博士期间就写了3本，标注上日期、天气、地点，若干年后再看致谢的时候总能想起此时此刻的一些片段。

原想着答辩结束的那个下午再写致谢的，用我们的话说不能败人品，但是现在确实心也静不下来，就跟师弟吵吵闹闹的时候捎带手一写，以后想起来的时候总是很欢乐的。

博士的四年很艰难，论文能顺利完成首先要感谢导师陈海教授的指导。陈老师治学严谨，工作认真，尤其是学术嗅觉灵敏。每每跟老师交流的时候总觉得老师指出的方向新颖前沿，自己做的工作意义很大，然而老师一走，自己再细细品味的时候发现自个儿水平太低了，老师的想法都实现不了万分之一。实话说，在读期间跟老师的交流一开始不是很顺畅，由此浪费了很多精力和时间，老师的谆谆教导没能一字一句记下来，可以说这是我读博期间最后悔的事情。我生活中是个很懒散，很将就的人，所以这个态度也会带到科研中，然而科研工作是万万要不得这种态度的，幸好遇见陈老师，从老师身上我愈发的发现自己的问题，慢慢改正，向老师看齐，希望在以后的生活、学习中能像老师一样一丝不苟，认真勤奋。

博士前一年，我的人生是灰暗的。研究生毕业后，再拼一把，我的硕士

导师李九全教授给予了我在《人文地理》编辑部继续工作的机会，感谢老师，不然可能我没有机会边工作边备考，也不会有改变命运的可能。在我三观塑造和形成的关键时期，能从老师那里耳濡目染，是我读研期间最大的收获。读博后由于时间太过紧张，虽然跟西安外国语大学一路之隔，但也就是每学期开学前过去看看老师，作为学生真的很惭愧。年轻时候老师太拼了，导致现在留下了神经衰弱的毛病，好在马上就能退休了，过上他心中早就想过的轻轻松松看文献，快快乐乐过日子的生活，祝福老师和师母。虽然现在我的工作单位还没有定，但已然开始期待退休后的老师师母过来找我玩的日子了。

很多人说我性格开朗乐观，我要感谢我的父母、兄嫂、妹妹、侄子耿冰希和侄女芒果，其乐融融的家庭才塑造了我的性格。爸爸话少不愿表达，读研时父亲送我上车前一刻，发红的眼圈一直刻在我的脑海中，父爱如山，那时那刻才深有体会。母亲勤劳睿智，我们兄妹仨受她影响很大，她在的地方才会觉得温暖。父母逐渐年迈，嗓门不再高亢，家里的事情也开始由我们做主了，终于熬到毕业，有资格有能力孝敬双亲了。哥哥一直以来就是我的偶像，小时候特别喜欢搂着他的腰睡觉，现在特别喜欢捏捏他宽厚的手掌和粗壮的手腕，因为那是家庭顶梁柱的感觉，也是我以后要和他一起承担的角色，终于你不用一个人自己辛苦了。感谢大嫂和可爱的侄子侄女，你们的到来让我们家更加壮大，更加和谐，也让我懵懂地知道了人生的意义。我的妹妹增惠同学善良漂亮，落落大方，工作之余活跃在手机的各个 APP 和厨房冰箱里，是她让我知道了生个闺女比生个儿子更贴心。感谢我的至亲，你们的支持和鼓励让我没有后顾之忧，专心学业，我爱你们，比心。

读博期间感谢我的师兄张行、师姐史琴琴、师弟刘迪，绿肥红瘦并肩作战的时光总会让人怀念，尤其是博一面临方向困难，博二面临论文压力时，是他们的耐心开导和陪伴让我有勇气走出困境。感谢良辰美景的师弟师妹，尤其在暑假调研期间，陕北的黄土地上充斥着我们的欢声笑语，一路的颠簸和暴晒也不觉辛苦。还有办公室固定到 625 后，每天跟师弟师妹拌拌嘴，学学习，吵吵架，让枯燥的生活渐渐多彩，这些艰辛而欢乐的日子总是很美好。祝师弟师妹们科研产出节节高，事业爱情两丰收。

魑魅魍魉、金木水火土、福禄兄弟、西北大学杰出校友、新陕晋豫鲁国情发展研究院、东亚青年地理学委员会这些奇奇怪怪的群说来说去也就 7 个人而已。感谢这些“脑子有问题”的人，球场、食堂、宿舍，凡是我们出现的地方，空气仿佛都变得活泼起来。正如高兴所言，以后我站在球场熟悉的空位，却没有球传来，或者传球的不是你，心里会默骂一句，然后就开始想念这几个神经病了。祝哥几个以后都拿杰青，都成院士。

我还要感谢九门的师弟师妹，特别是博一时陪我度过艰难岁月的小可爱们。师弟师妹个比个的可爱漂亮，个比个的帅气幽默，直到现在我依然喜欢时不时地打开相册，看看那时我们留下的照片，轻松无忧的日子过得太快，我甚至都来不及抓住就已从指间溜走，祝福师弟师妹们工作顺利，得遇良人。

致谢初稿完成于11：20，德州著名狠人宏博士要叫吃饭，吃完饭回来再改。

喝了点小酒，回来已经是14：28，致谢一气呵成，也没什么要说的了。最后给自己提个要求吧，锻炼身体，多看论文，勤奋刻苦，毕竟笔杆子也是饭碗。加油！

博士论文致谢：2022年6月2日于长安

出版后记：2025年2月27日于太原